Inhaltsverzeichnis

1. UKW-Seefunk
Grundlagen 6
Telefonieren an Bord 10
Funkverkehr mit anderen Schiffen 14
Notverkehr - MAYDAY 16
Dringlichkeitsverkehr - PAN PAN 22
Sicherheitsverkehr - SECURITE 25
Zusammenfassung, wichtiges Prüfungswissen ... 27
Ergänzungen zum UKW-Seefunk 28
Errichten einer Seefunkstelle 40

2. Binnenschiffahrtsfunk
Grundlagen 42
Abwicklung der Funkgespräche 44
Gesprächsbeispiele 46

3. Prüfung zum Erwerb des UKW-Sprechfunkzeugnisses
Allgemeine Hinweise zur Prüfung 47
Fragenkatalog zur schriftlichen Prüfung ... 49
Abgabe und Aufnahme von Texten 59
Typische Meldungen in der praktischen Prüfung am UKW-Sprechfunkgerät 60
Übungsaufgaben zur praktischen Prüfung am UKW-Sprechfunkgerät 63
Zwischenfragen in der praktischen Prüfung am UKW-Sprechfunkgerät 72

4. GMDSS
Einführung 75
GMDSS-Ausrüstung 79
Wachen und Frequenzen im GMDSS 83
Notverkehr im GMDSS 84
Dringlichkeitsverkehr im GMDSS 88
Sicherheitsverkehr im GMDSS 89
Routineverkehr im GMDSS 90
INMARSAT, Seefunkdienst über Satelliten 91

5. Bedienung eines DSC-Controllers
Bedeutung der Tasten, Grundeinstellung 96
DSC-Routineverkehr zwischen Schiffen 98
DSC-Routineverkehr mit einer KüFuSt 110
DSC-Notverkehr 113
DSC-Dringlichkeits-, DSC-Sicherheitsverkehr .. 127
Speichern und Anzeigen von DSC-Anrufen ... 132
Weitere Möglichkeiten, Fachbegriffe 137

6. Prüfung zum Erwerb der UKW-Betriebszeugnisse I und II
Allgemeine Hinweise zur Prüfung 139
Fragenkatalog zur schriftlichen Prüfung ... 140
Übungsaufgaben zur praktischen Prüfung am DSC-Controller DEBEG 3817 145
Aufnahme und Übersetzung von Meldungen ... 158
Seefahrtvokabular Englisch-Deutsch 167

7. Anhang
UKW-Karte 172
Telekom-Merkblatt 173
Internationale Buchstabiertafel 174
Verzeichnis der Abkürzungen 175
Register 176

1. UKW-Seefunk

Grundlagen

Drei Funkerregeln

Sprechfunk auf See funktioniert nur, wenn sich jeder Teilnehmer einer gewissen Disziplin unterwirft. Schließlich wurde Seefunk nicht eingerichtet, um gelangweilten Wassersportlern kostenloses Plaudern zu ermöglichen, sondern um in Notfällen schnell Hilfe rufen und während der Fahrt wichtige Nachrichten austauschen zu können. Für eine reibungslose Abwicklung des Funkverkehrs ist es daher erforderlich, stets die drei Funkerregeln zu beachten. Sie lauten:

1. Erst hören - nur senden, wenn frei ist.
2. Immer den eigenen Stationsnamen (Schiffsname, Rufzeichen oder Rufnummer) nennen.
3. Keine unnötigen Aussendungen vornehmen.

Funkstellen

Ein funktionsbereites Sprechfunkgerät wird als **Funkstelle** (FuSt) bezeichnet. Befindet sich eine FuSt an Bord eines nicht dauernd festgemachten oder verankerten Schiffes, so heißt sie **Seefunkstelle** (SeeFuSt). Neben den SeeFuSt gibt es die **Küstenfunkstellen** (KüFuSt). Diese werden unterschieden in **Küstenfunkstellen für den öffenlichen Verkehr** und **Küstenfunkstellen für den nichtöffentlichen Verkehr**. Erstere (z. B. Helgoland Radio) sind Einrichtungen der Fernmelde-Organisation des jeweiligen Landes, letztere (z. B. German Bight Traffic) dienen der örtlichen Seeverkehrsabwicklung und werden von der zuständigen Schiffahrtsverwaltung unterhalten (s. auch Seite 28). Sofern sich ein Schiff im Sendebereich einer **Küstenfunkstelle für den öffentlichen Verkehr** befindet, ist eine Funkverbindung mit dem öffentlichen Fernmeldenetz möglich. Die Versorgungsbereiche der deutschen Küstenfunkstellen für den öffentlichen Funkverkehr sind in der UKW-Karte (s. Seite 172) schematisch dargestellt.

UKW im Rundfunk - UKW im Sprechfunk

Daß Rundfunk auf UKW ausgestrahlt wird, ist jedem bekannt. Daß aber auch Sprechfunk auf UKW abgewickelt wird, wissen nur wenige. Rundfunk wird im Frequenzbereich 88 - 106 MHz gesendet, und hierfür sind Radios eingerichtet. Für UKW-Sprechfunk (Seefunk) wird ein anderer Frequenzbereich, 156 - 162 MHz, verwendet, der bei den meisten Radios nicht eingestellt und abgehört werden kann. Wer mit dem Auto eine größere Strecke zurücklegt und dabei einen bestimmten Rundfunksender auf

UKW hört, muß die Frequenz des öfteren neu einstellen. Der Empfang von UKW-Sendungen ist - auf See wie an Land - nur über vergleichsweise kleine Entfernungen möglich, weil Ultrakurzwellen nicht der Erdkrümmung folgen.
Während man beim UKW-Rundfunk die Frequenz des Senders einstellt, wird im UKW-Sprechfunk ein Kanal gewählt. Ein solcher Kanal entspricht der Stationstaste eines Autoradios. Für den Sprechfunk wurden 55 **Kanäle** eingerichtet, denen jeweils eine Frequenz oder ein Frequenzpaar zugeordnet wurde. Natürlich darf nicht jeder Kanal beliebig benutzt werden. Zur reibungslosen Abwicklung dürfen bestimmte Gespräche nur auf den dafür vorgesehenen Kanälen geführt werden.

Kanal 16

Der wichtigste Kanal im UKW-Seefunk ist Kanal 16 (156,800 MHz). Kanal 16 wird weltweit für Seenotverkehr verwendet. Alle ausrüstungspflichtigen Schiffe sind auf See verpflichtet, ununterbrochen auf Kanal 16 eine Hörwache zu unterhalten, damit einem in Not befindlichen Schiff schnell geholfen werden kann. Kanal 16 heißt daher **Notkanal**. Auf zahlreichen Segel- und Motoryachten, die nicht zu den ausrüstungspflichtigen Schiffen gehören, wird auf See freiwillig Kanal 16 abgehört.
Seenotverkehr kommt zum Glück nur selten vor. Um Kanal 16 besser zu nutzen, erlaubt man auch im Fall von **Dringlichkeit**, Kanal 16 zu verwenden. Dringlichkeit wird eine Ebene unter Seenot angesiedelt und liegt vor, wenn die Sicherheit eines Menschen oder eines Schiffes bedroht ist. Eine Dringlichkeitsmeldung darf in Gebieten mit starkem Funkverkehr auf Kanal 16 nur einmalig gesendet werden und nur dann, wenn kein Notverkehr abgewickelt wird. Aber auch Dringlichkeitsmeldungen kommen nicht häufig vor. Daher ist es ebenfalls zulässig, **Sicherheitsmeldungen**, die für die Schifffahrt wichtig sein können (wichtige nautische Warnnachrichten oder wichtige Wettermeldungen), auf Kanal 16 anzukündigen und anzugeben, auf welchem Kanal die Sicherheitsmeldung ausgestrahlt wird. Auf diesen Kanal muß dann umgeschaltet werden, um die Sicherheitsmeldung empfangen zu können.

Weil der Funkverkehr auf Kanal 16 von den großen Schiffen abgehört werden muß und von vielen kleinen Schiffen freiwillig verfolgt wird, bietet es sich an, Kanal 16 auch zum **Anrufen** anderer Schiffe zu nutzen. Dies ist zulässig, sofern Kanal 16 frei ist und insbesondere

1. kein Notverkehr abgewickelt,
2. keine Dringlichkeitsmeldung gesendet und
3. keine Sicherheitsmeldung angekündigt wird.

Weitere Kanäle im UKW-Seefunk

UKW-Kanal 72	Arbeitskanal für Sportboote
UKW-Kanal 69	Arbeitskanal für Sportboote
UKW-Kanal 08	Arbeitskanal für Fracht- und Fahrgastschiffe
UKW-Kanal 06	Internationaler Verkehr, koordinierte SAR-Einsätze

Anruf

Schiffe, die nicht mit einem DSC-Controller (s. Seite 79) oder Selektivrufdecoder ausgestattet sind, haben keine Rufnummer. Ein Anruf wie zwischen Telefonteilnehmern an Land ist hier nicht möglich. Um von einem Schiff ein anderes Schiff anzurufen, ruft man - auf Kanal 16 wie oben beschrieben - dessen Namen höchstens dreimal. Um dem gerufenen Schiff mitzuteilen, wer nach ihm verlangt, fügt man die Wörter "hier ist" und höchstens dreimal den Namen des rufenden Schiffes hinzu. Ein Anruf z. B. vom Schiff "Neptun" zum Schiff "Poseidon" könnte so lauten:

POSEIDON POSEIDON POSEIDON (höchstens 3 x)
HIER IST
NEPTUN NEPTUN NEPTUN (höchstens 3 x)

Da nicht auszuschließen ist, daß es mehrere Schiffe gleichen Namens gibt, teilt das Bundesamt für Post und Telekommunikation (BAPT) jedem Schiff ein Rufzeichen zu. Als Rufzeichen werden bestimmte Buchstaben- und Zahlenkombinationen verwendet, z. B. DE 8530 oder DFKJ (s. Seite 36). Der Anruf wird also durch Angabe der Rufzeichen eindeutig:

POSEIDON POSEIDON POSEIDON / DFKJ
HIER IST
NEPTUN NEPTUN NEPTUN / DE 8530

Wenn die Bedingungen zum Herstellen der Verbindung gut sind (keine Störungen, gute Lautstärke), braucht der Name der gerufenen Funkstelle nur einmal und der Name der rufenden Funkstelle nur zweimal übermittelt zu werden:

POSEIDON / DFKJ
HIER IST
NEPTUN NEPTUN / DE 8530

Einem Anruf auf Kanal 16 werden folgende Angaben hinzugefügt:

- der Grund für den Anruf,
- die Nummer des Kanals, den die rufende Funkstelle für die anschließende Verkehrsabwicklung vorschlägt,
- das Wort "Over" oder "Bitte kommen".

POSEIDON / DFKJ
HIER IST
NEPTUN NEPTUN / DE 8530
BITTE EIN GESPRÄCH.
KANAL 72.
OVER

Anrufe einschließlich der zusätzlichen Angaben dürfen auf Kanal 16 nicht länger als eine Minute dauern (außer in Not- oder Dringlichkeitsfällen). Anrufe müssen nicht auf Kanal 16, sie dürfen auch auf einem Arbeitskanal vorgenommen werden. Küstenfunkstellen werden üblicherweise auf ihrem ersten Arbeitskanal angerufen.

Rauschsperre

Um die Verständigung über Funk nicht durch ein lästiges Rauschen zu erschweren, besitzen alle UKW-Sprechfunkgeräte eine Rauschsperre (Englisch: squelch, abgekürzt **SQL**). Die Rauschsperre verändert die Empfindlichkeit des Empfängers und unterdrückt das Rauschen. Bei eingeschalteter Rauschsperre (Taste SQL) ist kein Rauschen hörbar; ist die Rauschsperre ausgeschaltet, so ist ein starkes Rauschen vernehmbar, solange nicht ein anderer Sender strahlt.

Wichtig: Ist bei ausgeschalteter Rauschsperre kein Rauschen hörbar, so strahlt ein anderer Sender. Der gewählte Kanal ist dann nicht frei, es darf nicht gesendet werden (1. Funkerregel, s. Seite 6).

Außer in einem Notfall muß vor jedem Anruf zunächst in den entsprechenden Kanal gehört werden. Wenn Funkverkehr läuft, muß der eigene Anruf zurückgestellt werden. Wenn kein Funkverkehr zu hören ist, sollte zur Sicherheit immer die Rauschsperre ausgeschaltet werden. Wenn es dann nicht rauschen sollte, wäre der Kanal nicht frei.

Volle oder reduzierte Sendeleistung

UKW-Sprechfunkgeräte verfügen über eine Sendeleistung von 25 Watt. Damit beträgt die Reichweite - eine ausreichende Antennenhöhe vorausgesetzt - etwa 30 sm. Jede Sendung ist also über große Entfernung zu hören. Um nicht bei einem Routinegespräch mit einem anderen, nahebei liegenden Schiff den Funkverkehr weiträumig zu blockieren, muß die Sendeleistung auf 1 Watt reduziert werden. Damit wird immer noch ein Bereich von 5 bis 8 Seemeilen abgedeckt.

Not-, Dringlichkeits- und Sicherheitsmeldungen dagegen werden immer mit der vollen Sendeleistung von 25 Watt ausgestrahlt. Auch im Verkehr mit einer Küstenfunkstelle wird volle Sendeleistung gewählt.

Kurzwelle (KW), Grenzwelle (GW) und Ultrakurzwelle (UKW)

Sprechfunk wird in den Bereichen Kurzwelle, Grenzwelle und Ultrakurzwelle abgewickelt, die - eine entsprechende Sendeleistung vorausgesetzt - folgende Reichweiten haben:

Kurzwelle	Grenzwelle	Ultrakurzwelle
weltweit	200 - 300 sm	ca. 30 sm

Die große Reichweite von Kurzwellen basiert auf "Raumwellen", die von höheren Atmosphärenschichten reflektiert werden.

Für die Teilnahme am Sprechfunk auf Kurzwelle oder Grenzwelle ist mindestens das Allgemeine Sprechfunkzeugnis erforderlich, was im Sport- oder Freizeitbereich nur sehr selten benötigt wird.

Simplex-, Duplex- und Semi-Duplex-Verkehr

Im **Simplex-Verkehr** wird nur eine Frequenz benutzt, auf der beide Gesprächspartner abwechselnd sprechen und hören müssen (**Simplex-Kanal**). Auf einem Simplex-Kanal ist es nicht möglich, gleichzeitig zu sprechen und zu hören. Jeder Teilnehmer muß zum Sprechen seine Sendetaste drücken. Er sendet dann und kann nicht hören, wenn ihm sein Gesprächspartner ins Wort fallen sollte.

Solange das Gespräch nicht beendet ist, soll im Simplex-Verkehr jede Aussendung mit OVER abgeschlossen werden. So weiß der Gesprächspartner, wann er sprechen kann.

Simplex heißt auch **Wechselsprechen,** was ebenfalls bei Haustür-Sprechanlagen eingesetzt wird. SeeFuSt untereinander arbeiten auf UKW im Simplex-Verkehr.

Telefongespräche an Land werden im **Duplex-Verkehr** abgewickelt. Man kann gleichzeitig sprechen und hören. Duplex heißt auch **Gegensprechen.** Im Seefunk ist dies nur möglich, sofern das UKW-Sprechfunkgerät für Duplex-Verkehr geeignet ist und zwei verschiedene Frequenzen zum Senden und Empfangen (**Duplex-Kanal**) zur Verfügung stehen. Während in der Berufsschiffahrt häufiger Duplex-Sprechfunkgeräte eingesetzt werden, verwendet die Sportschiffahrt aus Kostengründen überwiegend Simplex-Geräte.

Die Kanäle der KüFuSt für den öffentlichen Verkehr sind Duplex-Kanäle. In Kanal 26 z. B. senden SeeFuSt auf 157,300 MHz, und sie empfangen die Antwort der KüFuSt auf 161,900 MHz. Mit einem Duplex-Sprechfunkgerät ist hier ein Duplex-Verkehr möglich; die Sendetaste kann auch beim Hören gedrückt bleiben. Mit einem Simplex-Gerät muß die Sendetaste zum Sprechen gedrückt und zum Hören losgelassen werden. Dieses Wechselsprechen auf einem Duplex-Kanal (auf zwei verschiedenen Frequenzen) wird als **Semi-Duplex-Verkehr** bezeichnet.

Funkverkehr in Theorie und Praxis

In den folgenden Abschnitten werden zahlreiche Beispiele für unterschiedliche Situationen vorgestellt. Die "Meldungen" sind so aufgebaut, daß sie den Beispielen des Handbuchs Seefunk entsprechen. In dieser Form müssen sie auch in der Sprechfunk-Prüfung abgegeben werden.

Wer Gelegenheit hat, den Seefunkverkehr in der Praxis zu verfolgen, wird schnell feststellen, daß - wie so häufig - Theorie und Praxis weit auseinanderklaffen. Selbst manche KüFuSt halten sich nicht immer an die Vorgaben aus dem Handbuch Seefunk. Bei einigen Meldungen ist eine Ähnlichkeit mit den offiziellen Beispielen kaum noch erkennbar.

Der Profi zeichnet sich durch klare und gleichzeitig knappe Aussagen sowie durch eine minimale Belastung des Kanals 16 aus.

Telefonieren an Bord

Die Deutsche Telekom wird 1999 die Vermittlung von Telefongesprächen im Seefunkdienst einstellen.

Telefonieren vom Schiff zum Land

Eine Telefonverbindung von einem Schiff zu einem Fernsprechteilnehmer an Land wird wie folgt hergestellt:
Zuerst ist mit Hilfe der UKW-Karte (s. Seite 172) festzustellen, im Sendebereich welcher KüFuSt sich das eigene Schiff befindet. Der Karte ist auch der Arbeitskanal der KüFuSt zu entnehmen. Will man z. B. auf einem in der Kieler Bucht segelnden Schiff telefonieren, so wählt man Kiel Radio mit Kanal 26 oder Kanal 23.
Wichtig für das Verständnis des weiteren Ablaufes ist, daß die Arbeitskanäle der KüFuSt für den öffentlichen Verkehr Duplex-Kanäle sind (s. Seite 9) und niemand außer der betreffenden KüFuSt auf einem solchen Kanal antworten kann.

Mit vier Schritten wird eine Verbindung zur KüFuSt hergestellt:

1. Arbeitskanal von Kiel Radio, also z. B. Kanal 26, einstellen und hören, ob gesprochen wird; falls ja, warten oder anderen Arbeitskanal wählen.
2. falls nein, Rauschsperre ausschalten. Nur wenn bei ausgeschalteter Rauschsperre ein Rauschen zu hören ist, ist der Kanal frei.
3. Rauschsperre wieder einschalten.
4. Sendetaste knapp eine Sekunde lang drücken. Dies löst ein optisches und akustisches Signal bei der KüFuSt aus und schaltet deren Sender ein, das Freizeichen (lange Töne) wird hörbar.

Dem Anrufer zeigt das Freizeichen an, daß eine Funkverbindung zur KüFuSt hergestellt ist. Häufig meldet sich ein Funker der KüFuSt kurz nach dem Ertönen des Freizeichens und nennt nochmals den Namen der KüFuSt. In jedem Fall ist nun die Sendetaste zu drücken und folgender Anruf zu sprechen:

KIEL RADIO
HIER IST
RUBIN RUBIN / DIGW [1)]   (2x Name, 1x Rufzeichen)
BITTE EIN GESPRÄCH
OVER

KIEL RADIO [2)]
THIS IS
RUBIN RUBIN CALL SIGN DIGW
A LINK CALL PLEASE
OVER

Wenn alle Arbeitskanäle der KüFuSt belegt sind, muß das Ende eines Gesprächs abgewartet werden. Keinesfalls sollte die KüFuSt nun auf Kanal 16 angerufen werden. Nur wenn der Arbeitskanal einer KüFuSt nicht bekannt sein sollte, so kann diese auf Kanal 16 angerufen und der Arbeitskanal erfragt werden.

Gelegentlich fragt die KüFuSt am Ende eines Gesprächs:

NOCH JEMAND FÜR KIEL RADIO
AUF KANAL 26?

ANYONE ELSE FOR KIEL RADIO
ON CHANNEL TWO SIX?

In diesem Fall können die Schritte 2 bis 4 entfallen.

Sollte ein Anruf unbeantwortet bleiben, so wickeln die Mitarbeiter der KüFuSt auf anderen Kanälen Funkverkehr ab. Sie hören wohl den Anruf, können aber nicht antworten. Es macht daher wenig Sinn, auf einen anderen Arbeitskanal zu wechseln und dort die Schritte 2 bis 4 zu wiederholen. Vielmehr

---

[1)] Das Rufzeichen muß immer unter Verwendung der internationalen Buchstabiertafel (s. Seite 174) buchstabiert werden. DIGW wird gesprochen als: Delta India Golf Whiskey.

[2)] Da in der internationalen Schiffahrt ausschließlich englisch gesprochen wird, sind die Meldungen zusätzlich in englischer Sprache angegeben. Für die Prüfungen zum UKW-Sprechfunkzeugnis und zum UKW-Betriebszeugnis II werden englische Übersetzungen nicht benötigt.

bleibt man auf dem Arbeitskanal hörbereit und wiederholt nach etwa drei Minuten nochmals die Schritte 2 bis 4 und den Anruf. In der Regel beantwortet eine KüFuSt eine Gesprächsanmeldung umgehend. Sie gibt ihren Stationsnamen nicht mehr an, da keine andere FuSt auf dieser Frequenz senden kann:

RUBIN
BITTE WIEDERHOLEN SIE IHR RUFZEICHEN

RUBIN
PLEASE REPEAT YOUR CALL SIGN

Im anschließenden Funkverkehr kann die SeeFuSt den Anruf weglassen. Denn nur die KüFuSt kann die SeeFuSt hören, und diese kennt den Anrufer jetzt.

MEIN RUFZEICHEN LAUTET DIGW
OVER

MY CALL SIGN IS DIGW
OVER

Nachdem sich die KüFuSt vergewissert hat, daß sie Schiffsnamen und Rufzeichen richtig aufgenommen hat, braucht das Rufzeichen nicht mehr genannt zu werden.
Die KüFuSt schließt übrigens nicht mit Over ab, weil sie im Duplex-Betrieb arbeitet, also gleichzeitig hören und sprechen kann. Nun beginnt die eigentliche Gesprächsvermittlung:

RUBIN
WELCHES GESPRÄCH WÜNSCHEN SIE?

RUBIN
GO AHEAD

ICH MÖCHTE BITTE BIELEFELD
VORWAHL 0 52 05 RUFNUMMER 7 16 21
MEINE ABRECHNUNGSKENNUNG IST DP01
OVER

ONE CALL TO GERMANY PLEASE
AREA CODE 52 05 PHONE NUMBER 7 16 21

MY AAIC IS DELTA PAPA01
OVER

Mehrstellige Telefonnummern werden von rechts beginnend in Gruppen zu je zwei Ziffern zerlegt, und die beiden Ziffern einer Gruppe werden einzeln - nicht als zweistellige Zahl - genannt. Dabei wird 2 als zwo ausgesprochen. Die obige Rufnummer wird also wie folgt übermittelt:

SIEBEN EINS-SECHS ZWO-EINS

Die Angabe der Vorwahl ist bei Gesprächen innerhalb Deutschlands für große Städte nicht erforderlich.

Die **Abrechnungskennung** soll mit der Anmeldung genannt werden. Die Kennung DP01 wird Delta Papa null eins gesprochen und bedeutet, daß die Gebühren für das Seefunkgespräch dem Schiffseigner direkt berechnet werden (s. Seite 36).

Auf englisch heißt Abrechnungskennung Accounting Authority Identification Code und wird mit AAIC abgekürzt; diese Abkürzung ist im Englischen so geläufig, daß sie nicht nach der internationalen Buchstabiertafel buchstabiert zu werden braucht. Kiel Radio bestätigt die Anmeldung z. B. mit:

RUBIN
EINEN AUGENBLICK BITTE

RUBIN
STANDBY

Sobald die Telefonverbindung hergestellt ist:

RUBIN
IHR GESPRÄCH BIELEFELD
BITTE SPRECHEN SIE

RUBIN
YOUR CALL TO GERMANY

Nun kann das Telefongespräch geführt werden.

Nach dem Ende des Telefongesprächs kommt Kiel Radio erneut:

RUBIN
DAS WAREN 5 MINUTEN
GUTE WACHE UND AUF WIEDERHÖREN

RUBIN
THIS WAS A 5-MINUTE CALL
GOOD WATCH AND GOOD BYE

Die rufende Seefunkstelle beendet den Verkehr mit dem **Verkehrsschluß**:

VIELEN DANK UND AUCH EINE GUTE WACHE
ENDE

THANK YOU AND GOOD WATCH FOR YOU TOO
OUT

Das Wort "Over" wäre an dieser Stelle nicht angebracht, da der Verkehr beendet ist.
Das Gespräch kann nun in ein Funktagebuch eingetragen werden.

Selten liegen einer KüFuSt bereits mehrere Gesprächsanmeldungen vor. Dann würde sie den Anrufer in eine Warteschlange einweisen:

RUBIN
GEHEN SIE BITTE AUF KANAL 23
SIE SIND AUF PLATZ 3

RUBIN
STANDBY ON CHANNEL TWO-THREE PLEASE
YOU ARE NUMBER 3

Rubin müßte nun auf Kanal 23 umschalten und würde dort von Kiel Radio wieder angerufen, sobald die vorher angemeldeten Gespräche beendet sind.

Telefonieren vom Land zum Schiff

Telefongespräche mit Schiffen, die über Küstenfunkstellen (also nicht über Satellit) geführt werden sollen, müssen zuvor angemeldet werden. Die Nummer ist dem Telefonbuch zu entnehmen.
Der Anrufer wird dann mit Norddeich Radio verbunden und gibt der KüFuSt Schiffsnamen und Rufzeichen sowie den Zeitraum an, in dem die Gesprächsvermittlung stattfinden kann. Die KüFuSt unternimmt nun verschiedene Versuche, um eine Verbindung mit dem Schiff herzustellen.

Sofort nach Eingang der Anmeldung versucht sie, das Schiff auf Kanal 16 zu erreichen. Ist dieser Versuch erfolgreich, so kann das Gespräch bereits wenige Minuten nach der Anmeldung geführt werden. Antwortet das Schiff auf Kanal 16 nicht, so werden drei Minuten später und danach in unregelmäßigen Abständen erneut Anrufversuche auf Kanal 16 durchgeführt.

Darüber hinaus strahlen KüFuSt stündlich **Sammelanrufe** aus. Hier werden die Namen jener Schiffe verlesen, für die eine Gesprächsanmeldung oder ein Telegramm vorliegt. Sammelanrufe werden auf Kanal 16 angekündigt und auf dem jeweiligen Hauptarbeitskanal gesendet.
Sobald sich das Schiff meldet, wird der Anrufer an Land angerufen und mit dem Schiff verbunden. Die jeweiligen Sendezeiten und Kanäle findet man auf der UKW-Karte (s. Seite 172). Achtung: Kurz vor Ausstrahlung eines Sammelanrufes wird auf dem betreffenden Kanal der Verkehr eingestellt. Schiffe sollen dann auf diesem Kanal nicht mehr anrufen.

Sollte das UKW-Sprechfunkgerät hingegen mit einem **Selektivrufdecoder** ausgestattet sein, so kann es von der KüFuSt direkt angerufen werden. Der technisch veraltete analoge Selektivruf (SSFC) wird als Einzeltonfolge auf Kanal 16 ausgestrahlt.

Der heutige Stand der Technik ist der digitale Selektivruf (DSC), der auf Kanal 70 übermittelt wird und ein wesentlicher Bestandteil des neuen GMDSS ist.

Gesprächsentgelte

Die Entgelte für Seefunkgespräche setzen sich aus dem **Funktarif**, dem **Landtarif** sowie der **Grundgebühr** zusammen. Das Mindestentgelt für ein Seefunkgespräch in Deutschland beträgt 10,35 DM incl. MWSt (Stand: 1.1.96). Dafür kann ein Gespräch von dreiminütiger Dauer geführt werden. Jede weitere angefangene Minute kostet bei Gesprächen innerhalb Deutschlands 3,45 DM incl. MWSt. Es gibt keinen ermäßigten Nachttarif. Die monatlich zu entrichtende Grundgebühr beträgt 11,50 DM. Die aktuellen Tarife werden im Handbuch Seefunk oder in den Mitteilungen für Seefunkstellen (MfS) veröffentlicht.

Telefonieren aus dem Ausland

Die Gespräche werden genauso abgewickelt wie zuvor beschrieben. Auch die deutsche Abrechnungskennung DP01 wird angegeben. In Dänemark und in Holland versteht man häufig Deutsch. Sonst muß in der Landessprache oder Englisch gesprochen werden. Die Entgelte werden in Goldfranken (GFr) oder Sonderziehungsrechten (SZR/SDR) angegeben (Stand: 1.1.1997):

    1 GFr = 0,7100 DM
    1 SZR/SDR = 2,1625 DM

Mobilfunk-Telefon an Bord

Die Deutsche Telekom wird 1999 die Vermittlung von Telefongesprächen im Seefunkdienst einstellen und ihre KüFuSt schließen. Telefongespräche mit Schiffen können dann nur noch über ausländische KüFuSt oder im Mobilfunkdienst geführt werden. Dazu steht neben dem landgestützten Mobilfunk (z. B. D-Netz) neuerdings auch ein Satelliten-Mobilfunkdienst (Inmarsat-Phone) zur Verfügung, der weltweit Telefonieren, Fax- und Datenübertragungen mit relativ kleinen Satellitentelefonen ermöglicht.

In einem Seenotfall ist in allen deutschen Mobilfunknetzen die deutsche Seenotleitstelle unter der Kurzwahl **124 124** erreichbar.

Ein Mobilfunk-Telefon ist dennoch kein Ersatz für ein UKW-Sprechfunkgerät.
Häufig kann ein Havarist seine Notposition nicht übermitteln. Ein UKW-Sprechfunkgerät kann dann gepeilt und geortet werden - ein Mobilfunk-Telefon nicht.
Ebenso kann mit einem Mobilfunk-Telefon keine Funkverbindung zu den umliegenden Schiffen, die gerade im Notfall lebenswichtig sein kann, hergestellt werden.
Schließlich ist die Teilnahme am nichtöffentlichen Funkverkehr (Verkehrszentralen, Schleusen, Häfen, bewegliche Brücken u. a.) mit einem Mobilfunk-Telefon nicht möglich.

Kompaktes UKW-Sprechfunkgerät (Hagenuk)

Funkverkehr mit anderen Schiffen

Anruf auf Kanal 16

Funkkontakt mit anderen Schiffen wird durch einen Anruf auf Kanal 16 hergestellt. Dabei nennt der Anrufer einen Arbeitskanal (s. Seite 7), auf den nach dem Anruf umgeschaltet und auf dem - sobald dieser frei ist - das Gespräch abgewickelt wird.

Beim Anruf sind drei Punkte zu beachten:

1. Anrufkanal 16 einstellen. Hören, ob Kanal 16 frei ist, und feststellen, daß insbesondere kein Notverkehr abgewickelt wird.
2. Rauschsperre einmal kurz ausschalten.
3. Wenn Kanal frei ist, Anruf durchführen und Arbeitskanal vereinbaren.

Zur Entlastung des Kanals 16 kann auch ein Arbeitskanal - z. B. in der Sportschiffahrt Kanal 72 oder Kanal 69 - als Anrufkanal vereinbart werden.

Ein nicht beantworteter Anruf darf in Abständen von drei Minuten wiederholt werden, sofern kein anderer Verkehr gestört wird und die gerufene FuSt nicht mit einer anderen FuSt im Verkehr steht.

Anruf an alle Schiffe  *(all ships)*

Nachrichten an alle Schiffe werden mit einem Anruf AN ALLE FUNKSTELLEN (oder CQ, gesprochen: Charlie Quebec) auf Kanal 16 angekündigt und in der Regel auf Kanal 06 verbreitet. In stark befahrenen Seegebieten sollen jedoch nur Dringlichkeits- und Sicherheitsmeldungen AN ALLE FUNKSTELLEN verbreitet werden.

Beantwortung eines Anrufes

Anrufe an alle FuSt werden nicht bestätigt. Hier wird auf den im Anruf genannten Kanal umgeschaltet und die Meldung abgehört.
Anders bei einem Anruf an eine einzelne FuSt auf Kanal 16: Dann wird der Anrufer auf Kanal 16 zurückgerufen und hinzugefügt, ob man mit dem vorgeschlagenen Arbeitskanal einverstanden ist. Danach schalten beide FuSt unverzüglich auf den Arbeitskanal um.
Bei einem Anruf auf einem Arbeitskanal fordert die gerufene FuSt auf dem Arbeitskanal die rufende FuSt auf, ihren Verkehr zu übermitteln.

Wenn eine FuSt einen Anruf hört, aber nicht sicher ist, daß der Anruf ihr gilt, darf sie erst antworten, nachdem sie bei einer Wiederholung ihren Namen und ihr Rufzeichen einwandfrei verstanden hat.

Kann die gerufene FuSt den Verkehr nicht sogleich abwickeln, so fügt sie der Antwort auf den Anruf hinzu:

BITTE ... MINUTEN AUF DIESEM KANAL WARTEN

PLEASE STAND BY ... MINUTES ON THIS CHANNEL

Übersteigt die Wartezeit 10 Minuten, so muß sie den Grund angeben.
Hört dagegen eine FuSt - z. B. Albatros / DEQL -, daß sie gerufen wurde, ist sie aber im Zweifel, wer gerufen hat, so antwortet sie:

HIER IST
ALBATROS / DEQL
VON WEM WERDE ICH GERUFEN?
OVER

*THIS IS
ALBATROS CALL SIGN DEQL
WHICH STATION IS CALLING?
OVER*

Abwickeln des Verkehrs, Beispiele

Schiff-Schiff-Gespräche sollen in Gebieten mit starkem Funkverkehr nicht länger als 6 Minuten dauern. Es ist - wann immer möglich - mit reduzierter Sendeleistung zu arbeiten.

Im folgenden Beispiel ruft das Sportboot "Santa Maria" Rufzeichen DB 8833 das Boot "Pinta" Rufzeichen DA 7692 auf Kanal 16 an:

PINTA PINTA PINTA / DA 7692
HIER IST
SANTA MARIA SANTA MARIA   SANTA MARIA / DB 8833
BITTE EIN GESPRÄCH AUF KANAL 72
OVER

PINTA PINTA PINTA CALL SIGN DA 7692
THIS IS
SANTA MARIA SANTA MARIA SANTA MARIA CALL SIGN DB 8833
REQUEST FOR A CALL ON CHANNEL SEVEN-TWO
OVER

"Pinta" könnte auf Kanal 16 etwa so antworten:

SANTA MARIA
HIER IST
PINTA
GEHE AUF KANAL 72
OVER

SANTA MARIA
THIS IS
PINTA
CHANGING TO CHANNEL SEVEN-TWO
OVER

Beide schalten nun auf Kanal 72 um und führen, sobald Kanal 72 frei ist, dort das Gespräch. Im anschließenden Beispiel wird eine Auskunft erbeten:

SIRIUS SIRIUS SIRIUS / DKJL
HIER IST
ALGOL ALGOL ALGOL / DFZT
ICH HABE EINE ANFRAGE
BITTE KANAL 08
OVER

SIRIUS SIRIUS SIRIUS CALL SIGN DKJL
THIS IS
ALGOL ALGOL ALGOL CALL SIGN DFZT
I HAVE A QUESTION
CHANNEL ZERO-EIGHT PLEASE
OVER

Wenn "Sirius" nicht antwortet, könnte es "Algol" einige Minuten später nochmals versuchen:

SIRIUS SIRIUS SIRIUS / DKJL
HIER IST
ALGOL ALGOL ALGOL / DFZT
HÖREN SIE MICH?
OVER

SIRIUS SIRIUS SIRIUS CALL SIGN DKJL
THIS IS
ALGOL ALGOL ALGOL CALL SIGN DFZT
DO YOU READ ME?
OVER

Nun antwortet "Sirius":

ALGOL / DFZT
HIER IST
SIRIUS / DKJL
ICH HÖRE SIE GUT
OVER

ALGOL CALL SIGN DFZT
THIS IS
SIRIUS CALL SIGN DKJL
I READ YOU GOOD oder ... *LOUD AND CLEAR*
OVER

Zum Anrufen eines unbekannten Schiffes s. Seite 32.

Notverkehr - MAYDAY

Sprechfunk-Notzeichen

Das Sprechfunk-Notzeichen besteht aus dem Wort

MAYDAY.

Es ist aus dem französischen "veuillez m'aider" (Helft mir!) abgeleitet und wird "mädeh" gesprochen. MAYDAY kennzeichnet den Notverkehr und zeigt an, daß

> **ein See- oder Luftfahrzeug oder irgendein anderes Fahrzeug von ernster und unmittelbar bevorstehender Gefahr bedroht ist und sofortige Hilfe erbittet.**

Das Notzeichen wird in einem Notanruf (s. Seite 17) dreimal gesprochen. Im anschließenden Notverkehr wird das Notzeichen vor jedem Anruf einmal gesprochen. FuSt, die ein Notzeichen empfangen, müssen sofort jeden anderen Verkehr abbrechen.

Eine Notmeldung sollte nach Möglichkeit klar, langsam und deutlich gesprochen werden, so daß ein Mitschreiben möglich ist. Wichtige Wörter oder Begriffe sollten buchstabiert, Positionsangaben wiederholt werden. Es können auch Q-Gruppen oder das Internationale Signalbuch (s. Seite 34) verwendet werden. Ein Schiff in Not darf alle Mittel benutzen, um Hilfe zu erlangen.

Bestimmungen zum Notverkehr

Der Notverkehr ist international einheitlich geregelt. Er darf nur im Notfall eingesetzt werden und umfaßt alle Meldungen über die sofortige Hilfe, die für das in Not befindliche Fahrzeug erforderlich ist. Der Notverkehr hat unbedingten Vorrang vor jedem anderen Verkehr. Die Entscheidung darüber, ob Notverkehr eingeleitet wird, trifft der Schiffsführer.

Seefunkstellen, die von einem Notverkehr Kenntnis haben, müssen den Notverkehr verfolgen und in das Funktagebuch eintragen (sofern ein solches geführt wird, s. Seite 37), selbst wenn sie am Notverkehr nicht teilnehmen. Auf Schiffen, die kein Funktagebuch führen, soll der Empfang einer Notmeldung in das Logbuch eingetragen werden. Auch Schiffe, die dem Havaristen nicht helfen können, dürfen die Beobachtung des Notverkehrs erst einstellen, wenn sie die Gewißheit haben, daß Hilfe sichergestellt ist.

Der Notverkehr wird in der Regel auf Kanal 16 abgewickelt, es darf aber auch jeder andere Kanal gewählt werden. Notverkehr zwischen Schiffen und/oder Flugzeugen, die an Such- und Rettungsarbeiten teilnehmen, wird häufig auf Kanal 06, 10, 67 oder 73 durchgeführt. Dabei wird das Betriebsverfahren des Seefunkdienstes angewendet.

Während der ganzen Dauer des Notverkehrs ist es allen Funkstellen, die nicht am Notverkehr teilnehmen, untersagt, auf den Frequenzen zu senden, auf denen der Notverkehr stattfindet. Erst wenn der Notverkehr reibungslos abläuft, dürfen diese Funkstellen ihren eigenen Funkverkehr auf anderen als den für den Funkverkehr benutzten Frequenzen fortsetzen, jedoch nur sofern sie in der Lage sind, den Notverkehr dabei nicht zu stören und diesen gleichzeitig weiter zu beobachten.

Verordnung über die Sicherung der Seefahrt

Die Verordnung über die Sicherung der Seefahrt schreibt u. a. vor, daß ein Schiffsführer, der auf See Kenntnis erhält, daß sich Menschen in Seenot befinden, ihnen mit größtmöglicher Geschwindigkeit zu Hilfe zu eilen und ihnen nach Möglichkeit hiervon Kenntnis zu geben hat.
Diese Vorschrift gilt auch für Sportboote.

Notanruf

Einer Notmeldung geht ein spezieller Notanruf voran. Der **Notanruf** besteht aus drei Teilen:

1. dem <u>dreimal</u> zu sprechenden Notzeichen
2. HIER IST
3. dem <u>dreimal</u> zu sprechenden Schiffsnamen und dem einmal zu buchstabierenden Rufzeichen

Merke: Ein Notanruf ist stets an alle FuSt gerichtet. Es entfällt die Empfängerangabe.

Notmeldung, Peilzeichen

Notanruf und Notmeldung dürfen nur auf Anordnung des Schiffsführers ausgesendet werden. Eine **Notmeldung** umfaßt die folgenden 5 Komponenten, welche nach ihrer Wichtigkeit geordnet und daher in der angegebenen Reihenfolge zu sprechen sind:

1. Notzeichen (MAYDAY)
2. Schiffsname, buchstabiertes Rufzeichen
3. Standortangabe
   (Falls möglich, sollte die Standortangabe wiederholt werden - dabei Zahlen in Ziffern sprechen.)
4. Angaben über die Art des Notfalls und der erbetenen Hilfe
5. jede andere Angabe, welche die Hilfeleistung erleichtern könnte

Die Notmeldung endet hier. Nach den deutschen Bestimmungen soll nun ein **Peilzeichen** folgen. Es besteht aus zwei Strichen (Träger) von je 10 - 15 Sekunden Dauer. Dem Peilzeichen wird die Kennung der sendenden FuSt, also der Schiffsname und das buchstabiertes Rufzeichen, angehängt.

Die Aussendung wird mit OVER abgeschlossen.

Das Peilzeichen wird gesendet, damit Helfer den Havaristen peilen und den Weg zum Unfallort schneller finden können, wenn sein Standort unsicher oder unbekannt ist. Dazu wird - ohne zu sprechen - die Sendetaste zweimal 10 - 15 Sekunden lang gedrückt gehalten.

Nur wenige Schiffe verfügen über die technische Einrichtung, um eine Peilung auf UKW vornehmen zu können. Rettungskreuzer der Deutschen Gesellschaft zur Rettung Schiffbrüchiger DGzRS können den Havaristen auch peilen, wenn kein Peilzeichen gesendet wird.

Beispiel

MAYDAY MAYDAY MAYDAY
HIER IST
ANDREA ANDREA ANDREA / DMDC

MAYDAY ANDREA / DMDC
NOTFALLPOSITION UNGEFÄHR 10 SM
NORDÖSTLICH LEUCHTTURM KIEL
SCHWERER WASSEREINBRUCH
WIR SINKEN
4 MANN GEHEN IN EINE RETTUNGSINSEL

ICH SENDE DAS PEILZEICHEN
ANDREA / DMDC

OVER

MAYDAY MAYDAY MAYDAY
THIS IS
ANDREA ANDREA ANDREA CALL SIGN DMDC

MAYDAY ANDREA CALL SIGN DMDC
APPROXIMATE DISTRESS POSITION 10 NAUTICAL
MILES NORTHEAST OF LIGHTHOUSE KIEL
SEVERE FLOODING
VESSEL IS SINKING
4 PERSONS ENTER A LIFE RAFT

I AM TRANSMITTING A RADIO SIGNAL
ANDREA CALL SIGN DMDC

OVER

Bestätigung einer Notmeldung - Erhalten MAYDAY / RRR MAYDAY

Nachdem ein Schiff in Not eine Notmeldung ausgestrahlt hat, interessiert es vor allem eines: Wurde die Notmeldung von einer anderen FuSt - möglicherweise sogar von einer KüFuSt - empfangen? Aus diesem Grunde sind alle FuSt verpflichtet, den Empfang einer Notmeldung umgehend zu bestätigen, da das Schiff in Not vielleicht nicht mehr lange empfangsbereit ist.

Bei einem Notalarm im Sendebereich einer KüFuSt bestätigt diese zuerst den Empfang der Notmeldung. Die KüFuSt benachrichtigt daraufhin sofort die Rettungsleitstelle (Maritime Rescue Coordination Center, MRCC), welche Rettungskreuzer, Hubschrauber oder Flugzeuge in Marsch setzt und - falls nötig - auch umliegende Schiffe in die Rettungsaktion einbezieht.
Nach der KüFuSt bestätigen alle umliegenden Schiffe den Empfang der Notmeldung. Dies ist erforderlich, um einen Überblick zu gewinnen, welche Schiffe vor Ort sind und gegebenenfalls für Hilfsmaßnahmen eingesetzt werden können. Schiffe, die ohne Zweifel weit entfernt von der Unglücksstelle sind und nicht selbst Hilfe leisten können, brauchen den Empfang nur dann zu bestätigen, wenn ihn keine andere FuSt bestätigt. Ob sich ein Schiff in der Nähe des Unglücksortes befindet, ist an der Notposition des Havaristen, aber auch an der Empfangsqualität erkennbar.

Die Form der Bestätigung einer Notmeldung ist vorgeschrieben.

MAYDAY
ANDREA ANDREA ANDREA
HIER IST
GORCH FOCK GORCH FOCK
GORCH FOCK / DBCL
ERHALTEN MAYDAY

MAYDAY
ANDREA ANDREA ANDREA

THIS IS
GORCH FOCK GORCH FOCK GORCH FOCK
CALL SIGN DBCL
RECEIVED MAYDAY

Bei Verständigungs- oder Empfangsschwierigkeiten kann anstelle von "ERHALTEN MAYDAY" auch "RRR MAYDAY" - gesprochen: ROMEO ROMEO ROMEO MAYDAY - gesagt werden.
Man beachte, daß das Rufzeichen des Havaristen nicht genannt wird. "OVER" entfällt, da keine Antwort erwartet wird.

Die Bestätigung einer Notmeldung muß der Funker sofort, ohne besondere Aufforderung durch den Schiffsführer senden. Der Funker teilt dem Schiffsführer sogleich den Inhalt der (wörtlich mitgeschriebenen) Notmeldung mit.

Jede SeeFuSt, die den Empfang einer Notmeldung bestätigt, muß sobald wie möglich eine erweiterte Bestätigung senden, welche - neben Notzeichen und Anruf - vier Angaben enthält:

1. Namen
2. Standort
3. Geschwindigkeit, mit der man zur Unglücksstelle läuft, sowie die voraussichtliche Fahrtdauer
4. Falls die Position der Unglücksstelle ungewiß zu sein scheint und eine Peilung des Havaristen vorgenommen wurde:
   Ergebnis der rechtweisenden Peilung

Diese Angaben sind für die Koordinierung der Rettungsmaßnahmen erforderlich.

MAYDAY
ANDREA ANDREA ANDREA / DMDC
HIER IST
GORCH FOCK GORCH FOCK
GORCH FOCK / DBCL
POSITION 54-45 N   010-05 E   15 KNOTEN ;
VORAUSSICHTLICHE ANKUNFTSZEIT 1100 UTC
RECHTWEISENDE PEILUNG 126

MAYDAY
ANDREA ANDREA ANDREA CALL SIGN DMDC
THIS IS
GORCH FOCK GORCH FOCK GORCH FOCK
CALL SIGN DBCL
GORCH FOCK - I SPELL GORCH: GOLF OSCAR ...
I SPELL FOCK: FOXTROT OSCAR ...
CALL SIGN DBCL
POSITION: 54 DEGREES 45 MINUTES NORTH
010 DEGREES 05 MINUTES EAST
SPEED ONE-FIVE KNOTS
ESTIMATED TIME OF ARRIVAL 1100 UTC
TRUE BEARING 126 DEGREES

Bevor die FuSt diese Meldung aussendet, muß sie sich vergewissern, daß sie Aussendungen anderer FuSt, die einen günstigeren Standort haben, nicht stört. Den Empfang einer Mitteilung soll der Havarist oder die Leitfunkstelle bestätigten.

Aussenden einer Notmeldung durch eine Funkstelle, die sich nicht selbst in Not befindet - MAYDAY RELAY

Erfährt eine FuSt, daß ein Schiff in Not ist, so muß sie eine Notmeldung aussenden, wenn

1. das Schiff in Not selbst nicht in der Lage ist, die Notmeldung auszusenden (z. B. beim Empfang von Zeichen einer Seenotfunkbake, s. Seite 81), oder
2. die eingreifende FuSt weitere Hilfe für erforderlich hält oder
3. die eingreifende FuSt eine Notmeldung gehört hat, deren Empfang nicht von einer dritten FuSt bestätigt wurde und sie selbst nicht in der Lage ist, Hilfe zu leisten.

Die Aussendung einer Notmeldung für ein anderes Schiff wird auch **Weiterverbreitung** oder **RELAY einer Notmeldung** genannt. Damit soll vor allem die Benachrichtigung einer KüFuSt erreicht werden. Der Anruf zur Weiterverbreitung einer Notmeldung besteht aus

1. dem dreimal zu sprechenden MAYDAY RELAY,
2. HIER IST,
3. dem dreimal zu sprechenden Schiffsnamen und dem einmal zu buchstabierenden Rufzeichen.

Man beachte, daß die Empfängerangabe nur beim Notanruf (für das eigene oder ein fremdes Schiff) entfällt.

Die Weiterverbreitung einer Notmeldung erfolgt in vier Schritten:

1. Anruf
2. Angabe, von wann und woher die Notmeldung stammt
3. Wörtliches Verlesen der Notmeldung
4. Absenderangabe (verbreitende FuSt)

Beispiel

MAYDAY RELAY
MAYDAY RELAY
MAYDAY RELAY
HIER IST
GORCH FOCK GORCH FOCK
GORCH FOCK / DBCL

HABE UM 1000 UTC AUF UKW-KANAL 16
FOLGENDE NOTMELDUNG EMPFANGEN:

MAYDAY ANDREA   ICH BUCHSTABIERE ALFA
NOVEMBER ...   RUFZEICHEN DMDC
NOTFALLPOSITION UNGEFÄHR 10 SM
NORDÖSTLICH LEUCHTTURM KIEL
NOTFALLZEIT 1000 UTC
SCHWERER WASSEREINBRUCH WIR SINKEN
KEINE VERLETZTEN
4 MANN GEHEN IN EINE RETTUNGSINSEL
SCHNELLE HILFE ERFORDERLICH

HIER IST GORCH FOCK / DBCL
OVER

MAYDAY RELAY MAYDAY RELAY MAYDAY RELAY
THIS IS
GORCH FOCK GORCH FOCK GORCH FOCK
CALL SIGN DBCL

RECEIVED FOLLOWING DISTRESS MESSAGE
AT 1000 UTC ON VHF CHANNEL 06

MAYDAY ANDREA I SPELL ALFA NOVEMBER ...
CALL SIGN DMDC
APPROXIMATE DISTRESS POSITION 10 NAUTICAL
MILES NORTHEAST OF LIGHTHOUSE KIEL
DISTRESS TIME 1000 UTC
SEVERE FLOODING
VESSEL IS SINKING
NO INJURED PERSONS
4 PERSONS ENTER A LIFE RAFT
IMMEDIATE ASSISTANCE NEEDED

THIS IS GORCH FOCK / DBCL
OVER

Nach der Notmeldung darf kein Peilzeichen gesendet werden, da nicht das verbreitende Schiff, sondern der Havarist gepeilt werden soll.

Eine SeeFuSt darf eine Notmeldung, die von einer KüFuSt verbreitet wurde, erst dann bestätigen, wenn der Schiffsführer erklärt hat, daß sein Fahrzeug Hilfe leisten kann.

Leitung des Notverkehrs

Die Leitung des Notverkehrs liegt in den Händen derjenigen FuSt, welche die Notmeldung ausgesendet hat. Diese darf die Leitung jedoch einer anderen FuSt, z. B. der nächstgelegenen KüFuSt überlassen. Außerhalb des Sendebereiches einer KüFuSt übernimmt diese Aufgabe häufig die SeeFuSt mit den besten technischen Möglichkeiten. Die Leitfunkstelle - englisch: On Scene Commander (OSC) - ist gegenüber den übrigen Schiffen weisungsbefugt. Falls möglich, stimmt sie sich mit der Rettungsleitstelle an Land (Maritime Rescue Coordination Center, MRCC) ab.

Funkstille auferlegen - SILENCE MAYDAY, SILENCE DETRESSE

Wird ein Kanal, auf dem Seenotverkehr abgewickelt wird, verbotenerweise anderweitig genutzt, so kann Störern Funkstille auferlegt werden. Der Havarist oder die Leitfunkstelle fordert Funkstille mit "SILENCE MAYDAY", jede andere FuSt mit "SILENCE DETRESSE". Dabei braucht der Havarist oder die Leitfunkstelle den eigenen Namen nicht anzugeben, während eine dritte FuSt aus Zeitgründen nur ihr Rufzeichen nennt. Das Wort MAYDAY vor dem Anruf entfällt. Einige Beispiele:

PLUTO   Der Störer ist namentlich bekannt.
SILENCE MAYDAY

PLUTO
SILENCE DETRESSE
DCKY   Nur Rufzeichen

Ist der Name der störenden FuSt nicht bekannt oder stören mehrere FuSt:

AN ALLE FUNKSTELLEN
SILENCE MAYDAY

ALL SHIPS
SILENCE MAYDAY

AN ALLE FUNKSTELLEN
SILENCE DETRESSE
DCKY

ALL SHIPS
SILENCE DETRESSE
DCKY

Eine SILENCE DETRESSE-Meldung sollte nur sehr gezielt eingesetzt werden. Völlig ausreichend ist, wenn einmalig SILENCE DETRESSE gesendet wird. Keinesfalls darf ein einmaliger Störer mehrfach von verschiedenen anderen FuSt zum Einhalten der Funkstille aufgefordert werden. Damit würde die gute Absicht in ihr Gegenteil verkehrt.

Eingeschränkter Betrieb und Beendigung des Notverkehrs - PRUDENCE und SILENCE FINI

Wenn auf Kanal 16 eine völlige Funkstille nicht mehr erforderlich ist, kann Kanal 16 eingeschränkt als Anrufkanal freigegeben werden. Anrufe sind allerdings nur zulässig, wenn diese auf das unbedingt Notwendige beschränkt werden und Kanal 16 vorher besonders aufmerksam abgehört wurde. Die Freigabe des eingeschränkten Betriebs wird z. B. mit folgender Meldung mitgeteilt:

MAYDAY
AN ALLE FUNKSTELLEN
AN ALLE FUNKSTELLEN
AN ALLE FUNKSTELLEN
HIER IST
KIEL RADIO
1130 UTC   Momentane Uhrzeit
ANDREA / DMDC   FuSt in Not
PRUDENCE   Eingeschränkter Betrieb zulässig

MAYDAY
ALL SHIPS ALL SHIPS ALL SHIPS
THIS IS
KIEL RADIO
1130 UTC
ANDREA CALL SIGN DMDC
PRUDENCE

Auf Kanal 16 darf erst wieder normal verkehrt werden, wenn der Notverkehr beendet ist. Die Beendigung des Notverkehrs wird auf Kanal 16 mit SILENCE FINI mitgeteilt. Ein Beispiel:

MAYDAY
AN ALLE FUNKSTELLEN
AN ALLE FUNKSTELLEN
AN ALLE FUNKSTELLEN
HIER IST
KIEL RADIO KIEL RADIO KIEL RADIO
1145 UTC   Momentane Uhrzeit
ANDREA / DMDC   FuSt in Not
SILENCE FINI   Beendigung des Notverkehrs

MAYDAY
ALL SHIPS ALL SHIPS ALL SHIPS
THIS IS
KIEL RADIO KIEL RADIO KIEL RADIO
1145 UTC
ANDREA CALL SIGN DMDC
SILENCE FINI

Die Beendigung des Notverkehrs ist in das Funktagebuch beziehungsweise das Logbuch einzutragen.

Internationale Postsprache Französisch

Sprechfunkzeichen werden auch im (englisch geprägten) Seefunk französisch ausgesprochen. Gemäß einer Vereinbarung der Weltpostunion (UPU) ist Französisch die internationale Postsprache.

Die im Notverkehr verwendeten Sprechfunkzeichen werden wie folgt ausgesprochen (Darstellung der Aussprache gemäß Handbuch Seefunk):

Zeichen	Aussprache
MAYDAY	mädeh (franz.: m'aider)
MAYDAY RELAY	mädeh reläh
SILENCE MAYDAY	ßilaanß mädeh
SILENCE DETRESSE	ßilaanß dehtreß
PRUDENCE	prüdaanß
SILENCE FINI	ßilaanß finih

Im Dringlichkeits- und im Sicherheitsverkehr, der auf den folgenden Seiten beschrieben wird, kommen folgende Sprechfunkzeichen zur Anwendung:

Zeichen	Aussprache
PAN PAN	pann pann (franz.: panne)
SECURITE	ßehküriteh

Dringlichkeitsverkehr - PAN PAN

Dringlichkeit

Dringlichkeit heißt, daß eine sehr dringende, die **Sicherheit eines Fahrzeugs oder einer Person** betreffende Situation vorliegt.

Es ist - vor allem in der Prüfung - wichtig, den Unterschied zwischen Not- und Dringlichkeitsverkehr zu kennen. Während Seenot bedeutet, daß im Prinzip für alle an Bord befindlichen Personen Lebensgefahr besteht, ist - nach der obigen Definition - bei Dringlichkeit nur die Sicherheit des Fahrzeugs oder höchstens einer Person betroffen.

Ein Grenzfall ist **"Mann über Bord"**. Sollen in diesem Fall z. B. andere Schiffe gebeten werden, scharf Ausguck zu halten, so ist (nach den geltenden Funkbestimmungen) **in der Prüfung grundsätzlich Dringlichkeit** - nicht Seenot - anzunehmen. Gleichwohl wird in der Praxis gelegentlich auch bei "Mann über Bord" Notverkehr eingeleitet.

Ein Dringlichkeitsranruf darf nur nach Anordnung durch den Schiffsführer gesendet werden. Er allein entscheidet, ob eine Dringlichkeits- oder eine Notmeldung abgegeben wird. Sicherlich wird kein Schiffsführer zur Rechenschaft gezogen, wenn bei akuter Lebensgefahr für eine Person eine Notmeldung mit der Angabe "Mann über Bord" verbreitet wird.

Im übrigen ist ab 1999 im neuen Funksystem GMDSS eine andere Definition des Notbegriffs gültig, wonach auch "Mann über Bord" als Notfall einzustufen ist. Zum Dringlichkeitsverkehr gehört zweifellos eine dringende Bitte um Schlepphilfe, etwa wenn ein Schiff auf Grund gelaufen ist, oder eine dringende ärztliche Beratung.

Dringlichkeitszeichen - PAN PAN

Das Sprechfunk-Dringlichkeitszeichen besteht aus dem Kunstwort **PAN PAN**. Es wird "pann pann" gesprochen (französisch "panne").
Das Dringlichkeitszeichen kündigt an, daß die rufende FuSt eine sehr dringende Meldung auszusenden hat, welche die Sicherheit eines See- oder Luftfahrzeugs oder einer Person betrifft: eine **Dringlichkeitsmeldung**. Es muß mindestens dem Anruf zur Verbreitung oder Ankündigung einer Dringlichkeitsmeldung und der Meldung zur Beendigung des Dringlichkeitsverkehrs dreimal vorangestellt werden.

Dringlichkeitsverkehr

Dringlichkeitsmeldungen haben Vorrang vor allen anderen Aussendungen mit Ausnahme des Notverkehrs. FuSt müssen alle Aussendungen unterlassen, welche die dem Dringlichkeitszeichen folgende Meldung stören könnten. Eine Dringlichkeitsmeldung kann an alle FuSt oder an eine bestimmte FuSt (z. B. eine KüFuSt) gerichtet sein. Sie darf auf jedem Kanal - auch auf Kanal 16 - ausgestrahlt werden. Hiervon ausgenommen sind

1. lange Dringlichkeitsmeldungen,
2. ärztliche Ratschläge und
3. Wiederholungen einer Dringlichkeitsmeldung in Gebieten mit starkem Funkverkehr.

Diese dürfen nicht auf Kanal 16, sie müssen auf einem Arbeitskanal gesendet werden. Auch der anschließende Dringlichkeitsverkehr darf nicht auf Kanal 16, sondern muß auf einem Arbeitskanal durchgeführt werden. Der Arbeitskanal muß bereits in der Dringlichkeitsmeldung angegeben werden. SeeFuSt sollen Kanal 06 als Arbeitskanal für Dringlichkeitsverkehr zwischen Schiffen wählen.

Der Empfang einer an alle FuSt gerichteten Dringlichkeitsmeldung braucht nicht bestätigt zu werden, es sei denn, man kann und will helfen.

Beispiele für Dringlichkeitsmeldungen

PAN PAN   PAN PAN   PAN PAN
AN ALLE FUNKSTELLEN
AN ALLE FUNKSTELLEN
AN ALLE FUNKSTELLEN
HIER IST
GOOFY GOOFY GOOFY / DA 4711
MEINE POSITION IST UNGEFÄHR 0,5 MEILEN
NÖRDLICH DER INSEL LANGEOOG
MASCHINE IST AUSGEFALLEN
ICH TREIBE AUF DEN LANGEOOGER STRAND
SCHLEPPERHILFE FÜR EINEN 12 METER LANGEN
MOTORKREUZER DRINGEND ERBETEN

ARBEITSKANAL 06

OVER

PAN PAN PAN PAN PAN PAN
ALL SHIPS ALL SHIPS ALL SHIPS
THIS IS
GOOFY GOOFY GOOFY
CALL SIGN DA 4711
MY APPROXIMATE POSITION 0.5 MILES NORTH OF
LANGEOOG ISLAND
I SPELL THE NAME OF THE ISLAND: LIMA ALFA ...
ENGINE BROKEN DOWN
TUG ASSISTANCE URGENTLY REQUIRED FOR
A 12 METER MOTOR CRUISER
WORKING CHANNEL 06
OVER

Nun bietet "Mickey Mouse" "Goofy" Schlepphilfe an.
"Mickey Mouse" antwortet zunächst auf Kanal 16:

PAN PAN   PAN PAN   PAN PAN
GOOFY GOOFY GOOFY / DA 4711
HIER IST
MICKEY MOUSE MICKEY MOUSE
MICKEY MOUSE / DDMM
ICH SCHALTE UM AUF KANAL 06
OVER

PAN PAN PAN PAN PAN PAN
GOOFY GOOFY GOOFY

CALL SIGN DA 4711
THIS IS
MICKEY MOUSE MICKEY MOUSE
MICKEY MOUSE CALL SIGN DDMM
I CHANGE TO CHANNEL 06
OVER

Auf Kanal 06:

PAN PAN   PAN PAN   PAN PAN
GOOFY / DA 4711
HIER IST
MICKEY MOUSE / DDMM
MEINE POSITION NAHE BEI TONNE TG 15
ICH KOMME IHNEN ZU HILFE
VORAUSSICHTLICHE ANKUNFTSZEIT
IN 20 MINUTEN
ZÜNDEN SIE BITTE EINE WEISSE RAKETE
DAMIT ICH EINE PEILUNG VORNEHMEN KANN
OVER

PAN PAN PAN PAN PAN PAN
GOOFY
CALL SIGN DA 4711
THIS IS
MICKEY MOUSE CALL SIGN DDMM
MY POSITION NEAR BUOY TG 15
I AM COMING TO YOUR ASSISTANCE
ESTIMATED TIME OF ARRIVAL IN 20 MINUTES
FIRE A WHITE ROCKET PLEASE
THAT I CAN TAKE A BEARING
OVER

Wäre auf die Dringlichkeitsmeldung keine Antwort eingegangen, so dürfte "Goofy", die sich in einem Gebiet mit starkem Funkverkehr befindet, die Dringlichkeitsmeldung nicht mehr auf Kanal 16 wiederholen, sondern dort nur ankündigen:

PAN PAN   PAN PAN   PAN PAN
AN ALLE FUNKSTELLEN
AN ALLE FUNKSTELLEN
AN ALLE FUNKSTELLEN
HIER IST
GOOFY GOOFY GOOFY / DA 4711
ICH SCHALTE UM AUF KANAL 06
OVER

PAN PAN PAN PAN PAN PAN
ALL SHIPS ALL SHIPS ALL SHIPS
THIS IS
GOOFY GOOFY GOOFY
CALL SIGN DA 4711
CHANGE TO CHANNEL 06
OVER

Auf Kanal 06 wird nun die ganze, zuvor auf Kanal 16 ausgesendete Dringlichkeitsmeldung erneut verlesen. Dazu ist ergänzend wiederum anzugeben, auf welchen Kanälen (16, 06) "Goofy" hörbereit ist.

Ein Beispiel für eine Bitte um dringende funkärztliche Beratung (s. Seite 34) an Rügen Radio (Kanal 05). Die Angabe eines Arbeitskanals entfällt, da die Meldung nicht auf Kanal 16, sondern auf einem Arbeitskanal gesendet wird.

PAN PAN PAN PAN PAN PAN
RÜGEN RADIO RÜGEN RADIO RÜGEN RADIO
HIER IST
ALGEBRA ALGEBRA ALGEBRA / DG 3536
ERBITTE DRINGENDE FUNKÄRZTLICHE
BERATUNG
OVER

PAN PAN PAN PAN PAN PAN
RÜGEN RADIO RÜGEN RADIO RÜGEN RADIO
THIS IS
ALGEBRA ALGEBRA ALGEBRA CALL SIGN DG 3536
REQUEST URGENT RADIOMEDICAL ASSISTANCE
OVER

Senden einer außergewöhnlichen Dringlichkeitsmeldung während einer Pause im Notverkehr

Unter der Voraussetzung, daß der Notverkehr nicht gestört wird, dürfen in außergewöhnlichen Fällen Dringlichkeitsmeldungen während einer Pause im Notverkehr kurz auf Kanal 16 angekündigt werden. Dabei dürfen das Dringlichkeitszeichen und der Anruf nur einmal in abgekürzter Form gesendet werden.

Danach ist der Arbeitskanal anzugeben. Ein Beispiel:

PAN PAN HIER IST BUSSY BÄR KANAL 06

PAN PAN THIS IS BUSSY BÄR CHANNEL 06

Das gleiche gilt - mit dem Sicherheits- anstelle des Dringlichkeitszeichens - sinngemäß für Sicherheitsmeldungen (s. Seite 25).

Empfang eines Dringlichkeitszeichens ohne nachfolgende Meldung

Seefunkstellen, die ein Dringlichkeitszeichen hören, müssen mindestens drei Minuten auf der Frequenz, auf der sie das Dringlichkeitszeichen empfangen haben, hörbereit bleiben. Wenn nach Ablauf dieser Frist keine Dringlichkeitsmeldung empfangen wurde, soll eine KüFuSt über den Empfang des Dringlichkeitszeichens unterrichtet werden. Erst danach darf der normale Funkdienst wiederaufgenommen werden.

Aufhebung einer Dringlichkeitsmeldung

Eine AN ALLE FUNKSTELLEN gerichtete Dringlichkeitsmeldung, die zu bestimmten Maßnahmen (z. B. verstärkter Ausguck bei "Mann über Bord") auffordert, muß aufgehoben werden, sobald diese Maßnahmen nicht mehr erforderlich sind. Die Aufhebung einer z. B. erstmalig um 1930 UTC ausgestrahlten Dringlichkeitsmeldung erfolgt mit einem an alle FuSt gerichteten Dringlichkeitsanruf und den Worten:

DRINGLICHKEITSMELDUNG VON
141930 IST AUFGEHOBEN   (Datum und Uhrzeit)

URGENCY MESSAGE OF 141930 IS CANCELLED

Im Falle von "Mann über Bord" sollte die Begründung für die Aufhebung der Dringlichkeitsmeldung angegeben werden, z. B. "Der Mann wurde gefunden" oder "Die Suche wurde abgebrochen".

Sicherheitsverkehr - SECURITE

Sicherheit

Mit einer Sicherheitsmeldung soll die **Schiffahrt vor Gefahren gewarnt** werden. Allgemeine Gefahren sind z. B. treibende Hindernisse, ausgefallene Befeuerung, Beschädigung oder Vertreiben von Seezeichen, Sturm- oder Eiswarnungen. Gefahr kann auch von einem einzelnen Fahrzeug ausgehen, etwa beim Schleppen eines Fahrzeugs oder Objektes an einer sehr langen Schlepptrosse.

Es ist zwischen dem eigenen Verbreiten und dem Empfang von Sicherheitsmeldungen zu unterscheiden. Während das eigene Verbreiten von Sicherheitsmeldungen in der Praxis der Sportschiffahrt äußerst selten vorkommt (in der Prüfung aber verlangt wird), kann der Empfang der von KüFuSt oder anderen Schiffen ausgestrahlten Sicherheitsmeldungen in der Praxis sehr wichtig sein. Hinweise zu Sicherheitsmeldungen, die von KüFuSt gesendet werden, enthält der Abschnitt "Ergänzungen zum UKW-Seefunk" (s. Seite 31).

Sicherheitszeichen SECURITE

Das Sicherheitszeichen im Sprechfunk besteht aus dem Wort **SECURITE** (Sicherheit, gesprochen: ßehküriteh[1]). Es kündigt an, daß die FuSt eine **wichtige nautische Warnung oder eine wichtige Wetterwarnung** zu verbreiten hat. Das Sicherheitszeichen ist vor dem Anruf dreimal auszusenden.

---

[1] Die Aussprache erfolgt französisch. Französisch ist die "Weltpostsprache" (s. auch Seite 21).

Verbreiten von Sicherheitsmeldungen

Sicherheitsmeldungen stehen in der Rangfolge im Sprechfunkverkehr hinter dem Not- und dem Dringlichkeitsverkehr an dritter Stelle.
Während der gesamte Notverkehr über Kanal 16 laufen kann und es erlaubt ist, eine Dringlichkeitsmeldung einmalig auf Kanal 16 auszustrahlen, soll eine Sicherheitsmeldung auf Kanal 16 lediglich angekündigt, aber auf einem Arbeitskanal (in der Regel Kanal 06) verbreitet werden.
Für einen kurzen (d. h. höchstens eine Minute dauernden), die Sicherheit der Schiffahrt betreffenden Funkverkehr hingegen darf **Kanal 16** benutzt werden, sofern es darauf ankommt, daß alle Seefunkstellen, die sich in Reichweite befinden, die Aussendung empfangen. Deshalb wird Kanal 16 auch als Sicherheitskanal bezeichnet (s. Seite 8).

Sowohl vor einem Anruf zur Ankündigung der Sicherheitsmeldung (Kanal 16) als auch vor dem Anruf zur Verbreitung der Sicherheitsmeldung (Arbeitskanal) ist das Sicherheitszeichen dreimal zu sprechen.
Nachdem eine Sicherheitsmeldung auf einem Arbeitskanal gesendet wurde, muß auf Kanal 16 zurückgeschaltet werden, um gegebenenfalls Anrufe anderer FuSt, die Rückfragen zur Sicherheitsmeldung haben, entgegennehmen zu können.

Alle Sicherheitsmeldungen, die nur auf UKW verbreitet werden, sind unabhängig von ihrem Inhalt nach Möglichkeit ebenfalls an die nächstgelegene KüFuSt zu übermitteln. Merke:

1. Notverkehr läuft in voller Länge auf Kanal 16.
2. Dringlichkeitsmeldung (in Gebieten mit starkem Funkverkehr) nur einmalig auf Kanal 16 senden.
3. Sicherheitsmeldungen auf Kanal 16 ankündigen und auf einem Arbeitskanal (in der Regel Kanal 06) verbreiten. Ausnahme: kurzer, die Sicherheit der Schiffahrt betreffender Verkehr, der von anderen mitgehört werden soll. Nur auf UKW verbreitete Sicherheitsmeldungen möglichst auch an die nächste KüFuSt übermitteln.

Beispiele

Auf Kanal 16:

SECURITE SECURITE SECURITE
AN ALLE FUNKSTELLEN
AN ALLE FUNKSTELLEN
AN ALLE FUNKSTELLEN
HIER IST
ARIES ARIES ARIES / DFHL

ICH SCHALTE AUF KANAL 06

SECURITE SECURITE SECURITE
ALL SHIPS ALL SHIPS ALL SHIPS
THIS IS
ARIES ARIES ARIES
CALL SIGN DFHL

CHANGE TO CHANNEL 06

Auf Kanal 06:

SECURITE SECURITE SECURITE
AN ALLE FUNKSTELLEN
AN ALLE FUNKSTELLEN
AN ALLE FUNKSTELLEN
HIER IST
ARIES ARIES ARIES / DFHL

EIN TREIBENDER CONTAINER GESICHTET
AUF POSITION 54-10 NORD 008-06 OST
GEFAHR FÜR DIE SCHIFFAHRT

SECURITE SECURITE SECURITE
ALL SHIPS ALL SHIPS ALL SHIPS
THIS IS
ARIES ARIES ARIES
CALL SIGN DFHL

ONE CONTAINER ADRIFT
SIGHTED ON POSITION
54 DEGREES 10 MINUTES NORTH
008 DEGREES 06 MINUTES EAST
DANGER FOR NAVIGATION

Im folgenden Beispiel übermittelt die Yacht "Godewind" eine Sicherheitsmeldung an die KüFuSt Kiel Radio (Anrufverfahren - s. Seite 10 - beachten).

Auf Kanal 26:

SECURITE SECURITE SECURITE
KIEL RADIO KIEL RADIO KIEL RADIO
HIER IST
GODEWIND GODEWIND GODEWIND / DB 7722

ICH HABE EINE SICHERHEITSMELDUNG

OVER

SECURITE SECURITE SECURITE
KIEL RADIO KIEL RADIO KIEL RADIO
THIS IS
GODEWIND GODEWIND GODEWIND
CALL SIGN DB 7722

I AM PASSING A SAFETY MESSAGE

OVER

Kiel Radio antwortet z. B.:

GODEWIND / DB 7722
BITTE IHRE SICHERHEITSMELDUNG

GODEWIND CALL SIGN DB 7722
I AM READY TO RECEIVE YOUR
SAFETY MESSAGE

Erst jetzt bringt "Godewind" die Sicherheitsmeldung. Der Anruf kann entfallen (Duplex-Kanal, s. Seite 11).

TONNE KLEVERBERG OST VERLÖSCHT
OVER

BUOY KLEVERBERG-EAST UNLIT
OVER

Kiel Radio bestätigt anschließend den Empfang der Sicherheitsmeldung, und "Godewind" beendet den Funkverkehr daraufhin mit dem Verkehrsschluß.

Zusammenfassung, wichtiges Prüfungswissen

Not

Das Notzeichen MAYDAY zeigt an, daß ein Fahrzeug von ernster, unmittelbar bevorstehender Gefahr bedroht ist und sofortige Hilfe benötigt. Nur der Notverkehr darf vollständig auf Kanal 16 abgewickelt werden. Jegliche andere Aussendung auf Kanal 16 ist dann untersagt.

Mit MAYDAY MAYDAY MAYDAY wird der Notanruf für das eigene Schiff verbreitet, mit MAYDAY RELAY MAYDAY RELAY MAYDAY RELAY ein Notanruf durch eine Funkstelle, die sich nicht selbst in Not befindet.

Man beachte: Bei Notanrufen (für das eigene oder ein fremdes Schiff) entfällt die Empfängerangabe.

Im Notverkehr wird jedem Anruf das Wort MAYDAY vorangestellt (einzige Ausnahme: Auferlegen der Funkstille).

Die Bestätigung einer Notmeldung erfolgt durch die Wörter ERHALTEN MAYDAY oder RRR MAYDAY.

FuSt, die den Notverkehr stören, kann Funkstille auferlegt werden: mit SILENCE MAYDAY durch den Havaristen oder durch die Leitfunkstelle, mit SILENCE DETRESSE durch jede andere FuSt.

PRUDENCE erlaubt die Wiederaufnahme des eingeschränkten Betriebes während des Notverkehrs. Jetzt dürfen verkürzte Anrufe sowie kurze Ankündigungen von Dringlichkeits- und Sicherheitsmeldungen auf Kanal 16 gesendet werden, sofern Kanal 16 besonders aufmerksam abgehört wurde und eine Pause im Notverkehr eingetreten ist.

SILENCE FINI heißt: Der Notverkehr ist beendet. Kanal 16 darf wieder benutzt werden.

Beiden Meldungen - PRUDENCE und SILENCE FINI - werden die Uhrzeit (UTC) zum Zeitpunkt der Aussendung sowie Name und Rufzeichen des Havaristen vorangestellt.

Dringlichkeit

Das Dringlichkeitszeichen PAN PAN zeigt an, daß eine die Sicherheit eines Schiffes oder einer Person betreffende Meldung zu übermitteln ist. Beispiele für Dringlichkeitsmeldungen sind Bitten um Suchhilfe bei "Mann über Bord" und Schlepphilfe nach Grundberührung oder Maschinenschaden.

Eine kurze Dringlichkeitsmeldung darf in Gebieten mit starkem Funkverkehr nur ein einziges Mal auf Kanal 16 gesendet werden.

Erfolgt keine Antwort, so darf die Wiederholung der Dringlichkeitsmeldung auf Kanal 16 nur angekündigt werden. Dabei wird der Arbeitskanal (in der Regel Kanal 06) angegeben, auf dem die Dringlichkeitsmeldung anschließend übermittelt wird.

Sicherheit

Mit **Sicherheitsmeldungen** wird die Schiffahrt vor Gefahren gewarnt.

Sicherheitsmeldungen sollen auf Kanal 16 nicht gesendet, sondern nur angekündigt werden. Dabei wird der Kanal genannt, auf dem die Sicherheitsmeldung gesendet wird (im allgemeinen Kanal 06).

Nach Aussenden der Sicherheitsmeldung muß auf Kanal 16 zurückgeschaltet werden, um Anrufe anderer Funkstellen, die Rückfragen zur Sicherheitsmeldung haben, entgegennehmen zu können.

Ergänzungen zum UKW-Seefunk

Seiten 28 bis 39: Praxiswissen, kein Prüfungsstoff

Küstenfunkstellen

Küstenfunkstellen (KüFuSt) sind an dem Wort "Radio" hinter dem Ortsnamen zu erkennen. Alle deutschen KüFuSt arbeiten auf UKW. Die 15 deutschen **Küstenfunkstellen für den öffentlichen Funkverkehr**, über die Telefongespräche geführt und Telegramme übermittelt werden können, sind Einrichtungen der Deutschen Telekom und auf Seite 172 dargestellt.

Alle Küstenfunkstellen werden von der Betriebszentrale Norddeich Radio aus fernbedient. Sie sind auf Kanal 16, auf Kanal 70 (DSC; s. Seite 79) und auf ihren Arbeitskanälen ununterbrochen empfangsbereit. Man beachte, daß fernbediente Stationen immer mit ihrem eigenen Namen, nicht mit dem der Betriebszentrale gerufen werden.

Die Deutsche Telekom hat angekündigt, daß die deutschen Küstenfunkstellen für den öffentlichen Funkverkehr 1999 geschlossen werden. Die bisher von diesen KüFuSt durchgeführte Überwachung des Kanals 16 wird dann von der Deutschen Gesellschaft zur Rettung Schiffbrüchiger übernommen.

Mehr als 80 **Küstenfunkstellen für den nichtöffentlichen Verkehr** dienen der örtlichen Verkehrsabwicklung in den deutschen Küstengewässern. Telegramme und Telefonate können von ihnen nicht vermittelt werden. Man unterscheidet die folgenden Arten von KüFuSt für den nichtöffentlichen Verkehr:

1. ... (Ortsname) ... Traffic Radio (Sicherung und Erleichterung des Schiffsverkehrs), z. B. Ems Traffic
2. ... (Ortsname) ... Port Radio (Hafenabfertigung), z. B. Travemünde Port
3. ... (Ortsname) ... Radar Radio (Radarberatung) z. B. Cuxhaven Radar I
4. ... (Ortsname) ... Pilot Radio (Anforderung und Abgabe von Seelotsen), z. B. Stralsund Pilot
5. Kiel Kanal Radio (Verkehrsregelung im Nord-Ostsee-Kanal NOK), z. B. Kiel Kanal IV
6. ... (Ortsname) ... Lock Radio (Verkehrsregelung an Schleusen außerhalb des NOK), z. B. Eider Lock
7. ... (Ortsname) ... Bridge Radio (Verkehrsregelung an Brücken), z. B. Leer Bridge
8. ... (Ortsname) ... Report Radio (ausschließlich Schiffsmeldedienst, in Deutschland nur privat)

Beim Anruf einer KüFuSt für den nichtöffentlichen Verkehr entfällt das Wort "Radio".
Die KüFuSt für den öffentlichen wie nichtöffentlichen Verkehr und ihre Anrufkanäle sind im Jachtfunkdienst sowie in den Bänden I und III des Nautischen Funkdienstes aufgeführt. Herausgeber beider Werke ist das Bundesamt für Seeschiffahrt und Hydrographie (BSH). Darüber hinaus sind wichtige KüFuSt mit ihren Anrufkanälen in manchen Seekarten verzeichnet (z.B. Radar Radio). Die Internationale Fernmelde-Union (UIT), Genf, gibt eine "Karte der Küstenfunkstellen, die am öffentlichen Nachrichtenaustausch teilnehmen" ("Map of Coast Stations Open to Public Correspondence") heraus. Auch das "Verzeichnis der Küstenfunkstellen" ("List of Coast Stations"), das weltweit alle Küstenfunkstellen für den öffentlichen Funkverkehr enthält, ist eine UIT-Publikation.
Wegen seines großen Umfangs wird es jedoch nur von funkausrüstungspflichtigen Schiffen auf weltweiter Fahrt mitgeführt.

Verkehrszentralen

Die Grundregeln der Seeschiffahrtsstraßen-Ordnung (SeeSchStrO, § 3) enthalten in Absatz 1 seit 1995 den folgenden Passus:

> "Der Führer eines mit einer UKW-Sprechfunkanlage ausgerüsteten Fahrzeugs ist verpflichtet, bei der Befolgung der Vorschriften über das Ver-

halten im Verkehr die von einer Verkehrszentrale aus in deutscher, auf Anforderung in englischer Sprache gegebenen Verkehrsinformationen und -unterstützungen abzuhören und unverzüglich entsprechend den Bedingungen der jeweiligen Verkehrssituation zu berücksichtigen."

Diese Bestimmung beinhaltet eine auch für Sportboote verbindliche Funkbenutzungspflicht in den Sendebereichen der Verkehrszentralen. Hier ist nicht Kanal 16, sondern vorrangig der Arbeitskanal der Verkehrszentrale abzuhören. Die Verkehrszentralen sind bei Tag und Nacht besetzt und entsprechend den Erfordernissen des jeweiligen Reviers im Rahmen der maritimen Verkehrssicherung zuständig für:

1. Verkehrsinformationen
2. Verkehrsunterstützungen
3. Verkehrsregelungen
4. Verkehrslenkung auf dem Nord-Ostsee-Kanal
5. Lotsendienst

Folgende Verkehrszentralen sind in Deutschland eingerichtet, in Klammern Orte und Arbeitskanäle:

1. Nordsee
   German Bight Traffic (Helgoland); 79, 80)
   Ems Traffic (Emden; 15, 18, 20, 21)
   Jade Traffic (Wilhelmshaven; 20, 63)
   Bremerhaven Weser Traffic (02, 04, 05, 07, 21, 22, 82)
   Bremen Weser Traffic (19, 78, 81)
   Hunte Traffic (Oldenburg bis Elsfleth; 63)
   Cuxhaven Elbe Traffic (71)
   Brunsbüttel Elbe Traffic (68)
   Hamburg Port Traffic (13, 14, 74)
2. Nord-Ostsee-Kanal
   Kiel Kanal I bis Kiel Kanal IV (13, 02, 03, 12)
3. Ostsee
   Kiel Traffic (22)
   Trave Traffic (13)
   Wismar Traffic (14)
   Warnemünde Traffic (73)
   Stralsund Traffic (16)
   Sassnitz Traffic (14)
   Wolgast Traffic (14)

Neben den Verkehrszentralen nehmen auch KüFuSt
... Port Radio,
... Radar Radio,
... Lock Radio und
... Bridge Radio

Aufgaben der maritimen Verkehrssicherung wahr.

Maritime Verkehrssicherung in der Deutschen Bucht

Vor der deutschen Nordseeküste wird der Schiffsverkehr mit Hilfe von UKW-Sprechfunk behördlich überwacht und gesteuert, um Kollisionen, Grundberührungen und Umweltschädigungen zu verhüten. Amtliche Verfügungen zur Verkehrsregelung und Lagemeldungen durch die Verkehrszentralen ergänzen das System der maritimen Verkehrssicherung.

Hier ein Beispiel für die KüFuSt German Bight Traffic:

German Bight Traffic sendet (von Helgoland aus) zu jeder vollen Stunde Lagemeldungen auf den Kanälen 79 und 80. Diese enthalten Angaben über Verkehrslage, Sicht- und Wetterverhältnisse, Wasserstände (auf Anforderung), Störungen an Seezeichen, Schiffahrtshindernisse und besondere Vorkommnisse (Ankerlieger im Fahrwasser, Einsatz von Baggern u. a.).

Gegebenfalls verbreitet German Bight Traffic im Anschluß an die Lagemeldungen (15 Minuten später) auf Kanal 80 Sicherheitsmeldungen, die wie üblich auf Kanal 16 angekündigt werden. Diese enthalten Warnungen an die Schiffahrt, z. B. wenn Fahrzeuge aufgrund ihres Tiefgangs tidegebunden fahren müssen und daher gemäß SeeSchStrO als manövrierbehindert (Wegerechtschiffe) gelten.

Zur Verkehrssicherung der Jade-Ansteuerung werden einlaufende Großtanker von einem Fahrzeug der Wasserschutzpolizei begleitet, das ein blaues Funkellicht führt.

Meldepflicht

Wesentliche Bestandteile der maritimen Verkehrssicherung sind die Meldungen der Schiffahrt auf den bekanntgemachten Meldepositionen und deren Hörbereitschaft auf festgelegten UKW-Kanälen.

Dies betrifft Fahrzeuge von mehr als 50 m Länge, welche Namen, Rufzeichen und Art des Fahrzeugs, Position, Länge, Breite und Tiefgang, Abgangs- und Bestimmungshafen, Ladungsart und -menge sowie eine Erklärung darüber abgeben müssen, ob Mängel an Schiff oder Ladung vorliegen.

Das Anlaufen der inneren Gewässer der Bundesrepublik Deutschland wie auch das Auslaufen aus ihnen wird im einzelnen durch die Anlaufbedingungsverordnung (AnlBV) geregelt.

Radarberatung

Bei verminderter Sicht können vor weiten Teilen der deutschen Nordseeküste die Informationsdienste der Landradarberatung in Anspruch genommen werden.

Zur Sicherung der Schiffahrt sind Radarketten entlang der stark befahrenen Fahrwasser und Landradarstationen in großen Häfen eingerichtet. Durch überlappende Erfassungsbereiche ist gewährleistet, daß Schiffe von Station zu Station weitergereicht werden können. Die UKW-Kanäle der Radarberatung können den Seekarten entnommen werden.

Der jeweilige UKW-Kanal der Radarberatung sollte bei Nebel auch von der Sportschiffahrt unbedingt abgehört werden, um einen Überblick über den aktuellen Schiffsverkehr zu erhalten.

Aus Sicherheitsgründen sollten Sportboote, die sich bei Nebel in einem Fahrwasser aufhalten müssen, immer die Radarberatung hierüber informieren. Die aktive Teilnahme an der Radarberatung ist in Ausnahmefällen auch für die Sportschiffahrt möglich. Bei der Anmeldung sind der Schiffsname mit Rufzeichen, der möglichst genaue eigene Standort sowie Schiffsgröße und Tiefgang zu nennen. Hier ein Gesprächsbeispiel:

NEUWERK RADAR I
HIER IST
LAETITIA LAETITIA / DC 2992
ICH BITTE UM RADARBERATUNG
OVER

NEUWERK RADAR ONE
THIS IS
LAETITIA LAETITIA CALL SIGN DC 2992
REQUEST FOR RADAR ADVISORY
OVER

LAETITIA
HIER IST
NEUWERK RADAR I
BITTE IHREN STANDORT UND
ANGABEN ÜBER IHR FAHRZEUG
OVER

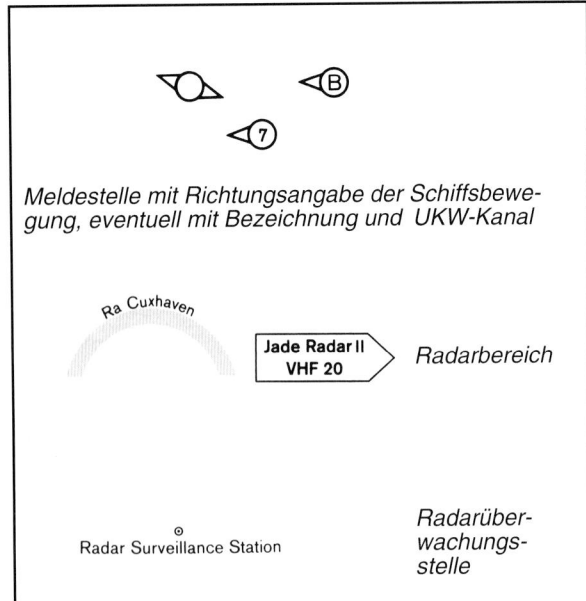

Diese Zeichen werden in Seekarten verwendet.

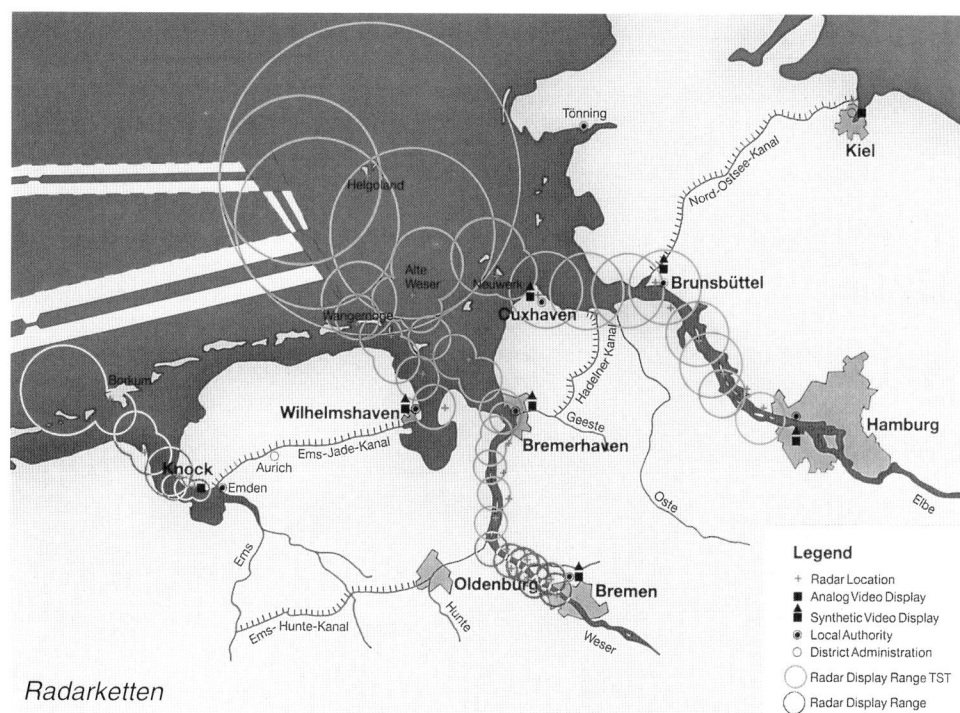

Radarketten

LAETITIA
THIS IS
NEUWERK RADAR ONE
YOUR POSITION AND
INFORMATIONS ABOUT YOUR BOAT PLEASE
OVER

Lotsendienst

Große Schiffe können eine unbekannte Küste nur mit Lotsen ansteuern. Für die Deutsche Bucht z. B. müssen Lotsen 24 Stunden vor Ankunft des Schiffes über Norddeich Radio bestellt werden.
Die Bestellungen werden auch als ETA-Meldungen bezeichnet (s. Travel Report, Seite 33) und enthalten neben der voraussichtlichen Ankunftszeit und dem Bestimmungshafen genaue Angaben zum Schiff und zu den technischen Übernahmemöglichkeiten des Lotsen. Die ETA-Daten müssen 6 Stunden und nochmals 2 Stunden vor der Ankunft aktualisiert werden. Weitere Angaben enthält das Nordsee-Handbuch, östlicher Teil. In Ausnahmefällen können auch Sportboote Lotsen anfordern. Von der Ansteuerung eines großen, unbekannten Hafens bei dichtem Nebel ohne Lotsen wird abgeraten.

Warnfunk, Wetterberichte

Nautische Warnnachrichten (navigational warnings) werden verbreitet, um Schiffe auf See vor Gefahren zu warnen oder ihnen für die Sicherheit der Schifffahrt wichtige Informationen zu übermitteln.

Jedes Land verbreitet Warnnachrichten für die eigenen Küstengewässer.

Außerdem werden durch überregionale Warndienste nautische Warnnachrichten bekanntgegeben.

Die Ausstrahlung erfolgt

- in küstennahen Gewässern über UKW-Sprechfunk (nur vitale nautische Warnnachrichten),
- in Gewässern bis etwa 300 sm vor den Küsten über NAVTEX (s. Seite 80) und Grenzwelle (nicht mehr durch deutsche KüFuSt),
- darüber hinaus über Satellit (INMARSAT-C)
- sowie in polaren Gebieten über Kurzwelle.

Nautische Warnnachrichten werden auch im Anschluß an den Seewetterbericht im Deutschlandfunk (1269 kHz; 01.05 Uhr, 06.40 Uhr und 11.05 Uhr) und auf NDR 4 (z. B. 702 kHz, 972 kHz; 08.30 Uhr, 22.20 Uhr) gesendet.

Die deutschen KüFuSt für den öffentlichen Verkehr verbreiten auf ihren ersten UKW-Arbeitskanälen **Wetterberichte** und vitale nautische Warnnachrichten (Sendezeiten und Kanäle s. Seite 173).

Weitere Möglichkeiten, einen Seewetterbericht in deutscher Sprache zu erhalten, sind z. B.:

- Privater Informationsdienst (PID) über Rufnummern 0190 xxx (s. Jachtfunkdienst);
- Telefonansage des Deutschen Wetterdienstes über die Rufnummer 040/3 19 66 28);
- Seewetterbericht per Fax (Info: Tel. 0 40/31 90 88 52) und T-Online (BTX *44440#);
- Rundfunk (DLF, NDR 4; s. o.).

Angaben zum Empfang von Seewetterberichten im Ausland enthält der Jachtfunkdienst. Auf dem IJsselmeer z. B. werden stündlich Wetterberichte und aktuelle Informationen gesendet.

Anrufen eines unbekannten Schiffes

Das Anrufen eines anderen Schiffes - auch als Anpreien bezeichnet - kann erforderlich sein, um Informationen zu erbitten oder um das Fahrzeug auf einen bestimmten Sachverhalt aufmerksam zu machen.

Das gerufene Schiff muß dazu nach äußeren Kriterien genau beschrieben werden; das rufende Schiff soll angeben, wo es sich in bezug auf das gerufene Schiff befindet. Ein kurzer Verkehr kann auf Kanal 16 abgewickelt werden:

SCHIFF MIT SCHWARZEM RUMPF UND ROTEM
SCHORNSTEIN, KURS WEST   *(höchstens 3 x)*
HIER IST
ALGEBRA ALGEBRA ALGEBRA / DG 3536
DIE SEGELYACHT 1 MEILE VOR IHREM BUG
KOLLISIONSGEFAHR
WERDEN SIE SICH KLARHALTEN?
OVER

VESSEL WITH BLACK HULL
AND RED FUNNEL COURSE WEST   (höchstens 3 x)
THIS IS
ALGEBRA ALGEBRA ALGEBRA CALL SIGN DG 3536
THE SAILING YACHT 1 MILE AHEAD OF YOUR BOW
RISK OF COLLISION
WILL YOU KEEP CLEAR
OVER

DG 3536
HIER IST
DAJO
ICH SEHE SIE RECHT VORAUS
ICH WERDE AUSWEICHEN
GUTE REISE
ENDE

DG 3536
THIS IS
DAJO
I SEE YOU DEAD AHEAD
I GIVE WAY
HAVE A GOOD SAIL
OUT

Durch Kontaktaufnahme über Funk kann wertvolle Zeit verlorengehen, die manchmal besser für rechtzeitige und durchgreifende Maßnahmen im Sinne der KVR genutzt werden sollte.

Sicherheitsmeldung bei dichtem Nebel

In der Berufsschiffahrt ist es üblich, bei Nebel - neben den in den KVR vorgeschriebenen Maßnahmen - auf der Brücke UKW-Kanal 16 abzuhören, um gegebenenfalls mit einem anderen Schiff Funkkontakt aufnehmen zu können. Sollte ein Sportboot auf hoher See in dichten Nebel geraten und nicht über ein Radargerät verfügen, so könnten andere Fahrzeuge durch eine kurze Sicherheitsmeldung, die auf Kanal 16 gesendet werden darf, auf die Gefahrenlage aufmerksam gemacht werden.

SECURITE SECURITE SECURITE
AN ALLE FUNKSTELLEN
AN ALLE FUNKSTELLEN
AN ALLE FUNKSTELLEN
HIER IST
FINALE FINALE FINALE / DE 9911
SEGELYACHT OHNE RADARANLAGE
IN DICHTEM NEBEL
AUF POSITION 55-35 N 016-40 E
KURS 045   FAHRT 5 KNOTEN
DIE UMLIEGENDE SCHIFFAHRT WIRD UM
BESONDERE AUFMERKSAMKEIT GEBETEN
OVER

SECURITE SECURITE SECURITE
ALL SHIPS ALL SHIPS ALL SHIPS
THIS IS
FINALE FINALE FINALE CALL SIGN DE 9911
SAILING SHIP WITHOUT RADAR IN DENSE FOG
ON 55 DEGREES 35 MINUTES NORTH
016 DEGREES 40 MINUTES EAST
TRACK 045 DEGREES
SPEED 5 KNOTS
SURROUNDING SHIPS ARE REQUESTED FOR
SPECIAL ATTENTION
OVER

TR-Angaben (Travel Report)

KüFuSt können mit der Abkürzung TR die Seefunkstellen auffordern, folgende Angaben zu übermitteln: den Schiffsnamen, den Standort und wenn möglich auch den Reiseweg und die Geschwindigkeit sowie den nächsten Anlaufhafen.

Die SeeFuSt sollen solche TR-Angaben, wenn immer es angebracht erscheint, auch von sich aus, d. h. ohne besondere Aufforderung, übermitteln, insbesondere wenn sie in das Verkehrsgebiet einer KüFuSt gelangen.

Eine TR-Angabe enthält mindestens drei Bestandteile:

1. Wer bin ich?
2. Wo stehe ich?
3. Wohin will ich?

In Ausnahmefällen können auch Sportboote einen Travel Report abgeben, z. B. wenn ein Telefonat oder Telegramm erwartet wird. Eine TR-Meldung kann einer KüFuSt nach vorherigem Anruf durchgegeben werden.

HELGOLAND RADIO
HIER IST
THE BEATLES THE BEATLES / JPGR
VON SEE KOMMEND
PASSIERE TONNE GW 7
AUF DEM WEG NACH HAMBURG

HELGOLAND RADIO
THIS IS
THE BEATLES THE BEATLES CALL SIGN JPGR
INWARD
PASSING BUOY GW 7
DESTINATION HAMBURG

Bei TR-Angaben werden gelegentlich die folgenden Abkürzungen verwendet:

ETA = voraussichtliche Ankunftszeit
(estimated time of arrival)

ETD = voraussichtliche Abfahrtzeit
(estimated time of departure)

Dabei werden Datums- und Zeitangaben (Tag-Zeit-Gruppe) wie folgt übermittelt:

ETA 190830 UTC JUN 97

voraussichtliche Ankunftseit am
19. Juni um 08:30 UTC

Es wird nicht überprüft, ob ein Schiff den in einem Travel Report angegebenen Bestimmungshafen auch wirklich erreicht. Wenn ein Fahrzeug überfällig werden sollte, löst ein zuvor abgegebenes TR keine Suchaktion aus.

Suchnachrichten

Soll nach einem überfälligen Schiff durch Suchnachrichten von KüFuSt geforscht werden, so ist zunächst die Leitstelle der Deutschen Gesellschaft zur Rettung Schiffbrüchiger, Bremen, Tel. (04 21) 53 68 70 zu benachrichtigen. Diese entscheidet, ob Suchnachrichten verbreitet werden sollen, und legt die Art, Anzahl und Empfangsgebiete der Aussendungen fest. Auf Suchnachrichten eingehende Antworten werden an die DGzRS und an den Auftraggeber übermittelt, der die Entgelte für das Aussenden der Nachrichten und die darauf eingehenden Antworten zu entrichten hat.

Funkärztlicher Beratungsdienst (Medico-Gespräch, Radiomédical)

Die deutschen KüFuSt für den öffentlichen Verkehr und viele ausländische KüFuSt vermitteln auf Anforderung ärztliche Ratschläge. Diese sind in Deutschland gebührenfrei. In dringenden Fällen darf das Funkarztgespräch mit dem Dringlichkeitszeichen angekündigt werden.

Im Jachtfunkdienst ist aufgeführt, welche Angaben über den Gesundheitszustand des Patienten benötigt werden und mit welchen Rückfragen des Funkarztes zu rechnen ist.

Im Ausland wird der Funkarzt oft mit RADIO-MEDICAL ... (Name der KüFuSt) bezeichnet. Bei sprachlichen Schwierigkeiten können die Angaben mit Hilfe des Internationalen Signalbuches (s. unten) übermittelt werden.

Außerhalb des Empfangsbereichs einer KüFuSt besteht die Möglichkeit, sich nach einem Schiff mit einem Arzt zu erkundigen, von dem die Beratung angefordert werden kann. Allerdings wird man höchstens auf einem Kriegsschiff oder unter den Passagieren eines Fahrgastschiffes einen Arzt erwarten können.

Q-Gruppen, Internationales Signalbuch

Wenn der Empfang sehr schwach ist oder wenn mangels ausreichender Sprachkenntnisse der Funkverkehr weder auf englisch noch in einer anderen Sprache möglich ist, werden im Funkverkehr gelegentlich Q-Gruppen oder Abkürzungen des Internationalen Signalbuchs verwendet - allerdings auf UKW nur in Ausnahmefällen.

Die Q-Gruppen sind - zusammen mit weiteren Abkürzungen - in Anlage 8 des Handbuchs Seefunk enthalten. Hier einige Beispiele:

RQ	Fragezeichen
QTO RQ	Aus welchem Hafen sind Sie ausgelaufen?
QTO HAMBURG	Ich bin aus dem Hafen Hamburg ausgelaufen.
QOD 3	Ich kann mit Ihnen auf deutsch verkehren.
QSQ RQ	Haben Sie einen Arzt an Bord?
QTH RQ	Welches ist Ihr Standort?
QTH ...	Mein Standort ist ...

Das **Internationale Signalbuch** wird vom BSH herausgegeben . Abkürzungen aus dem Internationalen Signalbuch wird im Sprechfunk das Wort INTERCO (gesprochen: IN-TER-KO) vorangestellt, das für "Es folgen Gruppen aus dem Internationalen Signalbuch" steht.

Beispiele für Notfallbeschreibungen:

AE	Ich muß mein Fahrzeug verlassen.
CB	Ich benötige sofortige Hilfe.
CB 6	Ich benötige sofortige Hilfe; Feuer im Schiff.
DX	Ich sinke.
HW	Ich bin mit einem Überwasserfahrzeug zusammengestoßen.
CP	Ich komme Ihnen zu Hilfe.
ED	Ihre Notzeichen sind verstanden.
EL	Wiederholen Sie die Notposition.

Alle Abkürzungen werden mit Hilfe der internationalen Buchstabiertafel (s. Seite 174) buchstabiert.

Man verwende jedoch offene Sprache, wann immer dies möglich ist.

Standortangaben nach dem Internationalen Signalbuch

Standortangaben werden gelegentlich nach dem Internationalen Signalbuch gemacht. Danach ist **Lima** (L = Latitude = Breite) das Schlüsselwort für Breite und **Golf** (G = Greenwich) das für Länge. Lima und Golf werden vor der jeweiligen Breiten- und Längenangabe genannt. Man beachte: Gradzahlen werden bei Breitenangaben immer zweistellig, Gradzahlen bei Längenangaben immer dreistellig, Minutenangaben immer zweistellig dargestellt und Englisch gesprochen.

Beispiel:

   INTERCO L 56-31 N   G 007-06   E

   INTERCO
   LIMA FIVE SIX THREE ONE NOVEMBER
   GOLF ZERO ZERO SEVEN ZERO SIX ECHO

Zeitangaben in UTC, Datumsangaben

Zeitangaben im Seefunk werden im internationalen Funkverkehr in UTC gemacht, sofern nichts anderes angegeben ist. UTC steht für Universal Time Coordinated, koordinierte Weltzeit. Anstelle von UTC wird gelegentlich auch die Abkürzung Z gebraucht (Z = Zero = Zeitzone null).

Neben UTC wird noch die gesetzliche Zeit (GZ) verwendet. Deutschland hat als gesetzliche Zeit im Winterhalbjahr die mitteleuropäische Zeit (MEZ) und im Sommerhalbjahr die mitteleuropäische Sommerzeit (MESZ). Um UTC in mitteleuropäische Sommerzeit (MESZ) umzurechnen, müssen 2 Stunden zu UTC hinzugezählt werden.

Zeitangaben werden vierstellig entweder ohne Zeichensetzung oder mit Doppelpunkt geschrieben.

Beispiele:

   0640 UTC = 0840 MESZ = 0740 MEZ

   06:40 UTC = 08:40 MESZ = 07:40 MEZ

   190745Z SEP = 190745 SEP UTC
   = 19. September, 07:45 UTC

UTC wird "ju-ti-ßi" gesprochen und nicht nach der internationalen Buchstabiertafel buchstabiert. SEP hingegen wird "Sierra Echo Papa" gesprochen.

Rangfolge im Seefunkverkehr

Zur reibungslosen Abwicklung des Seefunkverkehrs wurde eine Rangfolge geschaffen, die im gesamten Seefunkverkehr strikt eingehalten werden muß.

1. Notverkehr
2. Dringlichkeitsverkehr
3. Sicherheitsverkehr
4. Funkpeilungen
5. Verkehr von Luftfahrzeugen bei Such- und Rettungsarbeiten (in der Regel Kanal 06)
6. Verkehr, der die Navigation bzw. Fahrsicherheit betrifft, sowie Wetterbeobachtungsmeldungen für einen amtlichen Wetterdienst
7. ETATPRIORITE - Seefunktelegramme, die sich auf die Anwendung der Charta der Vereinten Nationen beziehen
8. ETATPRIORITE - Staats-Seefunkverkehr mit Vorrang
9. dienstlicher Verkehr des Fernmeldedienstes
10. übrige Sendungen (Routineverkehr)
11. Seefunkbriefe

Rufzeichen

Jedes in ein **Seeschiffsregister eingetragene Schiff** erhält ein aus 4 Buchstaben bestehendes Unterscheidungssignal. Für deutsche Schiffe wurden durch internationale Übereinkunft die Buchstabengruppen DAAA bis DRZZ festgelegt. Eine Registrierung ist nach deutschem Recht für Schiffe ab 15 m Länge erforderlich. Als Rufzeichen einer Seefunkstelle wird das **Unterscheidungssignal** verwendet, sofern das Schiff registriert ist.

Nicht registrierten Schiffen wird mit der Frequenz für die Seefunkstelle auch ein Rufzeichen zugeteilt. Es besteht aus zwei Buchstaben und 4 angehängten Ziffern aus den Reihen DA 2001 bis DH 9999.

Mit einem Selektivrufdecoder (s. Seiten 12, 79) ausgestattete Schiffe erhalten zusätzlich zu ihrem Rufzeichen noch eine **Selektivrufnummer**. Diese wird im GMDSS als **MMSI** bezeichnet (Seite 79).

Seefunktelegramme mit **Sammelrufzeichen** dienen der Übermittlung von Nachrichten über Angelegenheiten des Schiffs- und Seefunkbetriebes an bestimmte Gruppen von Schiffen unter deutscher Flagge. Sie werden in der Regel im Seefunktelexverkehr auf Grenz- und Kurzwelle von KüFuSt verbreitet und im UKW-Sprechfunk zu festgelegten Sendezeiten verlesen - um 12.00 Uhr Ortszeit und nach den Wetterberichten. Die derzeit gültigen Sammelrufzeichen sind:

DAAA	Inhaber: Deutsche Telekom
DAAD	Inhaber: Deutsche Telekom
DAAC	Inhaber: DEBEG GmbH
DAAH	Inhaber: BAPT
DAAT	Inhaber: Reederei F. Laeisz GmbH

Abrechnungskennung

Die Abrechnungskennung heißt für Sportboote meistens DP01 (gesprochen: Delta Papa null eins). Bei dieser Abrechnungskennung werden die Gebühren dem Schiffseigner mit der monatlichen Telefonrechnung in Rechnung gestellt.
Die Berufsschiffahrt verwendet alternativ auch DP02 (Debeg), DP03 (Hagenuk), DP04 (ABB Nera GmbH), DP05 (DH Intercom) und CY03 (Telaccount Overseas). Hier schickt die Telefongesellschaft ihre Rechnung und der Reeder seine Kopien des Funktagebuchs an die betreffende Firma, damit diese die Rechnung kontrolliert.

Senden in Häfen

In deutschen, aber nicht in allen ausländischen Häfen ist die Benutzung einer UKW-Sprechfunkanlage (Senden und Empfangen) erlaubt.

Abhörsicherheit, Fernmeldegeheimnis

Funkverkehr kann von jeder SeeFuSt (und auch mit manchen Weltempfängern) mitgehört werden, sofern nicht Sprachverschleierungsgeräte eingesetzt werden.

Bediener von SeeFuSt sind verpflichtet, das Fernmeldegeheimnis zu wahren. Dieses umfaßt den Inhalt, Absender und Adressaten von Funksendungen. Nicht einmal die Tatsache des Empfangs einer Nachricht darf Dritten zur Kenntnis gegeben werden. Verstöße gegen das Fernmeldegeheimnis können als Straftatbestand verfolgt werden.

Funktagebuch

UKW-Seefunkstellen sind von der Führung eines Funktagebuchs befreit. Lediglich bei schwerwiegenden Verstößen gegen die Bestimmungen des Seefunkdienstes kann das Bundesamt für Post und Telekommunikation (BAPT) eine Seefunkstelle verpflichten, ein Funktagebuch zu führen.

Funkstille

In Zeiten der Funkstille müssen alle FuSt, die auf GW oder auf MW arbeiten, den Sendebetrieb einstellen und die Notfrequenz abhören. Damit soll weit entfernten SeeFuSt in Not die Möglichkeit gegeben werden, eine Meldung zu übermitteln. Auf beiden Wellenbereichen werden jeweils zwei Funkstillen pro Stunde eingehalten:

    GW in den Minuten   00 - 03 und 30 - 33
    MW in den Minuten   15 - 18 und 45 - 48

einer jeden Stunde. Diese Zeiten sind auf Funkuhren mit blauen und roten Sektoren markiert.

Funkstille gibt es nicht auf UKW. SeeFuSt, die neben UKW auch über GW oder MW verfügen, halten jedoch manchmal auch auf UKW Funkstille, um GW/MW abhören zu können.

Telegramme

Die Bestandteile eines Seefunktelegramms sind:

1. Kopf — unentgeltlich, muß sein
2. Dienstvermerk — entgeltpflichtig, nur wenn nötig
3. Anschrift — entgeltpflichtig, muß sein
4. Text — entgeltpflichtig, muß sein
5. Unterschrift — entgeltpflichtig, kann entfallen

Zählwörter sind alle zusammengeschriebenen Wörter, alle Zahlen und alle zusammengeschriebenen Schriftzeichen-Kombinationen.

Beispiel:

    SCHICKE 1000 DM .   4 Zählwörter
    SCHICKE 1000 DM.   3 Zählwörter
    SCHICKE 1000DM.   2 Zählwörter
    SCHICKE1000DM.   1 Zählwort

Zählwörter dienen zur Kontrolle der Vollständigkeit des Seefunktelegramms. Postleitzahl und Ortsangabe gelten als ein Zählwort. Einzeln stehende Schriftzeichen zählen jeweils als ein Wort.
Die Anzahl der **entgeltpflichtigen Wörter** bestimmt den Telegrammpreis. Jedes Zählwort mit bis zu 10 Schriftzeichen gilt als ein entgeltpflichtiges Wort, bei längeren Zählwörtern zählen je 10 angefangene Schriftzeichen als ein entgeltpflichtiges Wort. Als zwei Schriftzeichen zählen ä, ö ü und ß.

    UKW-Sprechfunkzeugnis 1 Zählwort,
                           3 entgeltpflichtige
                           Wörter.

Der Kopf eines Telegramms wird weder bei den Zähl- noch bei den entgeltpflichtigen Wörtern mitgerechnet.

Das folgende Telegrammbeispiel besteht aus 19 Zählwörtern (Postleitzahl und Ort gelten als ein Zählwort) und 21 entgeltpflichtigen Wörtern (FAX0521 592268 sowie 33602 BIELEFELD zählen jeweils als ein Zählwort, jedoch als zwei entgeltpflichtige Wörter).

```
UNVERZAGT / DB 2345  1  21/19  28  0900  DP01=
=FAX0521592268 =
DEUTSCHE BANK 33602 BIELEFELD=
WIR SEGELN NICHT IM MITTELMEER
UND HABEN DOCH KEINE MITTEL MEHR
CFG5428  56325  GKSWQP=
LAETITIA +
```

Die Kopfzeile dieses Telegramm besagt: Das Telegramm wurde an Bord der Seefunkstelle Unverzagt / DB 2345 aufgegeben. Es ist das 1. Telegramm des Tages (an die betreffende KüFuSt) und hat 21 entgeltpflichtige und 19 Zählwörter. Es wurde am 28. Tag dieses Monats um 09.00 Uhr aufgegeben. Die Abrechnungskennung ist DP01. Am Ende des Kopfes steht ein =-Zeichen. Der Kopf wird vom Funker an Bord ausgefüllt.

Durch den Dienstvermerk wird die Telegrammart, eine zusätzliche Leistung oder eine Sonderbehandlung bestimmt. Dieses Telegramm wird als Fax zugestellt.

Dienstvermerke werden stets in =-Zeichen gesetzt. Weitere Dienstvermerke sind zum Beispiel (keine vollständige Auflistung):

SF	Festtags-Seefunktelegramm
SLT	Sea letter (Seefunkbrief)
URGENT	Dringendes Telegramm
LX ...	Ausfertigung auf Schmuckblatt ...
TF ...	Zustellung über Telefonanschluß ...
FAX ...	Zustellung als Telefax

Ein Festtags-Seefunktelegramm kann zu ausgewählten Festtagen mit ermäßigten Preisen übermittelt werden. Die Verwendung von Textvorschlägen ist möglich (Beispiel 8 zum Muttertag: "Dir, liebe Mutter, von hoher See herzliches Gedenken").

Schiffsbesatzungen und Fahrgäste sind zu bitten, SF-Telegramme möglichst frühzeitig aufzugeben. Seefunkbriefe werden dem Empfänger mit der Briefpost zugestellt.

Telegrammübermittlung

Zur Übermittlung von See zum Land soll ein Telegramm zunächst bei einer KüFuSt (mit den Wörtern "Ich habe eine Telegramm", s. Seite 10) angemeldet werden. Auf Anforderung durch die KüFuSt wird das obige Telegramm langsam (zum Mitschreiben geeignet) wie folgt verlesen:

"Ich beginne:
Unverzagt Delta Bravo 2345, Nummer 1
mit 21 zu 19 Wörtern, vom 28. um 0900 Uhr,
Delta Papa 01.
Es folgt ein Dienstvermerk:
Fax 05-21-59-22-68
Es folgt die Anschrift:
Deutsche Bank 33602 Bielefeld
Es folgt der Text:
Wir segeln nicht im Mittelmeer und haben doch keine Mittel mehr.
Es folgt eine gemischte Gruppe:
Charlie Foxtrot Golf fünf vier zwo acht.
Es folgt eine Zahl in Ziffern:
fünf sechs drei zwo fünf.
Es folgt eine Buchstabengruppe:
Golf Kilo Sierra Whiskey Quebec Papa.
Es folgt die Unterschrift: Laetitia.
Ich wiederhole und buchstabiere:
Lima Alfa Echo Tango India Tango India Alfa.
Ende des Telegramms.
Over."

DSC-fähiges UKW-Sprechfunkgerät ohne DSC-Controller (DEBEG)

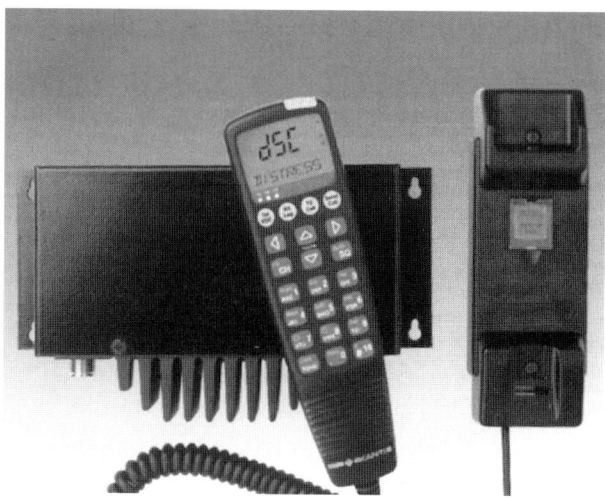

UKW-Sprechfunkgerät mit integriertem DSC-Controller (Skanti, Hagenuk)

UKW-Sprechfunkgerät (vorne) mit separatem DSC-Controller (Shipmate)

All-in-one-Antenne für UKW-Seefunk, Radio uam. (RR-Elektronische Geräte, Kiel)

Errichten einer Seefunkstelle

Seiten 40 bis 41: Praxiswissen, kein Prüfungsstoff

Auswahl eines UKW-Sprechfunkgerätes

Bei der Auswahl eines UKW-Sprechfunkgerätes ist zu beachten, daß der Anschluß eines DSC-Controllers (s. Seite 79) möglich ist (nur Seefunk) und die räumlichen Verhältnisse an Bord einen Einbau zulassen. Das Gerät muß ein Zulassungszeichen (BZT) und ein CE-Zeichen tragen.

Einbau, Frequenzzuteilung

Ein UKW-Sprechfunkgerät muß entsprechend den technischen Vorschriften eingebaut werden. Die frühere Genehmigung ist durch eine "Frequenzzuteilung" durch die

BAPT-Außenstelle Hamburg
Sachsenstr. 12 + 14
20097 Hamburg

ersetzt worden. Der Jahresbeitrag für eine Seefunkstelle beträgt DM 40,-. Eine Frequenzzuteilung für Handsprechfunkgeräte wird nur erteilt, wenn diese in Ergänzung zu einer fest installierten UKW-Anlage an Bord kommen sollen.

Eine SeeFuSt kann von jedem Telefon aus angerufen werden (s. Seite 12). Um von einer SeeFuSt aus einen Fernsprechteilnehmer an Land anrufen zu dürfen, muß der Seefunkanschluß bei der Deutschen Telekom angemeldet werden:

Seefunkdienstbüro Norddeich Radio
Tel (0 49 31) 1 83-2 76 (...2 77, 2 78, 2 79).

Die Anmeldegebühr beträgt einmalig DM 74,-; zu den laufenden Gebühren s. Seite 13.

Seefunkzeugnis

Während das Fahren ohne Sportbootführerschein lediglich eine Ordnungswidrigkeit darstellt, ist das "Errichten oder unbefugte Ausüben der tatsächlichen Gewalt" über eine Funkanlage mit Strafe bedroht (Freiheitsstrafe bis zu zwei Jahren oder Geldstrafe, Telekommunikationsgesetz). Ebenso bestraft wird, wer einem anderen eine Sendeanlage überläßt, ohne dessen Berechtigung überprüft zu haben. Wenn kein Inhaber eines Seefunkzeugnisses an Bord ist, sollte das Funkgerät ausgebaut werden.

Von einem ungenehmigten Betrieb einer Funkanlage ist dringend abzuraten.

Antenne

Weil sich Ultrakurzwellen quasi-optisch ausbreiten, soll die UKW-Antenne möglichst hoch angebracht werden. Die **Reichweite** hängt von der Höhe der sendenden und der empfangenden Antenne ab. Ist z. B. die Bordantenne 12 m und die KüFuSt-Antenne 80 m hoch, so beträgt die Reichweite mindestens 28 sm. UKW-Antennen haben eine Länge von ca. 1 m, was der halben Wellenlänge des Kanals 16 (= 1,92 m) entspricht.

Mit einer "All-in-one-Antenne" (s. Seite 39) kann ein "Antennenwald" auf dem Mast vermieden werden. Für UKW-Sprechfunk, Rundfunk, Mobilfunktelefon und Fernsehen reicht dann eine Antennenanlage aus.

Sinnvoll kann eine **Notantenne** sein, da gerade im Seenotfall (Mastbruch, Kenterung) die Mastantenne verlorengehen kann. Eine Benutzung des UKW-Sprechfunkgerätes ohne Antenne würde das Gerät beschädigen oder sogar zerstören. Eine Notantenne kann jederzeit in Betrieb genommen werden. Natürlich setzt sie die Reichweite erheblich herab, Schiffe in Sichtweite sind jedoch noch anrufbar.

Literatur, Dienstbehelfe

SeeFuSt müssen bzw. sollten mit verschiedenen Unterlagen ausgestattet sein. Dazu gehören

- das Handbuch Seefunk bzw. die UKW-Information Seefunk,
- die gültigen MfS-Hefte (Mitteilungen für Seefunkstellen),
- der Jachtfunkdienst des BSH bzw. der Nautische Funkdienst Bände I und III,
- die Genehmigungsurkunde bzw. die Frequenzzuteilungsurkunde,
- das Seefunkzeugnis des Funkers,
- die Bedienungsanleitung und - falls vorhanden -
- andere Unterlagen für das Sprechfunkgerät.

Das Handbuch Seefunk und die UKW-Information Seefunk werden durch die Deutsche Telekom vertrieben:

> Deutsche Telekom AG
> P186Wi-1
> Postfach 2440
> 65014 Wiesbaden
> Tel. 06 11/ 8 00-22 99
> Fax. 06 11/ 8 00-22 66

Der Nautische Funkdienst (Loseblattsammlung) und der (jährlich erscheinende) Jachtfunkdienst können in einer Schiffahrtsbuchhandlung bezogen werden. Es wird nur eines dieser Werke benötigt, üblich auf Sportbooten ist der Jachtfunkdienst.

Der **Jachtfunkdienst** ist in zwei Bänden (Nord- und Ostsee sowie Mittelmeer) erhältlich. Er erscheint jährlich neu und wird nicht berichtigt. Der Jachtfunkdienst ist in die drei Abschnitte Funkverkehr, Funkortung und Wetterfunk gegliedert und enthält die Arbeitskanäle der Küstenfunkstellen für den öffentlichen Verkehr, Angaben zum Revierfunk (Verkehrsabwicklung, Häfen, Schleusen, Brücken, Radarberatung), zum Warnfunk, Seenotfunk sowie zur funkärztlichen Beratung.

Bedienung eines UKW-Sprechfunkgerätes

Vor der Benutzung eines UKW-Sprechfunkgerätes müssen der Kanal und die Sendeleistung festgelegt werden. Anschließend sind folgende Einstellungen vorzunehmen:

1. **Ein- / Aus-Schalter**: Das Gerät muß eingeschaltet werden.
2. **Sendeleistung voll oder reduziert:** Um den übrigen Funkverkehr nicht unnötig zu stören, ist bei Schiff-Schiff-Gesprächen möglichst mit reduzierter Sendeleistung zu arbeiten. Diese beträgt 1 Watt und reicht für Entfernungen von 5 - 8 sm aus. Not-, Dringlichkeits- und Sicherheitsmeldungen sowie der Funkverkehr mit KüFuSt werden jedoch immer mit voller Sendeleistung (25 Watt) ausgestrahlt. Die Einstellung erfolgt über die Taste "full / low".
3. **Kanalwähler**: Der Kanal muß eingestellt werden. Der Kanal wird gewöhnlich zweistellig eingegeben (Beispiel: Kanal 8 = 08).
4. **Rauschsperre / SQL**: Der Schalter "Rauschsperre" - englisch: squelch - muß ausgeschaltet werden. Denn wenn es nun im Hörer rauscht, ist der Kanal frei. Hört man hingegen bei ausgeschalteter Rauschsperre kein Rauschen, so wird auf dem Kanal gesendet. Während des Funkbetriebs kann durch die Rauschsperre die Empfindlichkeit des Empfängers verändert werden. Ein entfernter Sender, der mit Rauschsperre unhörbar ist, kann ohne Rauschsperre manchmal noch hörbar sein. In diesem Fall sollte der Rauschsperrenschwellenwert verringert werden.
5. **Zweikanalüberwachung / DW**: Die Zweikanalüberwachung - Englisch: dual watch - erlaubt, neben dem eingestellten Kanal gleichzeitig noch Kanal 16 zu empfangen. Dies ist nur möglich, während der Hörer eingehängt ist.
6. **Lautstärkeregler**: Der Lautstärkeregler regelt nur die Lautstärke des Empfängers, nicht jedoch die Sendeleistung.

2. Binnenschiffahrtsfunk

Grundlagen

Binnenschiffahrtsfunk

Der Binnenschiffahrtsfunk wurde lange Rheinfunk genannt. Die "Zentralkommission für die Rheinschiffahrt", die von den Rheinanliegerstaaten (bereits am 5.3.1816 zur Ausführung der Bestimmungen der Schlußakte des Wiener Kongresses) gegründet wurde, hatte einheitliche Regelungen für den Funkverkehr auf dem Rhein verabschiedet. Mit der 1996 abgeschlossenen "Regionalen Vereinbarung über den Binnenschiffahrtsfunk" wurden die für den Rhein getroffenen Regelungen auf die übrigen Binnenschiffahrtsstraßen übertragen und der Name Rheinfunk in Binnenschiffahrtsfunk abgeändert.
Die Teilnahme am Binnenschiffahrtsfunk ist nur Inhabern eines gültigen Seefunkzeugnisses gestattet. Funkzeugnisse speziell für die Binnenschiffahrt gibt es in Deutschland nicht.

Verkehrskreise, Sprechwege (Kanäle)

Der Binnenschiffahrtsfunk ist in 5 Verkehrskreise (Funkverbindungen für bestimmte Zwecke) gegliedert:

Verkehrskreis 1: Schiff - Schiff
Verkehrskreis 2: Nautische Information (NIF) Funkverkehr zwischen Schiffen und Behörden, denen der technische Betrieb auf den Wasserstraßen obliegt (Revierzentralen, Schleusen)
Verkehrskreis 3: Schiff - Hafenbehörde
Verkehrskreis 4: Funkverkehr an Bord (Schlepp- und Schubverbände, gesperrt für Kleinfahrzeuge)
Verkehrskreis 5: Öffentlicher Nachrichtenaustausch (in Deutschland nicht mehr möglich)

Mit Ausnahme der Verkehrskreise 2 und 5 darf im Binnenschiffahrtsfunk nur mit reduzierter Sendeleistung (zwischen 0,5 und 1 Watt) gearbeitet werden. In Belgien und den Niederlanden ist auch im Verkehrskreis 2 reduzierte Sendeleistung vorgeschrieben.

Den Verkehrskreisen 1, 3 und 4 sind folgende Sprechwege zugeordnet:

Verkehrskreis 1: Kanäle **10, 13, 77**, 06, 08, 72
Verkehrskreis 3: Kanäle **11, 12**, 14, 71, 74
Verkehrskreis 4: Kanäle 15, 17

Der Verkehrskreis 4 ist für Kleinfahrzeuge gesperrt. In den Verkehrskreisen 1, 3 und 4 ist nur die Übermittlung von Nachrichten zugelassen, die sich ausschließlich auf die Fahrt oder die Sicherheit von Schiffen oder in dringenden Fällen auf den Schutz von Personen beziehen. Lediglich auf Kanal 77 ist der "Austausch von Nachrichten sozialer Art" erlaubt.

Die Kanäle des Verkehrskreises 2 NIF sind durch blaue Schilder an den Binnenschiffahrtsstraßen angegeben (Aufschrift UKW und Kanalnummer). Sie können auch dem Handbuch Binnenschiffahrtsfunk sowie dem Merkblatt "Verkehrssicherungssysteme auf Binnenschiffahrtsstraßen" entnommen werden.

Einen dem Seefunk vergleichbaren Not-, Sicherheits- und Anrufkanal 16 gibt es im deutschen Binnenschiffahrtsfunk nicht. Anrufe erfolgen auf dem jeweiligen Arbeitskanal. In den Niederlanden wird Kanal 16 für Not- und Sicherheitsverkehr benutzt.

Ausrüstungspflicht

Seit dem 1.1.95 müssen alle Schiffe, welche die deutschen Binnenschiffahrtsstraßen befahren, mit UKW-Sprechfunkgeräten ausgerüstet sein. Fähren und schwimmende Geräte müssen über mindestens ein UKW-Sprechfunkgerät, mit dem Hörbereitschaft im Verkehrskreis 4 sicherzustellen ist, verfügen. Die übrigen Fahrzeuge müssen mit mindestens zwei UKW-Sprechfunkanlagen - empfohlen sind drei Geräte - ausgestattet sein, um eine gleichzeitige Empfangsbereitschaft in den Verkehrskreisen 1 und 2 zu gewährleisten. Kleinfahrzeuge sind von dieser Ausrüstungspflicht in Deutschland ausgenommen.

In den Niederlanden dagegen müssen auch Kleinfahrzeuge mit einem UKW-Sprechfunkgerät ausgerüstet sein bei

- allen Radarfahrten,
- Fahrten bei unsichtigem Wetter auf folgenden Wasserstraßen: Rhein, Waal, Lek, Amsterdam-Rijnkanal, IJsselmeer, Route Antwerpen - Amsterdam, Route Amsterdam - Antwerpen.

Die Teilnahme am Binnenschiffahrtsfunk ist nur mit UKW-Sprechfunkgeräten gestattet, welche mit dem Automatischen Sender-Identifizierunssystem **ATIS** ausgestattet sind und den Aufsichtsbehörden eine Identifizierung der am Funkverkehr beteiligten Schiffsfunkstellen erlauben. Die Geräte müssen in den Verkehrskreisen 1, 3 und 4 automatisch auf reduzierte Sendeleistung umschalten. Ein Seefunkgerät darf im Binnenschiffahrtsfunk nicht benutzt werden. Kombinierte Sprechfunkanlagen, die von Hand zwischen Seefunk und Binnenschiffahrtsfunk umgeschaltet werden können, sind zulässig.

Die Frequenzzuteilung für einer Schiffsfunkstelle erfolgt durch das Bundesamt für Post und Telekommunikation (BAPT), Außenstelle Mülheim/Ruhr. Damit ist auch eine Teilnahme am Seefunkdienst möglich. Die Frequenzzuteilungsurkunde ist stets an Bord mitzuführen.

Das **Rufzeichen** besteht im Binnenschiffahrtsfunk aus zwei Buchstaben mit vier angehängten Ziffern zwischen DA 4000 und 5999 und DC 2000 bis DC 9999.

Funkbenutzungspflicht

Für Kleinfahrzeuge besteht eine Funkbenutzungspflicht. Sofern ein Kleinfahrzeug mit einem UKW-Sprechfunkgerät ausgerüstet ist, muß dieses während der Fahrt ständig im Verkehrskreis 1 Schiff - Schiff, Kanal 10 empfangsbereit sein. Der Verkehrskreis 1 kann kurzfristig zum Empfang von Nachrichten auf anderen Verkehrskreisen verlassen werden.
Eine Zweikanalüberwachung ist im Binnenschiffahrtsfunk nicht zulässig.
Kleinfahrzeuge mit einem zweiten UKW-Sprechfunkgerät müssen darüber hinaus ständig im Verkehrskreis 2 NIF empfangsbereit sein.
Zur Funkbenutzungspflicht gehört auch, daß sich jedes mit UKW-Sprechfunk ausgerüstete Fahrzeug vor der Einfahrt in unübersichtliche Strecken, Fahrwasserengen oder Brückenöffnungen auf Kanal 10 melden muß.

Abwicklung des Funkverkehrs

Für die Abwicklung des Funkverkehrs gelten Regeln, die in internationalen Vereinbarungen festgelegt sind. Vor jedem Funkgespräch ist sicherzustellen, daß kein anderes Funkgespräch gestört wird. Dies gilt jedoch nicht für Notgespräche, die unbedingten Vorrang haben. Die Rangfolge des Funkverkehrs ist folgende:

1. Notverkehr (MAYDAY),
2. Dringlichkeitsaussendung (PAN PAN),
3. Sicherheitsaussendung (SECURITE),
4. Übriger Funkverkehr.

Notverkehr

Notanrufe, Notmeldungen und Notverkehr werden grundsätzlich mit dem Notzeichen MAYDAY begonnen. Das Notzeichen zeigt an, daß ein Schiff, ein Luftfahrzeug oder irgendein anderes Fahrzeug von ernster und unmittelbar bevorstehender Gefahr bedroht ist und um sofortige Hilfe bittet. Es gelten hinsichtlich der Abwicklung des Notverkehrs die Vorschriften aus dem Seefunkdienst.

Zur Einleitung von Rettungsmaßnahmen sind die Funkstellen im Verkehrskreis Nautische Information (Revierzentralen, Schleusen) anzurufen. Die Schiffsfunkstelle in Not kann auch auf einem Kanal des Verkehrskreises Schiff - Schiff die Schiffahrt informieren.

Während eines Notgesprächs müssen die nicht beteiligten Funkstellen Funkstille bewahren. In den Pausen während des Notverkehrs kann die leitende Funkstelle vorübergehend andere Gespräche zulassen oder auf andere Kanäle verweisen. Ein eingeschränkter Funkverkehr wird mit dem Wort PRUDENCE gestattet. Eine Funkstelle, die nicht am Notverkehr beteiligt ist, kann einer anderen störenden Funkstelle mit den Wörtern SILENCE DETRESSE Ruhe gebieten.

Die Weiterleitung einer Notmeldung durch eine nicht selbst in Not befindliche Funkstelle wird mit den Wörtern MAYDAY RELAY angekündigt.

Die Bestätigung der Notmeldung erfolgt im Verkehrskreis 2 NIF durch die ortsfeste Funkstelle. Im Verkehrskreis 3 Schiff - Hafenbehörde soll eine Bestätigung der Hafenbehörde abgewartet werden. Liegt eine Bestätigung nicht innerhalb einer Minute vor, muß eine Schiffsfunkstelle das Notgespräch übernehmen. Im Verkehrskreis 1 Schiff - Schiff muß das Notgespräch von einer in der Nähe befindlichen Schiffsfunkstelle bestätigt werden.

Das Ende des Notverkehrs wird mit den Wörtern SILENCE FINI mitgeteilt.

Dringlichkeitsaussendung

Dringlichkeitsaussendungen werden mit dem Dringlichkeitszeichen PAN PAN eingeleitet. Das Dringlichkeitszeichen kündigt an, daß die rufende Funkstelle eine sehr dringende Meldung auszusenden hat, welche die Sicherheit eines Schiffes, eines Luftfahrzeugs, eines anderen Fahrzeugs oder einer Person betrifft. Ein Dringlichkeitsgespräch liegt z. B. vor bei:

- Krankheiten, die keine Lebensgefahr bedeuten,
- Festfahren ohne Austritt von Ladung.

Es gelten hinsichtlich des Dringlichkeitsverkehrs die Vorschriften aus dem Seefunkdienst.

Sicherheitsaussendung

Sicherheitsaussendungen werden mit dem Sicherheitszeichen SECURITE eingeleitet. Das Sicherheitszeichen kündigt an, daß die Funkstelle im Begriff ist, eine wichtige nautische Warnnachricht oder eine wichtige Wetterwarnung auszusenden. Es gelten die Vorschriften aus dem Seefunkdienst.

Routineverkehr

Zu Beginn des Routineverkehrs zwischen Schiffen und von einem Schiff zum Land sind der Standort des Fahrzeugs sowie seine Fahrtrichtung (in Häfen nicht erforderlich) anzugeben.

Form des Anrufs

Der Anruf im Binnenschiffahrtsfunk erfolgt wie im Seefunk (s. Seiten 7, 8, 14). Nach Herstellen der Verbindung soll der Name der Funkstelle (wie im Seefunk) jeweils nur noch einmal gesendet werden.

Bei ortsfesten Funkstellen ist zuerst der Ortsname und dann der Dienst zu nennen, z. B.: Minden Schleuse, Karlsruhe Hafen, Magdeburg Revierzentrale.

Als Anrufe können auch Gruppen von Schiffen z. B. "Talfahrt" oder "Bergfahrt" verwendet werden.

Anweisungen einer ortsfesten Funkstelle

Bei Funkverbindungen mit einer ortsfesten Funkstelle ist deren Anweisungen Folge zu leisten. Anweisungen können z. B. sein:

- Gebot der Ruhe für eine festgesetzte Zeit,
- Verminderung der Sendeleistung,
- Hörbereitschaft auf einem bestimmten Kanal.

Auf Verlangen müssen empfangene Meldungen bestätigt werden.

Nautische Information

Der **Verkehrskreis Nautische Information (NIF)** dient der Verbindung mit Behörden, denen der technische Betrieb auf den Wasserstraßen obliegt. Diese heißen **Revierzentralen**, ihnen unterstehen die Schleusen. Die Revierzentralen geben regelmäßig Lage- und Wasserstandsmeldungen sowie bei aktuellem Anlaß Einzelmeldungen über bedeutende Ereignisse (z. B. Havarien, Unfälle, Schleusensperrungen) ab. Die Bekanntmachungen werden mit dem Ruftonsignal (HÜA-HÜA) eingeleitet. Den Arbeitskanal der jeweiligen Revierzentrale entnimmt man dem Handbuch Binnenschiffahrtsfunk, dem Merkblatt "Verkehrssicherungssysteme auf Binnenschiffahrtsstraßen" (s. u.) oder den blauen Schildern an den Binnenschiffahrtsstraßen (Aufschrift UKW und Kanalnummer).

Literatur für den Binnenschiffahrtsfunk

Am Binnenschiffahrtsfunk teilnehmende Schiffe müssen das "Handbuch Binnenschiffahrtsfunk" an Bord haben, das jährlich durch einen Nachtrag ergänzt wird. Es wird als Ringordner vom

Binnenschiffahrts-Verlag GmbH
Dammstr. 15 - 17
47119 Duisburg (Ruhrort)
Tel. (02 03) 80 00 60

vertrieben. Empfehlenswert ist auch das Merkblatt "Verkehrssicherungssysteme auf Binnenschiffahrtsstraßen", das jährlich von der Wasser- und Schiffahrtsverwaltung des Bundes herausgegeben wird:

Wasser- und Schiffahrtsdirektion Südwest
Brucknerstr. 2
55127 Mainz
Tel. (0 61 31) 97 90

Die Zeitschrift "boote" veröffentlicht einmal jährlich im Frühjahr ein Merkblatt mit UKW-Kanälen der deutschen Schleusen.

Gesprächsbeispiele

MAYDAY MAYDAY MAYDAY
WÜRZBURG SCHLEUSE
WÜRZBURG SCHLEUSE
WÜRZBURG SCHLEUSE
HIER IST
GÜTERMOTORSCHIFF BOSSEL
GÜTERMOTORSCHIFF BOSSEL
GÜTERMOTORSCHIFF BOSSEL
MAINKILOMETER 254 ZU TAL
KOLLISION MIT TANKMOTORSCHIFF
LADUNG LÄUFT AUS
FEUER- UND EXPLOSIONSGEFAHR
BITTE KOMMEN

MAYDAY
GÜTERMOTORSCHIFF BOSSEL (höchstens 3 x)
HIER IST
WÜRZBURG SCHLEUSE (höchstens 3 x)
ERHALTEN MAYDAY

MAYDAY RELAY MAYDAY RELAIS
MAYDAY RELAIS
HIER IST
WÜRZBURG SCHLEUSE (höchstens 3 x)
SCHIFFSKOLLISION BEI
MAINKILOMETER 254
TANKMOTORSCHIFF VERLIERT LADUNG
FEUER- UND EXPLOSIONSGEFAHR
SCHIFFAHRT VON MAINKILOMETER 246
BIS MAINKILOMETER 256
BIS AUF WEITERES GESPERRT
ENDE

PAN PAN PAN PAN PAN PAN
DUISBURG REVIERZENTRALE (höchstens 3 x)
HIER IST
TANKMOTORSCHIFF MADAGASKAR (höchstens 3 x)
TALFAHREND BEI KILOMETER 679
ERBITTE ÄRZTLICHE HILFE
MATROSE VERLETZT,
VERMUTLICH BEINBRUCH
BITTE KOMMEN

PAN PAN PAN PAN PAN PAN
TANKMOTORSCHIFF MADAGASKAR (höchstens 3 x)
HIER IST
DUISBURG REVIERZENTRALE (höchstens 3 x)
VERSTÄNDIGE RETTUNGSWAGEN
TEILE IHNEN GLEICH MIT, WO DER
RETTUNGSWAGEN EINTRIFFT
BITTE KOMMEN

SECURITE SECURITE SECURITE
AN ALLE SCHIFFSFUNKSTELLEN (höchstens 3 x)
HIER IST
OBERWESEL REVIERZENTRALE (höchstens 3 x)
VON RHEINKILOMETER 385
BIS
RHEINKILOMETER 405
NEBEL DICHTE 2
SICHT 50 METER
ENDE

AN TALFAHRT IM RAUM BONN (höchstens 3 x)
HIER IST
TANKMOTORSCHIFF FEUERSTEIN (höchstens 3 x)
BERGFAHREND BEI KILOMETER 695
ICH PASSIERE STEUERBORD AN STEUERBORD
UND ZEIGE DAS WEISSE FUNKELLICHT
BITTE KOMMEN

TANKMOTORSCHIFF FEUERSTEIN (höchstens 3 x)
HIER IST
SCHUBVERBAND CHEOPS (höchstens 3 x)
LEER ZU TAL FAHREND
BEI KILOMETER 693
ICH PASSIERE STEUERBORD AN STEUERBORD
UND ZEIGE EBENFALLS
DAS WEISSE FUNKELLICHT
ENDE

3. Prüfung zum Erwerb des UKW-Sprechfunkzeugnisses

Allgemeine Hinweise zur Prüfung

Prüfungsbehörde

Prüfungsbehörde ist das Bundesamt für Post und Telekommunikation (BAPT). Zuständig sind die Außenstellen Berlin, Hamburg, Bremen, Rostock, Kiel, Münster, Koblenz, Freiburg und München.

Zulassungsvoraussetzungen

Voraussetzung für die Zulassung zur Prüfung sind

1. die Vollendung des 16. Lebensjahres,
2. die vollständige Vorlage der Anmeldeunterlagen (Antrag, Ablichtung des Personalausweises oder Reisepasses, 2 Paßbilder) spätestens 14 Tage vor dem Prüfungstermin und
3. die Bezahlung der Prüfungsgebühr.

Die Anmeldung wird üblicherweise von der Ausbildungsstätte vorgenommen.

Prüfungsgebühr

Die Prüfungsgebühr beträgt 140 DM für die Abnahme einer kompletten Prüfung (Stand: Juni 1997). Eine Wiederholungsprüfung kostet die Hälfte.

Sollte die Prüfung nicht in den Räumen des BAPT durchgeführt werden, so werden die Reisespesen der Prüfer anteilig auf alle Prüflinge umgelegt. Zieht der Bewerber seine Anmeldung vor der Prüfung zurück, so werden die entrichteten Prüfungsgebühren zur Hälfte erstattet. Bei unbegründetem Fehlen oder im Falle eines Abbruches der Prüfung werden die Prüfungsgebühren nicht erstattet.

Überblick über den Prüfungsablauf

Die Prüfung zum Erwerb des UKW-Sprechfunkzeugnisses besteht aus vier Teilen, deren Reihenfolge von der Prüfungskommission festgelegt wird:

1. <u>Bearbeitung eines Fragebogens</u>
 (richtige Antworten ankreuzen) bestehend aus 50 Fragen. Der gesamte Fragenkatalog besteht aus 156 Fragen (s. Seite 49 ff.).
2. <u>Aufnehmen einer Not-, Dringlichkeits- oder Sicherheitsmeldung unter Verwendung der internationalen Buchstabiertafel</u>
 In diesem Prüfungsteil diktiert der Prüfer eine Meldung, welche Wörter mit einer unbekannten

oder nicht eindeutigen Schreibweise enthält. Diese Wörter werden (mit Hilfe der internationalen Buchstabiertafel) buchstabiert. Die Teilprüfung ist bestanden, wenn die buchstabierten Wörter richtig geschrieben wurden.

3. <u>Abgabe einer Not-, Dringlichkeits- oder Sicherheitsmeldung unter Verwendung der internationalen Buchstabiertafel</u>
Hier werden die Rollen von Teilprüfung 2 getauscht. Der Prüfling übermittelt eine Meldung, welche der Prüfer aufnimmt.
Die aufgenommene Meldung muß mit der Vorlage übereinstimmen. Zur korrekten Abgabe einer Meldung gehört die Wiederholung aller Zahlen als einzelne Ziffern (21 wird gelesen als "einundzwanzig, ich wiederhole: zwo eins")
Beispiele für Aufgabenstellungen zum 2. und zum 3. Prüfungsteil findet der Leser im Anschluß an den Fragenkatalog auf Seite 59.

4. <u>Praktische Prüfung am Gerät</u>
Der Prüfling erhält auf kleinen Karten 2 - 3 praxisnahe Aufgaben aus dem Seefunk und dem Binnenschiffahrtsfunk. Die Seefunkaufgaben können z. B. aus dem Notverkehr stammen (Notmeldung, Bestätigung, Weiterverbreitung u. a.) oder in der Abgabe einer Dringlichkeits- oder Sicherheitsmeldung, eines Travel Reports, einer Gesprächsanmeldung bei einer KüFuSt oder bei einer SeeFuSt bestehen.
Die Binnenschiffahrtsfunk-Aufgaben entstammen dem Not-, Dringlichkeits-, Sicherheits- oder Routineverkehr in den Verkehrskreisen 1 - 3.
Oft wird eine Aufgabe aus dem Seefunk und eine Aufgabe aus dem Binnenschiffahrtsfunk gestellt. Eine Übersicht über typische Aufgaben des 4. Prüfungsteils ist auf Seite 60 ff enthalten. Der Prüfling muß in dieser Teilprüfung zeigen, daß er das UKW-Sprechfunkgerät richtig bedienen kann. Dabei muß die Einstellung entsprechend der Aufgabenstellung vorgenommen werden (z. B. den richtigen Kanal wählen, bei Kanal 16 auf die Priorität des Notverkehrs hinweisen, die Rauschsperre kurz ausschalten oder beim Anruf einer KüFuSt durch Drücken der Sendetaste das Freizeichen auslösen).

Die Seiten 63 bis 71 enthalten Übungen zur Vorbereitung auf diese Teilprüfung.
Sollte der Prüfling bei diesem Prüfungsteil Unsicherheiten zeigen, so kann der Prüfer zusätzliche Fragen mündlich stellen, um ein klares Bild über den Kenntnisstand zu erhalten. Beispiele solcher Fragen findet der Leser auf Seite 72.

Nichtbestehen einer Teilprüfung

Sollte der Prüfling einzelne Prüfungsteile nicht bestehen, so kann - frühestens nach Ablauf von 7 Tagen - eine Wiederholungsprüfung in den nicht bestandenen Prüfungsteilen erfolgen.

Internationale Buchstabiertafel

Die internationale Buchstabiertafel (s. Seite 174) muß in der Prüfung sicher beherrscht werden. Sie kommt in drei von vier Prüfungsteilen vor. Um mit der internationalen Buchstabiertafel vertraut zu werden und die für die Prüfung nötige Sicherheit zu gewinnen, wird empfohlen, die Schlüsselwörter in der richtigen Aussprache bereits längere Zeit vor Antritt zur Prüfung auswendig zu lernen und so lange zu üben, bis ein längerer Text fehlerfrei und fließend buchstabiert werden kann.

Ungeübte Personen verwechseln leicht die Buchstaben

J (gesprochen: Juhliett),
U (gesprochen: Juniform) und
Y (gesprochen: Jengki)

sowie die Buchstaben

S (gesprochen: Ssierrah) und
Z (gesprochen: Suhluh).

Fragenkatalog zur schriftlichen Prüfung

Prüfungsbögen

Die Prüfungsbögen enthalten 50 Fragen mit je 4 möglichen Antworten, von denen nur eine zutrifft. Mindestens 40 Antworten müssen richtig angekreuzt werden. Die Bearbeitungszeit beträgt 30 Minuten.

Abschnitt I: Allgemeine Bestimmungen

1. Ist für das Betreiben von Seefunkanlagen bzw. Binnenschiffahrtsfunkanlagen eine Frequenzzuteilung (früher Genehmigung) notwendig? — Ja

2. Nach welcher Vorschrift ist eine Frequenzzuteilung (früher Genehmigung) für das Errichten und Betreiben von Seefunkanlagen bzw. Binnenschiffahrtsfunkanlagen erforderlich? — Telekommunikationsgesetz (TKG)

3. Welche Behörde erteilt Frequenzzuteilungen (früher Genehmigungen) zum Betreiben von Seefunkstellen? — Das Bundesamt für Post und Telekommunikation (BAPT), Außenstelle Hamburg

4. Welche Behörde erteilt Frequenzzuteilungen (früher Genehmigungen) zum Betreiben von Schiffsfunkstellen? — Das Bundesamt für Post und Telekommunikation (BAPT), Außenstelle Mülheim/Ruhr

5. Kann eine ohne Frequenzzuteilung (früher Genehmigung) betriebene Funkanlage an Bord eines Schiffes außer Betrieb gesetzt werden? — Ja

6. Welche Behörde hat das Recht, Funkanlagen an Bord zu überprüfen? — Das Bundesamt für Post und Telekommunikation (BAPT)

7. An wen müssen Sie den Auftrag für einen Seefunkanschluß zur Teilnahme am öffentlichen Seefunkdienst richten? — An die für den Wohnsitz des Schiffseigners zuständige Niederlassung der Deutschen Telekom AG oder eine andere Abrechnungsgesellschaft

8. Welches Dienstwerk muß sich nach der Rheinschifffahrtspolizeiverordnung an Bord eines Binnenschiffes befinden? — Handbuch Binnenschiffahrtsfunk

9. Eine Seefunkstelle möchte ins öffentliche Netz telefonieren. Was muß veranlaßt werden? — Es muß ein Vertrag mit einer Abrechnungsgesellschaft abgeschlossen werden

10. Welche der nachfolgend genannten Funkstellen ist eine Seefunkstelle? — Eine mobile Funkstelle des Seefunkdienstes an Bord eines nicht dauernd verankerten Seefahrzeuges

11. Welche der nachfolgend genannten Funkstellen ist eine Schiffsfunkstelle? — Eine mobile Funkstelle des Binnenschiffahrtsfunks, die sich an Bord eines Schiffes befindet, das nicht ständig festgemacht ist

12. Unterliegen UKW-Sprechfunkanlagen vor dem Einsatz auf Schiffen einer Zulassungspflicht? — Ja, sie müssen über eine in der Bundesrepublik Deutschland gültige Zulassung verfügen

13. Muß die Urkunde über die Frequenzzuteilung (früher Genehmigung) für eine Seefunkstelle auch auf einem Sportfahrzeug mitgeführt werden? — Ja, sie muß an Bord so aufbewahrt werden, daß sie jederzeit vorgewiesen werden kann

14. Muß die Urkunde über die Frequenzzuteilung (früher Genehmigung) für eine Schiffsfunkstelle an Bord aufbewahrt werden? — Ja

15. Ihre Seefunkstelle soll am Binnenschiffahrtsfunk teilnehmen. Was müssen Sie veranlassen?	Ihre Seefunkstelle muß zusätzlich mit einer Binnenschiffahrtsfunkanlage ausgerüstet werden
16. Sie haben eine Schiffsfunkstelle und wollen am Seefunkdienst teilnehmen. Was müssen Sie veranlassen?	Sie können ohne zusätzliche Maßnahmen am Seefunkdienst teilnehmen
17. Dürfen Schiffsfunkstellen mit Küstenfunkstellen Funkverkehr abwickeln?	Ja
18. Die UKW-Sprechfunkanlage soll ausgebaut und durch ein anderes Fabrikat ersetzt werden. Was ist zu beachten?	Die neue Anlage muß ebenfalls für den entsprechenden Dienst zugelassen werden
19. Woran erkennt man, ob ein Funkgerät zugelassen ist?	An der Zulassungskennzeichnung
20. Wer stellt in der Bundesrepublik Deutschland Seefunkzeugnisse aus?	Das Bundesamt für Post und Telekommunikation
21. Worin sind die internationalen Regelungen für den Erwerb von Seefunkzeugnissen aufgeführt?	In der Vollzugsordnung für den Funkdienst
22. Welche Gültigkeitsdauer hat ein deutsches Seefunkzeugnis?	Unbefristet
23. Zum Bedienen von Funkanlagen der Seefunkstellen, die ausschließlich für den Sprech-Seefunkdienst auf UKW eingerichtet sind, ist <u>mindestens</u> erforderlich:	Das UKW-Sprechfunkzeugnis
24. Zum Bedienen der Funkanlagen einer Schiffsfunkstelle ist <u>mindestens</u> erforderlich:	Das UKW-Sprechfunkzeugnis
25. Ist das Funkzeugnis an Bord mitzuführen?	Ja
26. Sind Inhaber des UKW-Sprechfunkzeugnisses berechtigt, eine Grenzwellen-Sprechfunkanlage an Bord eines Schiffes zu bedienen?	Nein
27. Sind Inhaber des UKW-Sprechfunkzeugnisses berechtigt, eine Kurzwellen-Sprechfunkanlage an Bord eines Schiffes zu bedienen?	Nein
28. Ist der Funker verpflichtet, sein Funkzeugnis ausländischen Prüfbeamten auf Verlangen vorzuzeigen?	Ja
29. Darf eine zuständige ausländische Verwaltung die Funkanlagen an Bord überprüfen, wenn die Urkunde über die Frequenzzuteilung (früher Genehmigung) nicht vorgelegt werden kann oder offenkundige Unregelmäßigkeiten festgestellt worden sind?	Ja, die für die Funkstelle zuständige Person muß diesem Verlangen jederzeit nachkommen
30. Zur Kennzeichnung der Funkstellen werden Rufzeichen verwendet. Welches der nachfolgend aufgeführten Rufzeichen kennzeichnet eine Seefunkstelle?	DEDU
31. Zur Kennzeichnung der Funkstellen werden Rufzeichen verwendet. Welches der nachfolgend aufgeführten Rufzeichen kennzeichnet eine Schiffsfunkstelle?	DA5310

32. Das vierstellige Unterscheidungssignal (Rufzeichen) wird zugeteilt von:	Dem Seeschiffsregister
33. Wer erteilt in Deutschland den Seefunkstellen sechsstellige Rufzeichen?	BAPT Außenstelle Hamburg
34. Welche der nachfolgend aufgeführten Funkstellen ist eine Küstenfunkstelle?	La Rochelle Radio
35. Welche der nachfolgend aufgeführten Funkstellen ist eine Küstenfunkstelle des Revier- und Hafenfunkdienstes?	Papenburg Lock Radio
36. Der Binnenschiffahrtsfunk umfaßt in der Bundesrepublik Deutschland mehrere Verkehrskreise. Welche sind es?	Schiff–Schiff, Nautische Information, Schiff–Hafenbehörde, Funkverkehr an Bord
37. Muß bei UKW-Seefunkstellen ein Funktagebuch geführt werden?	Nein, sie können aber bei Verstößen gegen Funkvorschriften dazu verpflichtet werden
38. Ist der Funker verpflichtet, das Fernmeldegeheimnis zu wahren?	Ja, jedoch nicht gegenüber dem Führer des Schiffes (Kapitän)
39. Sie haben ein Funktelegramm aufgenommen, das für das Besatzungsmitglied Müller bestimmt ist. Der Steward, Herr Schulze, fragt Sie, ob Herr Müller ein Telegramm erhalten hat und – falls ja – was in dem Telegramm steht. Wie verhalten Sie sich?	Ich verweigere jede Auskunft
40. Kann der Führer des Schiffes vom Funker verlangen, daß er Nachrichten aufnimmt, die nicht für seine See- oder Schiffsfunkstelle bestimmt sind?	Ja
41. Kann der Funker bei Vorliegen besonderer Umstände von der Pflicht, das Fernmeldegeheimnis zu wahren, entbunden werden?	Ja, in strafgerichtlichen Untersuchungen können der Richter oder u. U. die Staatsanwaltschaft Auskunft verlangen
42. Darf die See- oder Schiffsfunkstelle in Häfen der Bundesrepublik Deutschland auf UKW senden?	Ja
43. Ist das Senden auf UKW in ausländischen Häfen gestattet?	Das hängt von den Vorschriften des betreffenden Landes ab
44. Welche Dienstbehelfe müssen bei einer Seefunkstelle, die ausschließlich mit UKW ausgerüstet ist, an Bord mitgeführt werden?	UKW-Information Seefunk, Mitteilungen für Seefunkstellen, Merkblatt für den Sprechfunkverkehr auf UKW
45. Dürfen im Binnenschiffahrtsfunk auf Kleinfahrzeugen tragbare UKW-Sprechfunkanlagen benutzt werden?	Nein, sie dürfen nicht damit ausgerüstet sein

Abschnitt II: Funkgespräche, andere Nachrichten

1. In welcher Verrechnungseinheit erfolgt die internationale Abrechnung der Entgelte?	Goldfranken oder Sonderziehungsrechte
2. Was bedeutet die Gruppe „DP01"?	Abrechnungskennung der Deutschen Telekom AG

3. Wer setzt bei Funkgesprächen von und nach See die zu bezahlende Verbindungszeit fest?	Die Küstenfunkstelle
4. Welche Art von Nachrichten/Meldungen sind im Verkehrskreis Nautische Information zugelassen?	Nachrichten, die sich ausschließlich auf die Fahrt oder die Sicherheit von Schiffen, in dringenden Fällen auf den Schutz von Personen beziehen
5. Welcher von den nachfolgenden Rufnamen im Verkehrskreis Nautische Information ist richtig?	Oberwesel Revierzentrale
6. Für welchen Bereich sind die Zentralen der Nautischen Information zuständig?	Für alle Binnenschiffahrtsstraßen
7. Was bedeutet die Abkürzung NIF?	Nautischer Informationsfunk
8. Welche Nachrichten dürfen im Binnenschiffahrtsfunk im Verkehrskreis Schiff– Schiff (ausgenommen Kanal 77) übermittelt werden?	Nachrichten, die sich ausschließlich auf die Fahrt oder Sicherheit von Schiffen oder, in dringenden Fällen, auf den Schutz von Personen beziehen
9. Ist es im Binnenschiffahrtsfunk erlaubt, Nachrichten sozialer Art im Verkehrskreis Schiff–Schiff zu übermitteln?	Ja, auf Kanal 77
10. Welche Nachrichten dürfen im Seefunkdienst auf den Kanälen des Revier- und Hafenfunkdienstes übermittelt werden?	Nachrichten, die sich ausschließlich auf die Fahrt oder Sicherheit von Schiffen oder, in dringenden Fällen, auf den Schutz von Personen beziehen
11. Welche Nachrichten dürfen im Binnenschiffahrtsfunk im Verkehrskreis Schiff–Hafenbehörde übermittelt werden?	Nachrichten, die sich ausschließlich auf die Fahrt oder Sicherheit von Schiffen oder, in dringenden Fällen, auf den Schutz von Personen beziehen

Abschnitt III: Betriebsverfahren im Sprechfunkverkehr

1. Was versteht man im Sprechfunkverkehr unter Duplex-Betrieb?	Gegensprechen
2. Was versteht man im Sprechfunkverkehr unter Simplex-Betrieb?	Wechselsprechen
3. Was versteht man im Sprechfunkverkehr unter Semi-Duplex-Betrieb?	Wechselsprechen auf zwei verschiedenen Frequenzen
4. Ist die Aussendung von Versuchszeichen zulässig?	Ja, die Aussendungen sollen jedoch so kurz wie möglich sein und dürfen die Dauer von 10 Sekunden nicht überschreiten
5. Ist beim Aussenden von Versuchszeichen auch der Name oder das Rufzeichen der sendenden Funkstelle anzugeben?	Ja
6. Was versteht man unter den Q-Gruppen?	International einheitliche Textkürzel
7. Welche Sendeleistung ist im Binnenschiffahrtsfunk, Verkehrskreis Schiff–Schiff, vorgeschrieben?	Zwischen 0,5 und 1 Watt
8. Mit welcher Sendeleistung darf im Binnenschiffahrtsfunk gearbeitet werden?	1 Watt bzw. 25 Watt je nach Verkehrskreis

9. Welche Arten von Funkanlagen dürfen für die Kanäle 15 und 17 im Binnenschiffahrtsfunk, Verkehrskreis Funkverkehr an Bord, benutzt werden?	Tragbare Kleinsprechfunkanlagen und fest eingebaute Funkanlagen
10. Was ist vor dem Anruf auf einem Arbeitskanal zu beachten?	Es muß sichergestellt werden, daß laufender Funkverkehr nicht gestört wird
11. Auf welchem Kanal rufen Sie eine Küstenfunkstelle, wenn nicht bekannt ist, auf welchem Kanal die Küstenfunkstelle empfangsbereit ist?	Auf Kanal 16
12. Auf welchem Kanal sollen Sie eine Küstenfunkstelle rufen, die sowohl auf Kanal 16 als auch auf einem Arbeitskanal empfangsbereit ist?	Auf einem Arbeitskanal
13. Darf im Binnenschiffahrtsfunk, Verkehrskreis Funkverkehr an Bord, auch Funkverkehr zwischen einer Gruppe von Fahrzeugen, die geschleppt oder geschoben werden, durchgeführt werden?	Ja
14. Welcher Kanal steht im Binnenschiffahrtsfunk im Verkehrskreis Schiff–Schiff als erster Kanal zur Verfügung?	Kanal 10
15. Darf Kanal 70 für Sprechfunkverkehr benutzt werden?	Nein, dieser Kanal ist ausschließlich für DSC-Anrufe vorgesehen
16. Welcher Kanal steht im Binnenschiffahrtsfunk im Verkehrskreis Schiff–Hafenbehörde als erster Kanal zur Verfügung?	Kanal 11
17. Welche Kanäle dürfen im Binnenschiffahrtsfunk im Verkehrskreis Funkverkehr an Bord benutzt werden?	Kanäle 15 und 17
18. Wie oft dürfen Sie beim Anruf zum Herstellen einer Verbindung den Namen der gerufenen Funkstelle nennen?	Höchstens dreimal
19. Wie oft sollen Sie beim Anruf zum Herstellen einer Verbindung den Namen der gerufenen Funkstelle nennen, wenn Sie eine gute Verständigung erwarten können?	Einmal
20. In welcher Form sollen Zeitangaben (Tag-Zeit-Gruppe) im Seefunk schriftlich übermittelt werden?	231642 UTC Jun 95
21. In welcher Form sollen Positionsangaben im Seefunk schriftlich übermittelt werden?	32-18.6 S 065-02.8 E
22. Sie befinden sich in einem Gebiet, in dem es möglich ist, mit einer Küstenfunkstelle auf einem ihrer Arbeitskanäle eine zuverlässige UKW-Verbindung herzustellen. Wann dürfen Sie einen unbeantworteten Anruf an die betreffende Küstenfunkstelle wiederholen?	Sobald sichergestellt ist, daß der Sprechfunkverkehr bei der Küstenfunkstelle nicht gestört wird
23. Nach welcher Zeit dürfen Sie einen unbeantworteten Anruf an eine Seefunkstelle wiederholen?	Nach 3 Minuten, wenn kein anderer Funkverkehr dadurch gestört wird

24. Wie lange dürfen ein Anruf und seine Beantwortung auf Kanal 16 dauern?	1 Minute	33. Wenn eine Küstenfunkstelle Funktelegramme und/oder Funkgespräche für Seefunkstellen vorliegen hat, teilt sie dies den Seefunkstellen zu bestimmten Zeiten mit. Wie nennt man diese Aussendungen?	Sammelanrufe
25. Wer bestimmt bei einer Verbindung zwischen See- und Küstenfunkstelle die zu benutzenden Frequenzen?	Die Küstenfunkstelle	34. In welcher Form werden von deutschen Küstenfunkstellen ärztliche Ratschläge vermittelt?	Als Seefunktelegramme, Seefunkgespräche
26. Sie haben gehört, daß Sie gerufen wurden, konnten aber infolge von Störungen nicht verstehen, wer Sie gerufen hat. Wie verhalten Sie sich?	Ich sende folgenden Anruf: – Wer hat mich gerufen – Hier ist – Schiffsname mit Rufzeichen	35. Um Seefunkstellen, die mit einer entsprechenden Anlage (Decoder) ausgerüstet sind, zu rufen, senden Küstenfunkstellen Folgen von Tönen aus. Wie nennt man die Aussendung dieser Tonfolgen?	Selektivruf
27. Dürfen Sie auch mit Luftfunkstellen Funkverkehr abwickeln?	Ja, zu Sicherheitszwecken	36. Welches Betriebsverfahren wird im Verkehrskreis Nautische Information verwendet?	Land: Duplex, Schiff: Duplex oder Semi-Duplex
28. Welches Betriebsverfahren gilt im Verkehr mit Luftfunkstellen?	Das Betriebsverfahren des Seefunkdienstes	37. Was ist ein Selektivruf?	Die Aussendung einer Kennung, die bei der gerufenen Funkstelle ein optisches und akustisches Zeichen auslöst
29. Welche Meldungen dürfen im Seefunkdienst auf der Frequenz 156,8 MHz (Kanal 16) übermittelt werden?	Notmeldungen und unter bestimmten Bedingungen Dringlichkeitsmeldungen	38. Auf welchem Kanal ruft eine Küstenfunkstelle eine Seefunkstelle mittels Selektivruf (Tonfolge)?	Auf Kanal 16
30. Auf welchem Kanal dürfen Sie einen kurzen Funkverkehr abwickeln, der die Sicherheit der Schiffahrt betrifft und den andere Funkstellen mithören sollen?	Auf dem Not-, Sicherheits- und Anrufkanal	39. Ihr Selektivrufdecoder gibt ein akustisches Signal und zeigt an „Anruf an alle". Wie verhalten Sie sich?	Ich beobachte Kanal 16 weiter
31. Welcher UKW-Kanal ist im Seefunk der internationale Not-, Sicherheits- und Anrufkanal?	Kanal 16	40. Ihr Selektivrufdecoder gibt ein akustisches Signal und zeigt an, daß nur Ihre Seefunkstelle gerufen wurde. Wie verhalten Sie sich?	Ich rufe die in Frage kommende Küstenfunkstelle an
32. Welcher Kanal im UKW-Seefunkbereich ist vorzugsweise für den internationalen Verkehr und koordinierte SAR-Einsätze vorgesehen?	Kanal 06		

41. In welchem Dienstwerk finden Sie die Funkkanäle der Nautischen Information mit Stromkilometerangaben?	Im Handbuch Binnenschiffahrtsfunk
42. Was verstehen Sie unter der Abkürzung „ATIS"?	Automatisches Senderidentifizierungssystem
43. Was heißt UTC?	Koordinierte Weltzeit
44. Welches der nachfolgend aufgeführten Rufzeichen ist für Anrufe an alle deutschen Seefunkstellen bestimmt?	DAAD
45. Welches der nachfolgend aufgeführten Rufzeichen ist für Anrufe an alle deutschen Seefunkstellen bestimmt?	DAAA
46. Darf ein Schiff auch dann gerufen werden, wenn der Schiffsname nicht bekannt ist?	Ja
47. Was bewirkt die Rauschsperre (Squelch) am Funkgerät?	Die Rauschsperre verändert die Empfindlichkeit des Empfängers
48. Wie erkennt man mit Hilfe der Rauschsperre (Squelch), ob ein Kanal frei ist?	Bei ausgeschalteter Rauschsperre rauscht der Empfänger

Abschnitt IV: Not-, Dringlichkeits- und Sicherheitsmeldungen

1. Wer an Bord kann das Aussenden einer Notmeldung anordnen?	Der Führer des Schiffes
2. Ein Schiff gerät in Not. Darf der Funker dieses Schiffes ohne besonderen Auftrag des Schiffsführers einen Notanruf aussenden?	Nein
3. Was ist im Seefunkdienst vor dem Aussenden eines Notrufs auf Kanal 16 zu beachten?	Es darf sofort mit dem Senden begonnen werden, sobald der Sender betriebsbereit ist
4. Womit wird ein Seenotverkehr im Sprechfunk auf Kanal 16 grundsätzlich eingeleitet?	Dem Notanruf
5. Woraus besteht das Sprechfunk-Notzeichen?	Aus dem Wort MAYDAY
6. Was zeigt das Sprechfunk-Notzeichen an?	Daß ein Schiff von ernster und unmittelbar bevorstehender Gefahr bedroht ist und um sofortige Hilfe bittet
7. Dürfen Funkstellen während eines Notverkehrs, an dem sie nicht teilnehmen, auf den Frequenzen, auf denen der Notverkehr stattfindet, senden?	Ja, in außergewöhnlichen Fällen und unter bestimmten Bedingungen dürfen Dringlichkeits- und Sicherheitsmeldungen während einer Pause im Notverkehr angekündigt werden
8. Darf das Sprechfunk-Notzeichen MAYDAY auch auf Binnenschiffahrtsstraßen benutzt werden?	Ja
9. Wie oft wird im Notanruf das Wort MAYDAY gesprochen?	Dreimal

10. Wie oft wird im Notanruf der Name des in Not befindlichen Schiffes genannt?	Dreimal	18. Welche Meldungen dürfen unter bestimmten Voraussetzungen während eines laufenden Notverkehrs auf den Frequenzen, auf denen der Notverkehr stattfindet, angekündigt werden?	Dringlichkeits- und Sicherheitsmeldungen
11. Womit wird die Notmeldung eingeleitet?	Mit dem Notzeichen		
12. Wird die Notmeldung mit einem besonderen Zeichen eingeleitet?	Ja, mit dem Notzeichen	19. Wann wird eine Notmeldung wiederholt?	Eine Notmeldung wird wiederholt, wenn die Seefunkstelle in Not keine Bestätigung auf ihre Notmeldung erhalten hat oder wenn sie es aus anderen Gründen für notwendig hält
13. Was folgt in der Notmeldung auf den Namen der Funkstelle in Not?	Der Standort des in Not befindlichen Schiffes		
14. Ist für die Abfassung der Notmeldung eine bestimmte Reihenfolge festgelegt?	Ja, die Notmeldung besteht aus: – Notzeichen – Name/Kennzeichnung der Funkstelle in Not – Standort – Art des Notfalls – Art der erbetenen Hilfe – jede andere Angabe, die die Hilfeleistung erleichtern könnte	20. Darf eine Funkstelle, die selbst nicht in Not ist, für ein anderes in Not befindliches Schiff eine Notmeldung aussenden?	Ja
		21. Mit welchen Wörtern beginnt der Notanruf einer Seefunkstelle, die sich selbst nicht in Not befindet?	Mit MAYDAY RELAY
15. Auf welchem Kanal wird im Seefunk die Notmeldung ausgesendet?	Vorzugsweise auf dem internationalen Not-, Sicherheits- und Anrufkanal 16; eine Funkstelle in Not darf die Notmeldung jedoch auch auf jedem verfügbaren Kanal aussenden, auf dem sie Aufmerksamkeit auf sich lenken könnte	22. Muß eine Seefunkstelle, die eine Notmeldung einer in ihrer Nähe befindlichen anderen Seefunkstelle empfangen hat, den Empfang der Notmeldung bestätigen?	Ja
		23. Muß eine Seefunkstelle den Empfang einer Notmeldung einer zweifellos weit entfernten Seefunkstelle bestätigen?	Die Bestätigung erfolgt in diesem Fall nur dann, wenn die Notmeldung von anderen Funkstellen nicht bestätigt worden ist
16. Darf im Seefunk die Notmeldung nur auf Kanal 16 ausgesendet werden?	Nein, eine Funkstelle in Not darf die Notmeldung auch auf jedem verfügbaren Kanal aussenden, auf dem sie Aufmerksamkeit auf sich lenken könnte		
		24. Muß eine Notmeldung von jeder Seefunkstelle bestätigt werden, die diese Meldung empfangen hat?	Grundsätzlich ja, die Bestätigung kann aber unterbleiben, wenn die empfangende Seefunkstelle nicht für eine Hilfeleistung in Frage
17. Darf im Seefunk eine Notmeldung auf Kanal 16 wiederholt werden?	Ja		

	kommt und andere Funkstellen die Notmeldung bestätigt haben	32. Welcher Begriff steht am Ende der Meldung, wenn die völlige Funkstille nicht mehr nötig ist?	PRUDENCE
25. Ist die Form der Bestätigung des Empfangs einer Notmeldung festgelegt?	Ja, nach einem mit dem Notzeichen eingeleiteten Anruf folgt „Erhalten MAYDAY" oder (bei Sprachschwierigkeiten) „ROMEO ROMEO ROMEO MAYDAY"	33. Was besagt die Meldung, an deren Ende SILENCE FINI steht?	Der Notverkehr ist beendet
26. Wird die Bestätigung des Empfangs einer Notmeldung im Sprechfunk mit MAYDAY eingeleitet?	Ja	34. Wie werden im Seefunkdienst die Funkstellen davon unterrichtet, daß der Notverkehr beendet ist? Durch eine Meldung, die wie folgt beendet wird:	SILENCE FINI
27. Wird im Seefunkdienst vor einem Anruf im Notverkehr das Notzeichen MAYDAY ausgesendet?	Ja	35. Unter bestimmten Voraussetzungen erfolgt die Aussendung einer Notmeldung durch eine Seefunkstelle, die sich selbst nicht in Not befindet. Wie werden solche Meldungen angekündigt? Durch:	MAYDAY RELAY
28. Wann wird im Seefunkdienst im laufenden Notverkehr das Notzeichen ausgesendet?	Vor jedem Anruf	36. Welche Anrufe beginnen mit den Wörtern MAYDAY RELAY?	Notanrufe, die durch eine Funkstelle ausgesendet werden, die sich selbst nicht in Not befindet
29. Wann wird im Seefunkdienst SILENCE MAYDAY ausgesendet?	Wenn die Funkstelle in Not oder die Funkstelle, die den Notverkehr leitet, einer oder mehreren Funkstellen das Senden untersagt (Funkstille auferlegt)	37. Woraus besteht das Dringlichkeitszeichen im Sprechfunk?	Aus der Gruppe der Wörter PAN PAN
30. Wann wird im Seefunkdienst SILENCE DETRESSE ausgesendet?	Wenn eine Funkstelle in der Nähe des Schiffes in Not es für unerläßlich hält, anderen Funkstellen das Senden zu untersagen (Funkstille auferlegt)	38. Wie wird im Sprechfunk die dreimal zu sprechende Gruppe der Wörter PAN PAN genannt?	Dringlichkeitszeichen
		39. Was kündigt das Dringlichkeitszeichen im Seefunkdienst an?	Daß die rufende Funkstelle eine dringende Meldung auszusenden hat, welche die Sicherheit eines Schiffes oder einer Person betrifft
31. Wann wird im Seefunkdienst PRUDENCE ausgesendet?	Wenn es nicht mehr nötig ist, völlige Funkstille auf einer für den Notverkehr benutzten Frequenz aufrechtzuerhalten	40. Was kündigt das Dringlichkeitszeichen im Bereich von Binnenschiff- fahrtsstraßen an?	Daß die rufende Funkstelle eine dringende Meldung auszusenden hat, welche die Sicherheit eines

	Schiffes oder einer Person betrifft	48. Welche Stelle ist bei schwerer Gefahr auf den deutschen Binnenschifffahrtsstraßen in jedem Fall anzurufen?	Die zuständige Revierzentrale
41. Eine Seefunkstelle in der Nordsee hat eine dringende Meldung auszusenden, welche die Sicherheit einer Person betrifft. Womit wird diese Meldung angekündigt?	PAN PAN (dreimal zu sprechen)	49. Wann liegt im Seefunkdienst ein Dringlichkeitsfall vor?	Bei einer schwerverletzten Person an Bord
42. An wen dürfen Dringlichkeitsmeldungen im Seefunkdienst gerichtet werden?	„An alle Funkstellen" oder an eine bestimmte Funkstelle	50. Woraus besteht im Seefunkdienst das Sicherheitszeichen?	Aus dem Wort SÉCURITÉ
43. Dürfen Dringlichkeitsmeldungen an eine bestimmte Funkstelle gerichtet werden?	Ja	51. Welche Meldung wird mit SÉCURITÉ angekündigt?	Eine Sicherheitsmeldung
44. Muß eine „An alle Funkstellen" ausgesendete Dringlichkeitsmeldung aufgehoben werden?	Ja, wenn die veranlaßten Maßnahmen nicht mehr erforderlich sind	52. Was ist eine Sicherheitsmeldung?	Eine wichtige nautische Warnung oder eine wichtige Wetterwarnung
45. Durch eine „An alle Funkstellen" gerichtete Dringlichkeitsmeldung ist mitgeteilt worden, daß eine Person über Bord gefallen ist. An wen ist die Aufhebung der Meldung zu richten?	„An alle Funkstellen"	53. Welche Meldungen fallen nicht unter den Begriff Sicherheitsmeldungen?	Suchmeldungen
46. Ein Schiff auf einer Binnenschiffahrtsstraße ist von ernster und unmittelbarer Gefahr bedroht. Was wird in diesem Fall durch die Funkstelle des betroffenen Schiffes ausgesendet?	Ein Notanruf		
47. In welchen Verkehrskreisen des Binnenschifffahrtsfunks kann der Dringlichkeitsanruf gesendet werden?	In allen Verkehrskreisen		

Abgabe und Aufnahme von Texten

Bei der Übermittlung von Texten sind Eigennamen und Wörter, die zu Mißverständnissen führen können oder deren Schreibweise nicht eindeutig ist, mit Hilfe der internationalen Buchstabiertafel zu buchstabieren. Zahlen sind als Einzelziffern zu wiederholen. Die in der Prüfung verwendeten Texte sind Not-, Dringlichkeits-, Sicherheitsmeldungen oder kurze Wettervorhersagen (s. auch Seite 158).

Beispiel für eine Notmeldung

mayday freyburg / dacw position 13 seemeilen oestlich guernsey stop kollision mit tanker boehlen / dilx stop beide schiffe sinken stop erbitten schnelle bergung+

Diese Meldung wird wie folgt übermittelt:

Mayday Freyburg - Ich wiederhole und buchstabiere:
Foxtrot Romeo Echo Yankee Bravo
Uniform Romeo Golf -
Delta Alfa Charlie Whiskey
Position 13 - Ich wiederhole: eins drei -
Seemeilen östlich Guernsey - Ich wiederhole
und buchstabiere: Golf Uniform Echo Romeo
November Sierra Echo Yankee stop
Kollision mit Tanker Boehlen - Ich wiederhole und
buchstabiere: Bravo Oscar Echo Hotel Lima
Echo November - Delta India Lima X-ray stop
Beide Schiffe sinken stop
Erbitten schnelle Bergung Ende der Meldung

Beispiele für eine Dringlichkeitsmeldung

xanthippe / dh 2134 position 4 seemeilen nordoestlich leuchtturm dahmeshoeved stop mann ueber bord um 2330 utc stop schiffe in der naehe werden gebeten, scharf ausguck zu halten+

Diese Meldung wird wie folgt übermittelt:

Xanthippe - Ich wiederhole und buchstabiere:
X-ray Alfa November Tango
Hotel India Papa Papa Echo
Delta Hotel zwo eins drei vier
Position 4 - Ich wiederhole: vier - Seemeilen
nordoestlich Leuchtturm Dahmeshoeved -
Ich wiederhole und buchstabiere: Delta Alfa
Hotel Mike Echo Sierra Hotel Oscar Echo Viktor
Echo Delta stop
Mann über Bord um 2330 utc - Ich wiederhole:
zwo drei drei null UTC stop
Schiffe in der Nähe werden gebeten,
scharf Ausguck zu halten Ende der Meldung

Beispiel für eine Sicherheitsmeldung

bluebird / dajy position 4 seemeilen nordwestlich cap finisterre stop treibenden gelb gestrichenen container mit aufschrift texascon gesichtet stop gefahr fuer die schiffahrt+

Diese Meldung wird wie folgt übermittelt:

Bluebird - Ich wiederhole und buchstabiere: Bravo
Lima Uniform Echo Bravo India Romeo Delta -
Delta Alfa Juliett Yankee
Position 4 - Ich wiederhole vier -
Seemeilen nordwestlich cap finisterre -
Ich wiederhole und buchstabiere:
Charlie Alfa Papa,
neues Wort: Foxtrot India November India Sierra
Tango Echo Romeo Romeo Echo stop
Treibenden gelb gestrichenen Container
mit Aufschrift texascon -
Ich wiederhole und buchstabiere: Tango Echo
X-ray Alfa Sierra Charlie Oscar November -
gesichtet stop
Gefahr fuer die Schiffahrt Ende der Meldung

Typische Meldungen in der praktischen Prüfung am UKW-Sprechfunkgerät

Typische Meldungen

Zur Vorbereitung auf die Prüfung wird empfohlen, diese Meldungen zuerst auswendig zu lernen und danach die Übungsaufgaben auf Seite 63 ff. zu bearbeiten.

UKW-Seefunk
Notverkehr
MAYDAY MAYDAY MAYDAY HIER IST ANDREA ANDREA ANDREA / DMDC MAYDAY ANDREA / DMDC POSITION 10 SM NORDÖSTLICH LEUCHTTURM KIEL SCHWERER WASSEREINBRUCH WIR SINKEN 4 MANN GEHEN IN EINE RETTUNGSINSEL SCHNELLE BERGUNG ERFORDERLICH ICH SENDE DAS PEILZEICHEN ANDREA / DMDC OVER
MAYDAY ANDREA ANDREA ANDREA HIER IST GORCH FOCK   GORCH FOCK   GORCH FOCK / DBCL **ERHALTEN MAYDAY / RRR MAYDAY**

MAYDAY RELAY
MAYDAY RELAY
MAYDAY RELAY
HIER IST
GORCH FOCK GORCH FOCK GORCH FOCK / DBCL

HABE UM 1000 UTC AUF UKW-KANAL 16
FOLGENDE NOTMELDUNG ERHALTEN:

MAYDAY ANDREA / DMDC
POSITION 10 SM NORDÖSTLICH LEUCHTTURM KIEL
SCHWERER WASSEREINBRUCH
WIR SINKEN
4 MANN GEHEN IN EINE RETTUNGSINSEL
SCHNELLE BERGUNG ERFORDERLICH

HIER IST GORCH FOCK / DBCL

OVER

PLUTO **SILENCE MAYDAY**	AN ALLE FUNKSTELLEN **SILENCE MAYDAY**
PLUTO **SILENCE DETRESSE** DA 2549	AN ALLE FUNKSTELLEN **SILENCE DETRESSE** DA 2549

MAYDAY
AN ALLE FUNKSTELLEN
AN ALLE FUNKSTELLEN
AN ALLE FUNKSTELLEN
HIER IST
KIEL RADIO

1130 UTC
ANDREA / DMDC
PRUDENCE

MAYDAY
AN ALLE FUNKSTELLEN
AN ALLE FUNKSTELLEN
AN ALLE FUNKSTELLEN
HIER IST
KIEL RADIO

1145 UTC
ANDREA / DMDC
SILENCE FINI

Dringlichkeitsverkehr

PAN PAN   PAN PAN   PAN PAN
AN ALLE FUNKSTELLEN
AN ALLE FUNKSTELLEN
AN ALLE FUNKSTELLEN
HIER IST
GOOFY GOOFY GOOFY / DA 4711

POSITION 54-50 N 014-30 E
MANN ÜBER BORD
DIE SCHIFFAHRT WIRD GEBETEN
SCHARF AUSGUCK ZU HALTEN

ICH BIN AUCH EMPFANGSBEREIT AUF KANAL 06

OVER

PAN PAN   PAN PAN   PAN PAN
AN ALLE FUNKSTELLEN   AN ALLE FUNKSTELLEN
AN ALLE FUNKSTELLEN
HIER IST
GOOFY GOOFY GOOFY / DA 4711

ICH SCHALTE UM AUF KANAL 06

OVER

PAN PAN   PAN PAN   PAN PAN
AN ALLE FUNKSTELLEN   AN ALLE FUNKSTELLEN
AN ALLE FUNKSTELLEN
HIER IST
GOOFY GOOFY GOOFY / DA 4711

DRINGLICHKEITSMELDUNG AUFGEHOBEN

Sicherheitsverkehr

SECURITE   SECURITE   SECURITE
AN ALLE FUNKSTELLEN   AN ALLE FUNKSTELLEN
AN ALLE FUNKSTELLEN
HIER IST
ARIES ARIES ARIES / DFHL

ICH SCHALTE UM AUF KANAL 06

OVER

AUF KANAL 06

SECURITE   SECURITE   SECURITE
AN ALLE FUNKSTELLEN
AN ALLE FUNKSTELLEN
AN ALLE FUNKSTELLEN
HIER IST
ARIES ARIES ARIES / DFHL

TREIBENDER CONTAINER AUF
POSITION 56-35 N 006-50 E GESICHTET

DIE SCHIFFAHRT WIRD GEWARNT

ZURÜCKSCHALTEN AUF KANAL 16

SECURITE   SECURITE   SECURITE
KIEL RADIO   KIEL RADIO   KIEL RADIO
HIER IST
GODEWIND GODEWIND GODEWIND / DB 7722

ICH HABE EINE SICHERHEITSMELDUNG

OVER

Routineverkehr

KIEL RADIO
HIER IST
RUBIN RUBIN / DIGW

BITTE EIN GESPRÄCH

OVER

PINTA PINTA PINTA / DA 7692
HIER IST
SANTA MARIA SANTA MARIA
SANTA MARIA / DB 8833

BITTE EIN GESPRÄCH AUF KANAL 72

OVER

Binnenschiffahrtsfunk

Notverkehr

MAYDAY MAYDAY MAYDAY

WÜRZBURG SCHLEUSE
WÜRZBURG SCHLEUSE
WÜRZBURG SCHLEUSE
HIER IST
GÜTERMOTORSCHIFF BOSSEL
GÜTERMOTORSCHIFF BOSSEL
GÜTERMOTORSCHIFF BOSSEL

MAINKILOMETER 254 ZU TAL

KOLLISION MIT TANKMOTORSCHIFF
LADUNG LÄUFT AUS
FEUER- UND EXPLOSIONSGEFAHR

BITTE KOMMEN

MAYDAY
GÜTERMOTORSCHIFF BOSSEL *(höchstens 3 x)*
HIER IST
WÜRZBURG SCHLEUSE *(höchstens 3 x)*

ERHALTEN MAYDAY

Dringlichkeitsverkehr

PAN PAN PAN PAN PAN PAN
MINDEN REVIERZENTRALE *(höchstens 3 x)*
HIER IST
MOTORYACHT PRIMA BALLERINA *(höchstens 3 x)*

BEI STRECKENKILOMETER 45
FAHRTRICHTUNG OST

HABE LECKAGE   BRAUCHE DRINGEND PUMPHILFE

BITTE KOMMEN

Binnenschiffahrtsfunk

Routineverkehr

DÜSSELDORF HAFEN *(höchstens 3 x)*
HIER IST
MOTORYACHT JOHANNA *(höchstens 3 x)*

TALFAHREND BEI RHEINKILOMETER 730

ICH BENÖTIGE EINEN LIEGEPLATZ

BITTE KOMMEN

TRIER SCHLEUSE *(höchstens 3 x)*
HIER IST
MOTORYACHT SYLVIA *(höchstens 3 x)*

TALFAHREND BEI KONZ

KÖNNEN WIR IN DIE SCHLEUSE EINFAHREN?

BITTE KOMMEN

DUISBURG REVIERZENTRALE *(höchstens 3 x)*
HIER IST
TANKMOTORSCHIFF MAURITIUS *(höchstens 3 x)*

TALFAHREND BEI KILOMETER 683

BITTE KOMMEN

MOTORYACHT SYLVIA *(höchstens 3 x)*
HIER IST
MOTORYACHT MONIKA *(höchstens 3 x)*

TALFAHREND BEI KILOMETER 715

BITTE KOMMEN

Übungsaufgaben zur praktischen Prüfung am UKW-Sprechfunkgerät

Übungsaufgaben

Geben Sie bei den folgenden Aufgaben bitte an,

1. um was für eine Meldung es sich handelt,
2. den Kanal, auf dem Sie die Meldung absetzen wollen,
3. die erforderlichen Vorbereitungen am Gerät und
4. wie die Meldung lautet!

In der Prüfung zum Erwerb des UKW-Sprechfunkzeugnisses erhält man ähnliche Aufgaben auf kleinen Kärtchen.

Aufgabe 1

Das Segelboot Kassandra / DH 8653, Position 100 Meter vor Leuchtturm Bülk, ist auf Grund gelaufen und benötigt dringend Schlepphilfe von einem Sportboot.

Zusatzfrage: Was machen Sie, wenn auf Ihre Meldung keine Antwort eingeht?

Lösung von Aufgabe 1

Dringlichkeitsmeldung; Kanal 16, volle Sendeleistung; hinweisen, daß auf Kanal 16 kein Notverkehr läuft und sprechen:

PAN PAN PAN PAN PAN PAN
AN ALLE FUNKSTELLEN
AN ALLE FUNKSTELLEN
AN ALLE FUNKSTELLEN
HIER IST
KASSANDRA KASSANDRA KASSANDRA
/ DH 8653
POSITION 100 METER VOR LEUCHTTURM BÜLK
BIN AUF GRUND GELAUFEN
DRINGEND SCHLEPPHILFE VON EINEM SPORTBOOT ERBETEN
ARBEITSKANAL 72
OVER

*Ich schalte nun Kanal 72 und die Zweikanalüberwachung ein.
Sollte auf diese Meldung keine Antwort eingehen, so darf ich sie nicht auf Kanal 16 wiederholen. Zulässig ist, die Dringlichkeitsmeldung auf Kanal 16 anzukündigen und dabei anzugeben, daß diese z. B. auf Kanal 72 ausgestrahlt wird.*

Aufgabe 2

Sie befinden sich auf der Segelyacht Zikade / DFOK im Sendebereich von Kiel Radio und müssen eine Fernsprechverbindung nach München anmelden.

Lösung von Aufgabe 2

Gesprächsanmeldung bei einer KüFuSt; Kanal 26, volle Sendeleistung; hören, ob auf Kanal 26 gesprochen wird, falls nein, Rauschsperre 1 x kurz aus- und wieder einschalten; wenn es im Hörer gerauscht hat, Sendetaste einmal kurz drücken, Freizeichen abwarten und sprechen:

KIEL RADIO
HIER IST
ZIKADE ZIKADE / DFOK
BITTE EIN GESPRÄCH
OVER

Aufgabe 3

Mit dem Motorkreuzer Liebestraum / DC 8548
fahren Sie bei Moselkilometer 199 talwärts,
als ein Feuer im Maschinenraum ausbricht.
Sie benötigen dringend Löschhilfe.
(Trier Schleuse, Kanal 79)

Lösung von Aufgabe 3

Dringlichkeitsruf im Verkehrskreis 2 NIF; Kanal 79, volle Leistung; sofort sprechen:

PAN PAN PAN PAN PAN PAN
TRIER SCHLEUSE   *(höchstens 3 x)*
HIER IST
MOTORKREUZER LIEBESTRAUM /   *(höchstens 3 x)*
DC 8548
TALFAHREND BEI MOSELKILOMETER 199
FEUER IM MASCHINENRAUM
DRINGEND LÖSCHHILFE ERBETEN
ENDE

Aufgabe 4

Die Yacht Bye Bye Love / DEJY, Position 55-30 N
006-45 E, sinkt nach Kenterung in schwerer See;
Wassereinbruch und Maschinenschaden;
8 Mann sind an Bord, das Boot ist 12 m lang und
hat einen roten Rumpf; sofortige Hilfe erbeten.

Lösung von Aufgabe 4

Notmeldung; Kanal 16, volle Leistung; sofort sprechen:

MAYDAY MAYDAY MAYDAY
HIER IST
BYE BYE LOVE BYE BYE LOVE BYE BYE LOVE
/ DEJY
MAYDAY BYE BYE LOVE / DEJY
POSITION 55-30 N 006-45 E
YACHT SINKT NACH KENTERUNG IN
SCHWERER SEE
WASSEREINBRUCH UND MASCHINENSCHADEN
8 MANN SIND AN BORD
DAS BOOT IST 12 METER LANG UND
HAT EINEN ROTEN RUMPF
SOFORTIGE HILFE ERBETEN
ICH SENDE DAS PEILZEICHEN   *(Sendetaste 2 x 10 s*
BYE BYE LOVE / DEJY   *drücken)*
OVER

Aufgabe 5

Zoon Politicon / DCKV hat auf
Position 61-15 N 007-45 E ein Ölfeld gesichtet
von etwa 300 m Länge und 100 m Breite
und will die Schiffahrt warnen.

Lösung von Aufgabe 5

Sicherheitsmeldung; Kanal 16, volle Leistung; Hinweis, daß kein Not- und kein Dringlichkeitsverkehr abgewickelt wird und sprechen:

SECURITE SECURITE SECURITE
AN ALLE FUNKSTELLEN
AN ALLE FUNKSTELLEN
AN ALLE FUNKSTELLEN
HIER IST
ZOON POLITICON ZOON POLITICON
ZOON POLITICON / DCKV
ICH SCHALTE UM AUF KANAL 06
OVER

Kanal 06, volle Leistung; auch hier kein Not- und Dringlichkeitsverkehr; sprechen:

SECURITE SECURITE SECURITE
AN ALLE FUNKSTELLEN
AN ALLE FUNKSTELLEN
AN ALLE FUNKSTELLEN
HIER IST
ZOON POLITICON ZOON POLITICON
ZOON POLITICON / DCKV
POSITION 61-15 N 007-45 E
ÖLFELD GESICHTET VON ETWA 300 M LÄNGE
UND 100 M BREITE
DIE SCHIFFAHRT WIRD GEWARNT

*Auf Kanal 16 zurückschalten oder Zweikanal-
überwachung der Kanäle 16 und 06 einstellen.*

Aufgabe 7

Auf der Segelyacht Nirwana / DD 4455 wollen Sie die folgende um 1830 UTC auf Kanal 16 empfangene Notmeldung weiterverbreiten:

MAYDAY Bye Bye Love / DEJY
Position 55-30 N 006-45 E;
Yacht sinkt nach Kenterung in schwerer See Wassereinbruch und Maschinenschaden;
8 Mann sind an Bord, das Boot ist 12 m lang und hat einen roten Rumpf;
sofortige Hilfe erbeten.

Aufgabe 6

Auf der Segelyacht Nirwana / DD 4455 haben Sie die folgende Notmeldung empfangen:

MAYDAY Bye Bye Love / DEJY
Position 55-30 N 006-45 E;
Yacht sinkt nach Kenterung in schwerer See Wassereinbruch und Maschinenschaden;
8 Mann sind an Bord; das Boot ist 12 m lang und hat einen roten Rumpf; sofortige Hilfe erbeten.

Bestätigen Sie die Notmeldung!

Lösung von Aufgabe 6

*Bestätigung einer Notmeldung, Kanal 16,
volle Leistung. Wenn Kanal frei ist, sprechen:*

MAYDAY
BYE BYE LOVE BYE BYE LOVE BYE BYE LOVE
HIER IST
NIRWANA NIRWANA NIRWANA / DD 4455
ERHALTEN MAYDAY (RRR MAYDAY)

Lösung von Aufgabe 7

Aussendung einer Notmeldung durch eine FuSt, die sich nicht selbst in Not befindet; Kanal 16, volle Leistung; wenn Kanal 16 frei ist, sprechen:

MAYDAY RELAY MAYDAY RELAY
MAYDAY RELAY
HIER IST
NIRWANA NIRWANA NIRWANA / DD 4455

HABE UM 1830 UTC AUF KANAL 16 FOLGENDE
NOTMELDUNG ERHALTEN

MAYDAY BYE BYE LOVE / DEJY
POSITION 55-30 N 006-45 E
YACHT SINKT NACH KENTERUNG IN
SCHWERER SEE
WASSEREINBRUCH UND MASCHINENSCHADEN
8 MANN SIND AN BORD
DAS BOOT IST 12 METER LANG UND HAT
EINEN ROTEN RUMPF
SOFORTIGE HILFE ERBETEN

HIER IST NIRWANA / DD 4455
OVER

Aufgabe 8

Mit Ihrer Motoryacht Rudis Diamanten / DC 6284 benötigen Sie einen Liegeplatz im Düsseldorfer Hafen (Schiffslänge 24 m).

Lösung von Aufgabe 8

Routinegespräch, Verkehrskreis 3; Kanal 11 (automatische Reduzierung der Sendeleistung); hören, ob Kanal 11 frei ist, und sprechen:

DÜSSELDORF HAFEN
HIER IST
MOTORYACHT RUDIS DIAMANTEN / DC 6284
ICH BENÖTIGE EINEN LIEGEPLATZ
FÜR 24 M SCHIFFSLÄNGE
BITTE KOMMEN

Aufgabe 9

Auf der Yacht Nordwind / DA 6194 sollen Sie (auf der Ostsee) ein Gespräch bei der Yacht Südwind / DG 8391 anmelden.

Lösung von Aufgabe 9

Gesprächsanmeldung Schiff - Schiff; Kanal 16, volle Sendeleistung; hören, ob Kanal 16 frei ist, und feststellen, daß kein Notverkehr abgewickelt wird; Rauschsperre einmal kurz ausschalten und dann sprechen:

SÜDWIND SÜDWIND SÜDWIND / DG 8391
HIER IST
NORDWIND NORDWIND NORDWIND / DA 6194
BITTE EIN GESPRÄCH AUF KANAL 72
OVER

Aufgabe 10

Rufen Sie mit einem Handsprechfunkgerät Hilfe:

Sexy Hexy / DFAS, Position etwa 8 Seemeilen nördlich Feuerschiff GB, Kenterung nach Verlust des Kiels, weiße Segelyacht treibt kieloben, 6 Mann unverletzt an Bord, sofortige Hilfe erbeten.

Lösung von Aufgabe 10

Notmeldung; Kanal 16, volle Leistung, sofort sprechen:

MAYDAY MAYDAY MAYDAY
HIER IST
SEXY HEXY SEXY HEXY SEXY HEXY
/ DFAS
MAYDAY SEXY HEXY / DFAS
POSITION ETWA 8 SEEMEILEN NÖRDLICH
FEUERSCHIFF GB
KENTERUNG NACH VERLUST DES KIELS
WEISSE SEGELYACHT TREIBT KIELOBEN
6 MANN UNVERLETZT AN BORD
SOFORTIGE HILFE ERBETEN
ICH SENDE DAS PEILZEICHEN   *(Sendetaste 2 x 10 s*
SEXY HEXY / DFAS   *drücken)*
OVER

Aufgabe 11

Sie fahren mit dem Motorboot Pique As auf dem Mittellandkanal und wollen eine Verbindung zu dem vor Ihnen fahrenden Tankschiff Karambolage herstellen, um das Überholmanöver abzusprechen.

Lösung von Aufgabe 11

Routinegespräch im Verkehrskreis 1; Kanal 10 (automatische Reduzierung der Sendeleistung); hören, ob Kanal 10 frei ist und sprechen:

TANKSCHIFF KARAMBOLAGE (höchstens 3 x)
HIER IST
MOTORBOOT PIQUE AS (höchstens 3 x)
ICH MÖCHTE ÜBERHOLEN
BITTE KOMMEN

Aufgabe 12

Der Havarist Sexy Hexy / DFAS gibt um 1430 UTC Kanal 16 für eingeschränkten Betrieb frei.

Lösung von Aufgabe 12

Notverkehr; Kanal 16, volle Leistung:

MAYDAY
AN ALLE FUNKSTELLEN
AN ALLE FUNKSTELLEN
AN ALLE FUNKSTELLEN
HIER IST
SEXY HEXY / DFAS
1430 UTC
SEXY HEXY / DFAS
PRUDENCE

Aufgabe 13

Kollision Ihres Segelbootes Astor / DA 3927 mit einer Motoryacht bei Mainkilometer 311 bergfahrend. 1 Person ist schwer verletzt und benötigt dringend sofortige Hilfe. (Gerlachshausen Schleuse, Kanal 18)

Lösung von Aufgabe 13

Dringlichkeitsgespräch im Verkehrskreis 2 NIF; Kanal 18, volle Sendeleistung, sofort sprechen:

PAN PAN PAN PAN PAN PAN
GERLACHSHAUSEN SCHLEUSE (höchstens 3 x)
HIER IST
SEGELYACHT ASTOR (höchstens 3 x)
RUFZEICHEN DA 3927
BEI MAINKILOMETER 311 BERGFAHREND
KOLLISION MIT MOTORYACHT
1 PERSON IST SCHWER VERLETZT
SOFORTIGE ÄRZTLICHE HILFE BENÖTIGT
ENDE

Aufgabe 14

In der Lübecker Bucht wollen Sie von Ihrer Yacht High Life / DGJZ über Lübeck Radio (Kanal 27) eine Seefunkgespräch nach Dresden führen.

Lösung von Aufgabe 14

Gesprächsanmeldung bei einer KüFuSt; Kanal 27, volle Sendeleistung; hören, ob auf Kanal 27 gesprochen wird, falls nein, Rauschsperre 1 x kurz aus- und wieder einschalten; wenn es dabei im Hörer rauscht, Sendetaste einmal kurz drücken, Freizeichen abwarten und sprechen:

LÜBECK RADIO
HIER IST
HIGH LIFE HIGH LIFE / DGJZ
BITTE EIN GESPRÄCH
OVER

Aufgabe 15

In Ergänzung zu Aufgabe 13 wollen Sie nun auch die Schiffahrt in der Nähe um Hilfe bitten.

Lösung von Aufgabe 15

Dringlichkeitsmeldung im Verkehrskreis 1;
Kanal 10, reduzierte Sendeleistung (automatisch),
sofort sprechen:

PAN PAN PAN PAN PAN PAN
AN ALLE SCHIFFE   (höchstens 3 x)
HIER IST
SEGELYACHT ASTOR   (höchstens 3 x)
BEI MAINKILOMETER 311
KOLLISION MIT MOTORYACHT
EINE PERSON IST SCHWER VERLETZT
SOFORTIGE ÄRZTLICHE HILFE BENÖTIGT
BITTE KOMMEN

Aufgabe 16

Verbreiten Sie folgende Meldung:
Last Minute Tour / DCMT,
Position 20 Seemeilen östlich Gotland.
Ausfall der elektrischen Anlage.
Fahre ohne Positionslichter.
Schiffahrt wird durch weiße Signalraketen gewarnt.

Lösung von Aufgabe 16

Sicherheitsmeldung; Kanal 16, volle Leistung; zur Zeit kein Not- oder Dringlichkeitsverkehr; sprechen:

SECURITE SECURITE SECURITE
AN ALLE FUNKSTELLEN
AN ALLE FUNKSTELLEN
AN ALLE FUNKSTELLEN
HIER IST
LAST MINUTE TOUR LAST MINUTE TOUR
LAST MINUTE TOUR / DCMT
ICH SCHALTE UM AUF KANAL 06
OVER

Kanal 06, volle Leistung; Hinweis, daß auch hier kein Not- oder Dringlichkeitsverkehr läuft; sprechen:

SECURITE SECURITE SECURITE
AN ALLE FUNKSTELLEN
AN ALLE FUNKSTELLEN
AN ALLE FUNKSTELLEN
HIER IST
LAST MINUTE TOUR LAST MINUTE TOUR
LAST MINUTE TOUR / DCMT
POSITION 20 SEEMEILEN ÖSTLICH GOTLAND
AUSFALL DER ELEKTRISCHEN ANLAGE
FAHRE OHNE POSITIONSLICHTER
SCHIFFAHRT WIRD DURCH WEISSE SIGNAL-
RAKETEN GEWARNT

Auf Kanal 16 zurückschalten oder eine Zweikanal-überwachung der Kanäle 16 und 06 einstellen.

> **Aufgabe 17**
>
> Geben Sie eine Meldung ab: Meerkatze / DG 7239 im Bereich von 54-45 N 010-50 E Mann über Bord, dringend Suchhilfe erbeten.

Lösung von Aufgabe 17

Dringlichkeitsmeldung; Kanal 16, volle Leistung, kein Notverkehr auf Kanal 16, sprechen:

PAN PAN PAN PAN PAN PAN
AN ALLE FUNKSTELLEN
AN ALLE FUNKSTELLEN
AN ALLE FUNKSTELLEN
HIER IST
MEERKATZE MEERKATZE MEERKATZE
/ DG 7239
IM BEREICH VON 54-45 N 010-50 E
MANN ÜBER BORD
DRINGEND SUCHHILFE ERBETEN
ARBEITSKANAL 06
OVER

Zweikanalüberwachung einschalten.

PAN PAN PAN PAN PAN PAN
AN ALLE FUNKSTELLEN
AN ALLE FUNKSTELLEN
AN ALLE FUNKSTELLEN
HIER IST
MEERKATZE MEERKATZE MEERKATZE
/ DG 7239
DRINGLICHKEITSMELDUNG AUF KANAL 06
OVER

Auf Kanal 06 umschalten; feststellen, daß dort kein Seenot- oder Dringlichkeitsverkehr abgewickelt wird (was sehr unwahrscheinlich ist), und senden:

PAN PAN PAN PAN PAN PAN
AN ALLE FUNKSTELLEN
AN ALLE FUNKSTELLEN
AN ALLE FUNKSTELLEN
HIER IST
MEERKATZE MEERKATZE MEERKATZE
/ DG 7239
IM BEREICH VON 54-45 N 010-50 E
MANN ÜBER BORD
DRINGEND SUCHHILFE ERBETEN
ICH BLEIBE EMPFANGSBEREIT AUF DEN
KANÄLEN 16 UND 06
OVER

Zweikanalüberwachung einschalten.

> **Aufgabe 18**
>
> Als Sie 30 Minuten später noch keine Antwort erhalten haben, wiederholen Sie die Meldung aus Aufgabe 17.

Lösung von Aufgabe 18

Dringlichkeitsmeldung; Kanal 16, volle Leistung; kein Notverkehr auf Kanal 16, sprechen:

> **Aufgabe 19**
>
> Sie kommen mit Ihrer Segelyacht Enterprise / DDSZ von den Shetlands und wollen nach dem Eintritt in das deutsche Küstenmeer eine Reisewegbeschreibung übermitteln:
> Position: 54-15 N 007-27 E
> Zielhafen: Cuxhaven
> (Helgoland Radio, Kanal 88)

Lösung von Aufgabe 19

Travel Report; Kanal 88, volle Leistung; hören, ob Kanal 88 frei ist, Rauschsperre einmal kurz aus- und einschalten; falls es rauscht, Sendetaste einmal kurz drücken, Freizeichen abwarten, sprechen:

HELGOLAND RADIO
HIER IST
ENTERPRISE ENTERPRISE / DDSZ
MIT EINEM TR
POSITION 54-15 N 007-27 E
ZIELHAFEN CUXHAVEN

Aufgabe 20

Sie fahren auf der Motoryacht Circe / DA 4999 bei Rheinkilometer 466 zu Tal und beobachten, daß eine grüne Fahrwassertonne vertreibt. Teilen Sie dies der Revierzentrale Oberwesel (Kanal 22) mit.

Lösung von Aufgabe 20

Sicherheitsmeldung im Verkehrskreis 2 NIF; Kanal 22, volle Leistung; falls kein Not- oder Dringlichkeitsverkehr abgewickelt wird und Kanal 22 frei ist, sprechen:

SECURITE SECURITE SECURITE
OBERWESEL REVIERZENTRALE   (höchstens 3 x)
HIER IST
MOTORYACHT CIRCE   (höchstens 3 x)
RUFZEICHEN DA / 4999
BEI RHEINKILOMETER 466
TALFAHREND
ICH BEOBACHTE
DASS EINE GRÜNE FAHRWASSERTONNE
VERTREIBT
ENDE

Aufgabe 21

An Bord der Saturn / DFBX wollen Sie folgende Meldung, die Sie um 2230 UTC auf Kanal 16 empfangen haben, weiterleiten:

MAYDAY Cassiopeia / DCLQ
Position 14 Seemeilen westlich Cap Finisterre
Schiff sinkt nach Kollision mit Treibgut
5 Mann gehen in eine Rettungsinsel
Eine Person hat vermutlich einen Arm gebrochen.

Lösung von Aufgabe 21

Weiterübermittlung einer Notmeldung; Kanal 16, volle Leistung, sofort sprechen:

MAYDAY RELAY MAYDAY RELAY
MAYDAY RELAY
HIER IST
SATURN SATURN SATURN / DFBX

HABE UM 2230 UTC AUF KANAL 16 FOLGENDE
NOTMELDUNG ERHALTEN:

MAYDAY CASSIOPEIA / DCLQ
POSITION 14 SEEMEILEN WESTLICH
VON CAP FINISTERRE
SCHIFF SINKT NACH KOLLISION MIT TREIBGUT
5 MANN GEHEN IN EINE RETTUNGSINSEL
EINE PERSON HAT VERMUTLICH EINEN ARM
GEBROCHEN

HIER IST SATURN / DFBX
OVER

Aufgabe 22

Auf der Segelyacht Casa Nova / DGJI bricht ein Feuer aus. Auf Position 54-35 N 010-12 E muß das Boot aufgegeben werden. Die dreiköpfige Crew ist unverletzt in eine Rettungsinsel gestiegen und verfügt über ein UKW-Handsprechfunkgerät.
Wie rufen Sie um Hilfe?

Lösung von Aufgabe 22

Notmeldung, Kanal 16, volle Leistung, sofort sprechen:

MAYDAY MAYDAY MAYDAY
HIER IST
CASA NOVA CASA NOVA CASA NOVA / DGJI
MAYDAY CASA NOVA / DGJI
POSITION 54-35 N 010-12 E
FEUER AN BORD
DIE DREIKÖPFIGE CREW IST UNVERLETZT
IN EINE RETTUNGSINSEL GESTIEGEN UND
VERFÜGT ÜBER EIN HANDSPRECHFUNKGERÄT
SOFORTIGE BERGUNG ERBETEN
ICH SENDE DAS PEILZEICHEN   *(Sendetaste 2 x 10 s*
CASA NOVA / DGJI   *drücken)*

OVER

Aufgabe 23

Im Anschluß an Aufgabe 22 will Casa Nova zwei Funkstellen, die den Notverkehr auf Kanal 16 stören, Funkstille auferlegen.

Lösung von Aufgabe 23

Kanal 16, volle Leistung, sofort sprechen:

AN ALLE FUNKSTELLEN
SILENCE MAYDAY

Aufgabe 24

Casa Nova / DGJI hebt um 1700 UTC den Notverkehr aus Aufgabe 22 auf!

Lösung von Aufgabe 24

Kanal 16, volle Leistung, sofort sprechen:

MAYDAY
AN ALLE FUNKSTELLEN
AN ALLE FUNKSTELLEN
AN ALLE FUNKSTELLEN
HIER IST
CASA NOVA CASA NOVA CASA NOVA / DGJI
1700 UTC
CASA NOVA / DGJI
SILENCE FINI

Zwischenfragen in der praktischen Prüfung am UKW-Sprechfunkgerät

Zwischenfragen

Bei Unsicherheiten während der praktischen Prüfung am Gerät kann sich der Prüfer durch Zwischenfragen Klarheit über den Kenntnisstand des Bewerbers verschaffen. Manche Prüfer stellen Fragen aus dem offiziellen Fragenkatalog, andere formulieren die Fragen frei.

Was bedeutet SILENCE MAYDAY?

Mit SILENCE MAYDAY rufen der Havarist oder die Leitfunkstelle eine den Notverkehr störende FuSt zur Ruhe.

Was machen Sie, wenn eine von Ihnen ausgestrahlte Dringlichkeitsmeldung unbeantwortet bleibt?

Ich darf die Dringlichkeitsmeldung nicht noch einmal auf Kanal 16 wiederholen, sondern diese dort nur ankündigen. Dabei nenne ich den Arbeitskanal, auf dem ich die Dringlichkeitsmeldung sende.

Welchen Kanal sollten Sie einstellen, nachdem Sie eine Sicherheitsmeldung gesendet haben?

Ich schalte auf Kanal 16 zurück, damit ich im Falle von Rückfragen anderer SeeFuSt empfangsbereit bin.

Was können Sie bei der Bestätigung einer Seenotmeldung anstelle von ERHALTEN MAYDAY sagen?

ROMEO ROMEO ROMEO MAYDAY (RRR MAYDAY), wenn die Bedingungen für den Empfang schlecht sind.

Sie haben eine Dringlichkeitsmeldung ausgestrahlt. Müssen Sie die Dringlichkeitsmeldung aufheben, wenn keine Maßnahmen mehr erforderlich sind?

Ja, sofern ich eine an alle FuSt gerichtete Bitte um Unterstützung ausgesprochen habe.

Dürfen Sie eine längere Sicherheitsmeldung auf Kanal 16 aussenden?

Nein, sie darf auf Kanal 16 nur angekündigt werden. Dabei ist der Arbeitskanal anzugeben.

Was bedeutet PRUDENCE?

PRUDENCE besagt, daß ein eingeschränkter Betrieb während des Notverkehrs auf Kanal 16 aufgenommen werden kann.

Was bedeutet SILENCE FINI?

SILENCE FINI heißt: Der Notverkehr ist beendet.

Mit welchen Wörtern kann FuSt, die einen Notverkehr stören, Funkstille auferlegt werden?

Mit SILENCE MAYDAY (Havarist oder Leitfunkstelle) oder mit SILENCE DETRESSE (dritte FuSt).

Welches sind die Arbeitskanäle für Sportboote im Seefunk?

Kanäle 72 und 69.

Woran erkennen Sie den Namen einer KüFuSt für den öffentlichen Verkehr?

An dem Wort Radio hinter dem Ortsnamen.

Was ist ein Travel Report?

Eine Reisewegbeschreibung, die u. a. von Berufsschiffen abgegeben wird.

Mit was für einer Meldung können Sie Hilfe anfordern, wenn eine Person über Bord gefallen ist?

Mit einer Dringlichkeitsmeldung.

Wozu dient der Schalter (Knopf, Taste) SQL an einem UKW-Sprechfunkgerät?

Mit SQL wird die Empfindlichkeit eingestellt. Durch Ausschalten der Rauschsperre kann festgestellt werden, ob ein Kanal frei ist.

Worauf sollten Sie nach Abschluß eines Funkverkehrs achten?

Daß der Hörer richtig eingehängt ist und der Sender nicht strahlt.

Welchen Arbeitskanal wählen Sie für den Dringlichkeitsverkehr?

Kanal 06 im Schiff-Schiff-Verkehr, bei einer KüFuSt deren Arbeitskanal.

4. GMDSS

Einführung

Seiten 73 bis 78: Praxiswissen, kein Prüfungsstoff

Die weltweite Einführung des neuen Seefunksystems GMDSS bringt zwei wichtige, in der Berufsschiffahrt vielfach als revolutionär bezeichnete Fortschritte.

Wichtige Fortschritte

1. Ein Schiff in Not kann jederzeit und überall, allein durch Drücken eines "roten Knopfes" Alarm auslösen, der bei allen FuSt im Sendebereich des Havaristen automatisch gespeichert wird. (Bisher gab es häufig Panik im Seenotfall, verstümmelte Notrufe oder Empfangsprobleme.)

2. Wichtige nautische Informationen, Wetterberichte und Warnungen können weltweit, umgehend und schriftlich an die Schiffahrt übermittelt werden.

Neue Komponenten

Dazu wurde das bisherige Seefunksystem um vier Komponenten erweitert:

1. ein neues, automatisches Alarmierungs- und Anrufverfahren (DSC),

2. das bereits vorhandene Funkfernschreibsystem NAVTEX,

3. den Satellitenseefunk (INMARSAT),

4. Satelliten-gestützte Seenotfunkbaken (EPIRBs).

Stichtag 31.1.1999

GMDSS ersetzt vom 1.2.1999 an, nach siebenjährigem Parallellauf, das bisherige Seefunksystem.

Überblick für die Sportschiffahrt

GMDSS hat auch auf die Sportschiffahrt erhebliche Auswirkungen und wird den Funkverkehr entscheidend verändern:

- Mit DSC, das sowohl für UKW als auch für GW/KW verfügbar ist, verschwindet das bisherige, offene Sprachanrufverfahren. Das erfordert für den Wassersport eine Umstellung.

- Ein Abhören von Kanal 16 entfällt zukünftig. Statt dessen wacht ein DSC-Controller auf UKW-Kanal 70 und kündigt jeden für das betreffende

Schiff bestimmten Anruf sowie jeden Ruf an alle Schiffe optisch und akustisch an.

- Der DSC-Controller kann das Funkgerät steuern.

- Er stellt dann den Arbeitskanal ein, so daß wie beim Telefonieren nur noch der Hörer abgenommen werden muß.

- Zur Bedienung eines DSC-Controllers und zur Teilnahme am GMDSS ist ein Betriebszeugnis nötig.

- Ein DSC-Controller ist mit einer Alarmtaste ausgestattet, mit der vollautomatisch ein Notruf gesendet werden kann.

- Eine Seenotfunkbake (EPIRB) gibt über Satellit Alarm ab, sobald sie aufschwimmt (aus ihrer Halterung genommen wird).
Alarmierungszeit: 2 Minuten;
Genauigkeit der Standortangabe: 100 m (INMARSAT).

- Warn- und Sicherheitsmeldungen sowie Wetterberichte werden im GMDSS von KüFuSt nicht mehr per Sprechfunk auf GW/KW verbreitet, sondern für:

  - die küstennahe Schiffahrt
    über UKW-Sprechfunk,
  - Schiffe, die bis etwa 400 sm Entfernung zu den Küsten fahren, über NAVTEX,
  - die weltweite Schiffahrt
    über INMARSAT-Satelliten.

- Der Satellitenfunk wird auch in einer preisgünstigen Ausführung (INMARSAT) für die Sportschiffahrt angeboten.

- Mit einem INMARSAT-Satellitentelefon (Seeversion) kann mit Hilfe einer einzigen Taste vollautomatisch eine Telefonverbindung zu einer Rettungsleitstelle hergestellt werden.

UKW-Funkverkehr mit DSC-Controller

Der Funkverkehr wird durch die Verwendung eines DSC-Controllers stark verändert. Für Schiffe ohne DSC-Controller besteht die Gefahr, vom Funkverkehr weitgehend abgekoppelt zu werden und (außerhalb der Sprechfunkreichweite einer KüFuSt) Not-, Dringlichkeits- und Sicherheitsmeldungen weder abgeben noch empfangen zu können.

Empfang einer Meldung

Jede für das betreffende Schiff bestimmte Meldung wird vom DSC-Controller optisch und akustisch angekündigt. Auf Fahrzeugen, wo der Funkverkehr als störend empfunden wird, könnte der Zusatzlautsprecher des Funkgerätes so lange ausgeschaltet bleiben, bis der DSC-Controller einen das eigene Schiff betreffenden Funkverkehr meldet. Das Abhören des Funkverkehrs - insbesondere des Anrufverkehrs auf Kanal 16 - ist damit überflüssig geworden.

Sobald Funkverkehr für das eigene Schiff oder für alle Schiffe aufgenommen wird, tritt der DSC-Controller in Funktion: Er informiert die Wachmannschaft über den ankommenden Verkehr (Anzeige der Rufnummer - MMSI - der sendenden FuSt, Art der Meldung und Arbeitskanal) und stellt - als Klasse-D-Controller - automatisch das Funkgerät ein.

Die Meldung kann, ohne das Funkgerät bedienen zu müssen, abgehört werden. Um die Meldung ggf. zu beantworten, braucht nur der Hörer abgenommen zu werden.

Senden einer Meldung

Im öffentlichen Funkverkehr muß jeder Funkverkehr mit einem DSC-Anruf eingeleitet werden. Durch diesen Anruf wird die Verbindung zwischen der sendenden und der/den gerufenen FuSt hergestellt.

Auf der sendenden FuSt muß also:

1. der DSC-Controller eingestellt,

2. der eingestellte DSC-Ruf gesendet,

3. bei einem Selektivruf an eine (nicht alle) FuSt die Empfangsbestätigung abgewartet werden (sendet ein (Klasse-D-)DSC-Controller der gerufenen FuSt automatisch).

Das eigene Funkgerät und das Funkgerät bei der / den gerufenen Funkstelle(n) werden automatisch auf den Arbeitskanal eingestellt, der dafür im DSC-Ruf angegeben werden muß. Zum Sprechen ist nur noch der Hörer abzunehmen und die Meldung wie bisher im Sprechfunk zu senden. Dabei muß jedoch nicht nur das Rufzeichen, sondern auch die eigene Rufnummer (MMSI) mitgeteilt werden.

Notalarm - automatisch gesendet und gespeichert

Mit einem DSC-Controller kann automatisch ein vollständiger Notalarm gesendet werden. Er enthält:

1. die Rufnummer (MMSI) des Havaristen

2. die zuletzt eingegebene Position - wenn ein GPS-Navigator angeschlossen ist, die aktuelle Position

3. die Notfallzeit (UTC)

4. die Angabe "Notfall ohne genaue Angabe" (undesignated distress)

Jeder empfangene Notalarm wird unlöschbar gespeichert. Gleichzeitig werden vom DSC-Controller gesteuerte Funkgeräte automatisch auf denjenigen Kanal eingestellt, auf dem anschließend der Notverkehr abgewickelt wird.

Rechtliche Grundlagen des GMDSS

Auf der Grundlage neuer Technologien ist von der Internationalen Seeschiffahrts-Organisation (IMO), London, in Zusammenarbeit mit der Internationalen Fernmeldeunion (UIT), Genf, das "Weltweite Seenot- und Sicherheitsfunksystem" (Global Maritime Distress and Safety System - GMDSS) entwickelt worden.

Durch Aufnahme entsprechender Ausrüstungsvorschriften in das Internationale Übereinkommen zum Schutz des menschlichen Lebens auf See (SOLAS-Übereinkommen) wird das GMDSS vom 1.2.1992 bis zum 1.2.1999 schrittweise weltweit eingeführt.

Die Ergänzungen zu den neuen SOLAS-Vorschriften wurden durch eine Änderung der Schiffssicherheitsverordnung am 12.2.1992 auch in Deutschland rechtswirksam. Danach müssen seit dem 1.2.1995 alle Neubauten vollständig nach den neuen Vorschriften ausgerüstet sein, vorhandene Schiffe sind spätestens bis zum 1.2.1999 nachzurüsten.

Im Gegensatz zum alten Funksystem ist die Ausrüstung mit Funkanlagen nicht mehr von der Größe der Schiffe, sondern nur noch von deren Einsatzgebiet abhängig. Dazu wurden die Seegebiete in vier Kategorien eingeteilt, die sich an den landseitig zur Verfügung stehenden Funkeinrichtungen und deren Reichweite orientieren.

Die Ausrüstungsvorschriften gelten für Seeschiffe, soweit für sie die SOLAS-Vorschriften und die Schiffssicherheitsverordnung anzuwenden sind. Darunter fallen - vereinfacht gesprochen - Fahrgastschiffe mit mehr als 12 zahlenden Personen und Frachtschiffe ab 300 BRZ. Über eine Ausrüstungspflicht von Charter- / Ausbildungsyachten entscheidet das zuständige Wasser- und Schiffahrtsamt / die See-Berufsgenossenschaft. Sport- und Vergnügungsfahrzeuge sind nicht ausrüstungspflichtig. Bei einer freiwilligen Ausrüstung müssen die GMDSS-Bestimmungen sinngemäß angewendet werden.

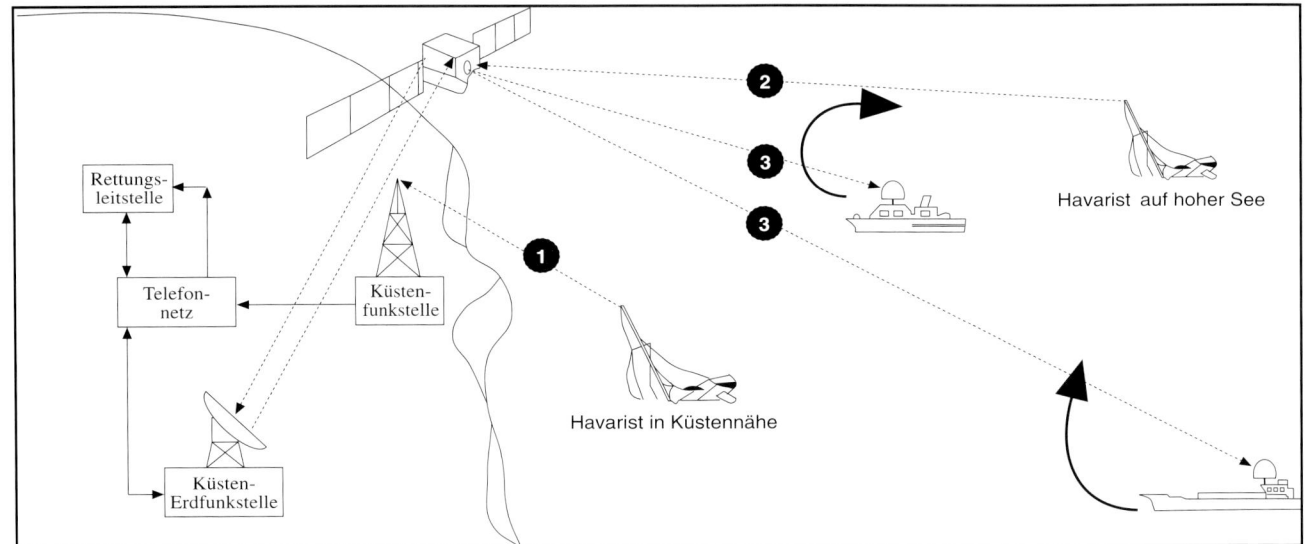

Eine Yacht sollte bei Fahrten in Küstennähe zumindest mit einem DSC-Controller für UKW ausgestattet sein. Damit kann sie im Notfall automatisch Alarm auslösen, der über eine KüFuSt an die Rettungsleitstelle geht und alle für die Rettung wichtigen Daten enthält (1). Auf hoher See, fernab von den Küsten, kann eine INMARSAT-EPIRB über Satellit den gleichen Alarm auslösen (2). Die Rettungsleitstelle kann mit einem Gebietsanruf Schiffe auffordern, dem Havaristen zu Hilfe zu eilen (3), oder Rettung aus der Luft organisieren.

GMDSS-Möglichkeiten der Alarmierung im Seenotfall

Im GMDSS kann ein Schiff auf fünf verschiedene Weisen einen Notalarm auslösen:

1. Mit Hilfe eines DSC-Controllers auf UKW-, Grenz- oder Kurzwelle den Notalarm selbst an eine KüFuSt abgeben, welche über das Telefonnetz die Rettungsleitstelle informiert.
2. Mit Hilfe einer Seenotfunkbake (EPIRB) Notsignale an einen Satelliten geben, welche über die Küsten-Erdfunkstelle und das öffentliche Telefonnetz automatisch an die Rettungsleitstelle weitergeleitet werden.
3. Mit einem Satellitentelefon direkt eine Rettungsleitstelle anrufen.
4. Mit einem Satelliten-Funkfernschreiber den Notalarm direkt an eine Rettungsleitstelle schicken.
5. Mit Hilfe eines DSC-Controllers den Notalarm an ein anderes Schiff leiten, welches diesen per DSC auf UKW-, Grenz- oder Kurzwelle an eine KüFuSt oder über Satellit an eine Rettungsleitstelle (MRCC) weiterübermittelt.

Bei einem Seenotfall fernab von einer Küste kann eine Rettungsleitstelle Schiffe in der Nähe des Havaristen mit einem Gebietsanruf (s. Seite 138) über einen INMARSAT-Satelliten anrufen und in die Rettungsmaßnahmen einbeziehen.

Alle Möglichkeiten sind auf Yachten technisch (und preislich) realisierbar - das Satellitentelefon kommt wegen der erforderlichen Antennengröße im allgemeinen erst auf Yachten ab etwa 12 m Länge zum Einsatz.

GMDSS-Seegebiete

Zur Festlegung des GMDSS-Ausrüstungsumfangs wurden vier Seegebiete definiert:

- **A1** Ein von der zuständigen Verwaltung festgelegtes Gebiet innerhalb der Sprechfunkreichweite mindestens einer **UKW**-KüFuSt, die ununterbrochen für DSC-Alarmierungen zur Verfügung steht
- **A2** Ein von der zuständigen Verwaltung festgelegtes Gebiet (ohne Seegebiet A1) innerhalb der Sprechfunkreichweite mindestens einer **GW**-KüFuSt, die ununterbrochen für DSC-Alarmierungen zur Verfügung steht
- **A3** Ein Gebiet (ohne Seegebiete A1 und A2) innerhalb der Überdeckung eines geostationären **INMARSAT**-Satelliten, der ununterbrochen für Alarmierungen zur Verfügung steht, d. h. zwischen 70° N und 70° S
- **A4** Ein Gebiet **außerhalb** der Seegebiete A1, A2 und A3 (jenseits von 70° N und 70° S)

Beispiele

Das deutsche Küstenmeer ist A1-Gebiet, weil die deutschen KüFuSt mit UKW-DSC ausgerüstet sind und ununterbrochen für DSC-Alarmierungen zur Verfügung stehen.

Das englische Küstenmeer ist derzeit noch A2-Gebiet, weil die englischen KüFuSt noch nicht mit UKW-DSC-Controllern ausgerüstet sind, eine GW-DSC-Versorgung jedoch gegeben ist.

Die zentralen Teile des Atlantiks sind A3-Gebiet, weil sie außerhalb der GW-Versorgung liegen, aber sich im Überdeckungsbereich eines INMARSAT-Satelliten befinden.

Die Barentssee (nördlich von Norwegen) ist A4-Gebiet.

Vorgeschriebene GMDSS-Ausrüstung

Ausrüstungspflichtige Fahrzeuge benötigen für das **Seegebiet A1** folgende Geräte und Anlagen (die auf Seite 79 ff näher beschrieben werden):

- 1 UKW-DSC-Seefunkanlage (DSC-fähige UKW-Sprechfunkanlage mit UKW-DSC-Controller)
- 1 UKW-Kanal-70-Wachempfänger (ist in der Regel in den UKW-DSC-Controller integriert)
- 1 GW-Wachempfänger 2182 kHz (bis 1999)
- 1 NAVTEX-Empfänger (sofern das Schiff in NAVTEX-Gebieten fährt)
- 1 EGC-Empfänger (verzichtbar, wenn sich das Schiff ausschließlich in NAVTEX-Gebieten aufhält)
- 1 Satelliten-Seenotfunkbake (406 MHz oder 1,6 GHz), ersatzweise 1 UKW-DSC-Seenotfunkbake (Kanal 70) mit Radartransponder
- 2 Radartransponder 9 GHz (Frachtschiffe unter 500 BRZ nur 1 Stück)
- 3 UKW-Handsprechfunkgeräte (Frachtschiffe unter 500 BRZ nur 2 Stück)

Darüber hinaus muß eine zweite Alarmierungsmöglichkeit Schiff - Land von der Brücke aus bestehen. Hierfür ist erforderlich:

- 1 UKW-DSC-Seefunkanlage *oder*
- 1 GW-DSC-Seefunkanlage *oder*
- 1 INMARSAT-Schiffs-Erdfunkstelle *oder*
- 1 UKW-DSC-Seenotfunkbake *oder*
- 1 Satelliten-Seenotfunkbake (406 MHz oder 1,6 GHz)

Ausrüstungspflichtige Schiffe, welche die **Seegebiete A1 und A2** befahren, benötigen zusätzlich:

- 1 GW-DSC-Seefunkanlage (DSC-fähige GW-Sprechfunkanlage mit GW-DSC-Controller)
- 1 GW-DSC-Wachempfänger 2187,5 kHz (zum Teil in den GW-DSC-Controller integriert)

Darüber hinaus wird als zusätzliche Alarmierungsmöglichkeit auf der Brücke benötigt:

    1 KW-DSC-Seefunkanlage *oder*
    1 INMARSAT-Schiffs-Erdfunkstelle *oder*
    1 Satelliten-Seenotfunkbake
      (406 MHz oder 1,6 GHz)

Ausrüstungspflichtige Schiffe, welche die **Seegebiete A1, A2 und A3** befahren, benötigen zusätzlich

    1 INMARSAT-Schiffs-Erdfunkstelle mit Alarmierungseinrichtung (Senden und Empfangen); die INMARSAT-Schiffs-Erdfunkstelle muß mindestens für Telex eingerichtet sein (INMARSAT C),
    1 EGC-Empfänger

Alternativ zu der INMARSAT-Schiffs-Erdfunkstelle ist zulässig:

    1 GW-/KW-DSC-Seefunkanlage für Sprechfunk und Telex

Darüber hinaus wird als zusätzliche Alarmierungsmöglichkeit auf der Brücke verlangt:

    1 DSC-fähige KW-Seefunkanlage (nur wenn die Hauptanlage eine INMARSAT-Schiffs-Erdfunkstelle ist) *oder*
    1 INMARSAT-Schiffs-Erdfunkstelle *oder*
    1 Satelliten-Seenotfunkbake (406 MHz oder 1,6 GHz)

In den **Seegebieten A1, A2, A3 und A4** fahrende, ausrüstungspflichtige Schiffe brauchen die Satelliten-Seenotfunkbake für 406 MHz und anstatt der INMARSAT-Schiffs-Erdfunkstelle

    1 GW-/KW-DSC-Seefunkanlage für Sprechfunk und Telex

Als zweite Alarmierungsmöglichkeit von der Brücke aus ist erforderlich:

    1 Satelliten-Seenotfunkbake (406 MHz)

Sicherstellung der Betriebsbereitschaft

Neben der Ausrüstung der Fahrzeuge ist die Sicherstellung der Betriebsbereitschaft vorgeschrieben. Hier sind drei verschiedene Maßnahmen zulässig:

1. Doppelung von Geräten,
2. landseitige Instandhaltung,
3. Instandhaltung der Elektronik auf See.

Auf Schiffen, welche in den Seegebieten A1 und A2 eingesetzt sind, ist eine dieser Maßnahmen ausreichend; in den Seegebieten A3 und A4 ist die Betriebsbereitschaft durch mindestens zwei der obigen Maßnahmen sicherzustellen.

Bei der Option Doppelung von Geräten müssen fast alle Seefunkanlagen doppelt vorhanden sein. Anstelle einer zweiten GW-/KW-Seefunkanlage kann auch eine INMARSAT-Schiffs-Erdfunkstelle gewählt werden.

Die landseitige Instandhaltung kann z. B. durch Abschluß eines von der See-Berufsgenossenschaft anerkannten Wartungsvertrages nachgewiesen werden.

Für die Instandhaltung der Elektronik auf See werden an Bord qualifiziertes Personal (z. B. mit Funkelektronikzeugnis 1. oder 2. Klasse) und die entsprechenden technischen Mittel, Meßgeräte, Ersatzteile usw. benötigt. Diese Möglichkeit wird jedoch nur selten gewählt.

Funkzeugnisse

Der Kapitän eines Schiffes und alle Nautischen Schiffsoffiziere müssen mindestens im Besitz des Allgemeinen Betriebszeugnisses für Funker sein. Ein Zeugnisinhaber ist zu benennen, der im Notfall vorrangig für die Abwicklung des Funkverkehrs verantwortlich ist; er darf in Notfällen nicht mit weiteren Aufgaben betraut werden.

GMDSS-Ausrüstung

Seiten 79 bis 82: Praxiswissen, kein Prüfungsstoff

Die neuen Funkkomponenten des GMDSS können grob in vier Gruppen eingeteilt werden:

1. Digitaler Selektivruf, DSC-Controller
2. Warn- und Informationsfunk
3. Zusätzliche Hilfsmittel für den Seenotfall
4. INMARSAT-Satellitenfunk

Digitaler Selektivruf, DSC-Controller, MMSI

Wirklich neu im Seefunk ist der digitale Selektivruf (DSC, Digital Selective Calling). Hierbei handelt es sich um ein reines Anrufverfahren mit einer Kurzangabe des Anlasses. Am besten versteht man diese Neuerung, wenn man sie mit dem "Cityruf" im D-Netz vergleicht: Die Nachricht wird nicht mehr gesprochen, sondern auf einem kleinen Bildschirm angezeigt.

Sinn dieses Anrufverfahrens ist es, die Sendezeit und damit die Frequenzbelegung gering zu halten. Dazu werden **DSC-Controller** (DSC-Codierer) eingesetzt, die durch eine Digitalisierung der Information eine komprimierte Aussendung ermöglichen. Die Übertragungszeit eines digitalen Selektivrufs einschließlich der (automatischen) Antwort der gerufenen Funkstelle beträgt etwa eine halbe Sekunde, der bei konventioneller verbaler Gesprächsvereinbarung eine Minute Dauer gegenüberstehen kann.

Außerdem muß nicht mehr auf eine freie Verbindung geachtet werden, da der DSC-Controller automatisch erkennt, ob der Kanal frei ist.

Die Übertragung der DSC-Signale erfolgt auf UKW über **Kanal 70**, der seit langem für jeglichen Sprechfunkverkehr gesperrt ist. Die mit DSC ausgerüsteten SeeFuSt müssen auf See eine ununterbrochene Empfangsbereitschaft auf Kanal 70 sicherstellen, jedoch - voraussichtlich nach dem 31.1.1999 - nicht mehr auf UKW-Kanal 16. DSC-Controller sind auch für Grenz- und Kurzwelle verfügbar.

Schon beim Verbindungsaufbau werden Grundinformationen ohne Einflußmöglichkeit des Bedieners zwischen Sende- und Empfangsgerät ausgetauscht und verglichen. Damit wird verständlich, wie z. B. bei einer Gesprächsanmeldung über DSC eine Küstenfunkstelle die Geräte konfigurieren kann, so daß nur noch wie im Selbstwählverfahren beim Telefonieren der Hörer abgenommen werden muß. Im Schiff-Schiff-Verkehr kann ein von einem DSC-Controller ferngesteuertes UKW-Sprechfunkgerät automatisch auf den vom Anrufer vorgeschlagenen Arbeitskanal eingestellt werden.

Ein Nebeneffekt der Digitalisierung ist die Erhöhung der Reichweite auf UKW um über 50%, was sich bei Notalarmen als sehr wichtig erweisen kann.

Der im DSC-Controller enthaltene Kanal-70-Wachempfänger wertet alle eingehenden digitalen Selektivrufe aus und selektiert diese mit Hilfe der **neunstellige Rufnummer**, der Maritime Mobile Service Identity (**MMSI**). Diese MMSI erhält ein am GMDSS teilnehmendes Schiff in seiner Genehmigungsurkunde. Sie kennzeichnet die FuSt eindeutig und besteht aus einem dreistelligen **Landeskenner** (**MID**)mit einer angehängten sechsstelligen Ziffernfolge, deren letzte Ziffer derzeit immer eine Null ist. Deutschland hat zwei MIDs, 211 und 218, Dänemark wurde MID 219 zugeteilt, die holländische MID ist 244. Ein Beispiel für die MMSI einer deutschen SeeFuSt ist 211 234 560.

Die MMSI der Küstenfunkstellen beginnen stets mit zwei Nullen. Die MMSI der deutschen Betriebszentrale für die Nord- und Ostsee ist in der UKW-Karte (s. Seite 172) aufgeführt. Sämtliche MMSI sind in dem zweibändigen Verzeichnis der Rufnummern für Funkstellen des Seefunkdienstes enthalten, zu dem alle 6 Monate ein Nachtrag erscheint.

Warn- und Informationsfunk

Die Verbreitung von Warnmeldungen, weiterübermittelten Notalarmen, nautischen Warnnachrichten und Wetterberichten erfolgt im GMDSS

1. auf Mittelwelle über NAVTEX (Navigation Telex),
2. über Satelliten-Seefunk, wozu ein EGC-Empfänger erforderlich ist,
3. über Kurzwelle per Fernschreiben (FEC).

Ein **NAVTEX-Empfänger** ist ein Funkfernschreib-Empfänger, welcher Warnnachrichten für die Sicherheit der Schiffahrt (**MSI**, Maritime Safety Information) empfängt und auf einen Papierstreifen ausdruckt. Seit dem 1.8.1993 muß ein NAVTEX-Empfänger an Bord eines jeden ausrüstungspflichtigen Schiffes sein, das in NAVTEX-versorgten Gebieten fährt.

Die NAVTEX-Meldungen werden im Mittelwellenbereich auf 518 kHz (in äquatorialen Gebieten auch auf Kurzwelle 4209 kHz) ausgestrahlt und sind je nach Sender bis zu einer Entfernung von 250 - 500 sm zu empfangen. NAVTEX arbeitet im Funkfernschreibbetrieb (s. o.).

Über NAVTEX werden folgende Meldungen (in englischer Sprache) ausgestrahlt:

1. Sicherheitsmeldungen
2. Wetterberichte
3. Mitteilungen über den Empfang von GPS, Loran C und Decca
4. Informationen über Lotsendienste
5. Eisberichte
6. weiterverbreitete Seenotmeldungen

Der Zeitpunkt der Aussendung richtet sich nach der Priorität der Meldung:

1. Vital: sofortige Aussendung
2. Important: Aussendung nach der nächsten Funkstille
3. Routine: Aussendung zur festgelegten Sendezeit

NAVTEX-Empfänger (518 kHz)

Um nicht mit einer Flut von Meldungen überschüttet zu werden, können die Art der Meldung und die Küstenfunkstelle als Auswahlmöglichkeiten eingegeben werden. Dadurch können bestimmte Routinemeldungen und Doppelaufzeichnungen unterdrückt werden.

Die Auswahl der NAVTEX-Meldungen erfolgt über eine vierstellige Kennung, die sich wie folgt zusammensetzt:

1. Kennbuchstabe der KüFuSt
2. Kennbuchstabe der Information
3. zwei Ziffern zur fortlaufenden Numerierung der Nachrichten

Die deutschen KüFuSt senden aus Kostengründen NAVTEX-Meldungen nicht selbst aus, sondern leiten diese an die KüFuSt Scheveningen Radio (Nordsee) und Stockholm Radio (Ostsee) weiter.

Die Aussendung von Nachrichten für die Sicherheit der Hochseeschiffahrt sowie die Weiterverbreitung von Seenotalarmen in Richtung Land - Schiff erfolgen in einem NAVTEX-ähnlichen System über den INMARSAT-Dienst (s. Seite 93). Für den Empfang wird ein **EGC-Empfänger** (EGC, Enhanced Group Call, erweiterter Gruppenruf) benötigt, der in INMARSAT-Anlagen meist eingebaut ist.

Zusätzliche Hilfsmittel für den Seenotfall

Eine **Satelliten-Seenotfunkbake** (auch **EPIRB**, Emergency Position-Indicating Radio Beacon genannt) ist ein Notrufmelder. Alarm kann damit sowohl automatisch als auch manuell ausgelöst werden. Er geht über Satellit an die nächste Rettungsleitstelle (Maritime Rescue Coordination Center, MRCC) und enthält die Rufnummer, die Notfallposition, die zugehörige Uhrzeit und - bei manueller Auslösung - die Art des Notfalls (nicht bei allen EPIRBs möglich).

Alarm wird ausgelöst, sobald die Boje aus ihrer Halterung genommen wird (oder aufschwimmt) und freie "Sichtverbindung" zum Satelliten hat.

Satelliten-Seenotfunkbaken sind - je nachdem, welches Satellitennetz für die Alarmierung benutzt wird - für zwei unterschiedliche Systeme, INMARSAT und COSPAS-SARSAT, verfügbar. Beide Systeme sind von der IMO anerkannt, unterscheiden sich aber erheblich in der Genauigkeit der übermittelten Notfallposition und der Alarmierungszeit.

Das **INMARSAT-Netz** besteht aus vier über den Ozeanen "stehenden" Satelliten (geostationäre Satelliten). Wegen ihrer großen Höhe (36000 km) können sie die ganze Erde zwischen 70 N und 70 S abdecken (s. Seite 91).

Für eine **INMARSAT-EPIRB** ist daher jederzeit die Verbindung zu einem Satelliten möglich, der den Notalarm unmittelbar an eine Rettungsleitstelle weiterleiten kann. Die Alarmierungszeit wird mit höchstens zwei Minuten angegeben.

INMARSAT-EPIRBs besitzen einen eingebauten GPS-Navigator, der mit der bekannten Genauigkeit (unter 100 m in 95% aller Fälle) die Notfallposition und die zugehörige Uhrzeit beisteuert. Damit hat selbst eine Einzelperson, die sich im Wasser an die EPIRB klammert, eine Rettungschance.

Das **COSPAS-SARSAT-Netz** besteht derzeit aus sechs Satelliten, welche jedoch in sehr viel

INMARSAT-EPIRB, 58 cm (H) x 25 cm (B)

COSPAS-SARSAT-EPIRB

geringerer Höhe (ca. 800 km) auf Polumlaufbahnen um die Erde fliegen. Damit ist weder sichergestellt, daß sich zum Zeitpunkt der Havarie ein empfangsbereiter Satellit über einer **COSPAS-SARSAT-EPIRB** befindet, noch daß der Notalarm unmittelbar weitergegeben werden kann. Die Alarmierungsdauer liegt - wie Erfahrungswerte zeigen - zwischen 24 Minuten und 8 Stunden. Anders als INMARSAT-EPIRBs können COSPAS-SARSAT-EPIRBs ihre Position nicht selbst bestimmen. Die Positionsermittlung erfolgt hier durch Messung der Dopplerverschiebung der Sendefrequenz beim Überfliegen der Boje. Die Positionsangabe ist jedoch nicht immer eindeutig und erreicht keine mit INMARSAT auch nur annähernd vergleichbare Genauigkeit. Falls nur 2 Satelliten aktiv sind, ist bei COSPAS-SARSAT überhaupt keine Positionsbestimmung möglich.

INMARSAT-EPIRBs senden auf der Frequenz 1,6 GHz, während COSPAS-SARSAT auf 406 MHz arbeitet. Letztere werden daher manchmal als **406-MHz-EPIRB**s bezeichnet, während die INMARSAT-EPIRBs auch **L-Band-Baken** heißen.
Beide Typen von Seenotfunkbaken können nicht nur Alarm auslösen, sondern auch die Suche und Rettung erleichtern. In INMARSAT-EPIRBs kann dazu ein Radartransponder (s. unten) eingebaut werden; COSPAS-SARSAT-EPIRBs sind mit einem Ortungszeichengeber ausgestattet, der auf der Flugfunknotfrequenz 121,5 MHz sendet und angepeilt werden kann.

Bei beiden EPIRB-Systemen **muß** die jeweilige Rufnummer (MMSI), die vom BAPT (s. Seite 40) vergeben wird, durch den Hersteller oder Lieferanten in die EPIRB eingegeben werden. Warnung: Alarme ohne MMSI werden nicht beachtet!

Ein Vergleich der EPIRB-Systeme ergibt eindeutige Vorteile für INMARSAT, die jedoch in A4-Gebieten nicht einsetzbar sind.

Im Gegensatz zur Satelliten-Seenotfunkbake senden **UKW-Seenotfunkbaken** auf Kanal 70 und lösen auf allen UKW-DSC-Controllern innerhalb ihres Sendebereiches Notalarm aus. Dieser muß von der empfangenden FuSt weiterübermittelt werden. UKW-DSC-Seenotfunkbaken gehören zum möglichen GMDSS-Ausrüstungsumfang, sie werden in Deutschland aber nicht angeboten.

Ein **Radartransponder** erleichtert - vor allem bei Nebel - die Suche nach Schiffbrüchigen. Die internationale Bezeichnung ist **SART** (Search and Rescue Radar Transponder). Transponder ist ein Kunstwort, das sich aus Transmitter und Responder (= Sender + Antworter) zusammensetzt. Ein Radartransponder beantwortet das Eintreffen eines Radarstrahls (eines fremden Schiffes oder Flugzeuges) mit eigenen Impulsen, die im Radarbild von X-Band (3 cm)-Radargeräten sehr auffällig als eine Reihe von 12 Einzel- oder Doppelpunkten erscheinen. Die Tragweite eines Radartransponders liegt bei etwa 20 sm; er kann aber, wenn er im Wasser schwimmt, nur von Flugzeugen oder Hubschraubern aus dieser Entfernung erkannt werden.

UKW-Handsprechfunkgeräte sind für den Einsatz in Rettungsinseln, Rettungsbooten und Überlebensfahrzeugen vorgesehen. Sie müssen wasserdicht sein und über Kanal 16 sowie mindestens einen weiteren Kanal verfügen. Empfohlen ist die Ausrüstung mit den Kanälen 06, 13, 15, 16 und 17. Handsprechfunkgeräte müssen ebenfalls ein Zulassungszeichen (BZT) besitzen. Sie verfügen nur über 1 Watt Nennleistung und dürfen nur in Ergänzung zur stationären UKW-Funkanlage, nicht jedoch anstelle einer solchen verwendet werden. Für den Notfall sollten versiegelte Reservebatterien griffbereit liegen.

Auf jedem ausrüstungspflichtigen Schiff müssen eine oder mehrere **Ersatzstromquellen** vorhanden sein, welche bei einem Ausfall der Stromversorgung die Funktionsbereitschaft der Seefunkanlagen und der INMARSAT-Schiffs-Erdfunkstelle sicherstellen. Dazu ist ein Notstromaggregat erforderlich, das mindestens 18 Stunden - bei Fahrgastschiffen: 36 Stunden - lang Strom liefern kann, sowie eine Ersatzstromquelle, welche eine Stunde lang die Versorgung der Funkanlagen sicherstellen kann.

Wachen und Frequenzen im GMDSS

Seite 83: Praxiswissen, kein Prüfungsstoff

Wachen auf GMDSS-Frequenzen

Ausrüstungspflichtige Schiffe auf See müssen im GMDSS eine ununterbrochene Wache auf den folgenden Frequenzen unterhalten:

1. wenn das Schiff mit einer UKW-DSC-Funkanlage ausgerüstet ist: auf UKW-Kanal 70;
2. wenn das Schiff mit einer GW-DSC-Funkanlage ausgerüstet ist: auf der Not- und Sicherheitsfrequenz 2187,5 kHz;
3. wenn das Schiff mit einer GW-/KW-DSC-Funkanlage ausgerüstet ist: auf den Not- und Sicherheitsfrequenzen für DSC 2187,5 kHz und 8414,5 kHz sowie auch auf mindestens einer der Not- und Sicherheitsfrequenzen für DSC 4207,5 kHz, 6312 kHz, 12577 kHz oder 16804,5 kHz, je nach Tageszeit und Standort des Schiffes;
4. wenn das Schiff mit einer INMARSAT-Schiffs-Erdfunkstelle ausgestattet ist: auf den Frequenzen zum Empfang von weiterübermittelten Notalarmen über Satelliten;
5. auf den Frequenzen, auf denen Nachrichten für die Sicherheit der Seeschiffahrt für das Gebiet verbreitet werden, welches das Schiff gerade befährt (z. B. NAVTEX-Aussendungen).
6. **Bis zum 31.1.1999** oder bis zu einem vom Schiffssicherheitsausschuß der IMO festgelegten Tag muß jedes ausrüstungspflichtige Schiff auf See - wenn durchführbar - eine ununterbrochene **Hörwache auf UKW-Kanal 16** und eine ununterbrochene Wache auf der Sprechfunk-Notfrequenz 2182 kHz unterhalten. Diese Wachen sind an der Stelle durchzuführen, von der aus das Schiff gewöhnlich geführt wird.
7. SeeFuSt sollen, sofern es ihnen möglich ist, auf UKW-Kanal 13 eine Hörbereitschaft für den Funkverkehr, der die Sicherheit der Seeschiffahrt betrifft, aufrechterhalten.

Schutz der Frequenzen für Not und Sicherheit

Bevor eine FuSt, die nicht in Not ist, auf einer der für Not- und Sicherheitsfälle bestimmten Frequenzen - dazu gehören auch alle nebenstehend unter 1. bis 6. aufgeführten Frequenzen - zu senden beginnt, muß sie diese so lange abhören, bis sie sich vergewissert hat, daß kein Notverkehr stattfindet.

Zeichen für Ortung und Zielfahrt

Ortungszeichen sind Funkaussendungen, welche die Ortung eines Fahrzeugs in Not oder die Ermittlung des Standortes von Überlebenden erleichtern sollen. Sie können ausgesendet werden von

1. Fahrzeugen in Not,
2. Überlebensfahrzeugen,
3. Satelliten-Seenotfunkbaken,
4. Radartranspondern für Suche und Rettung,
5. Sucheinheiten.

Zielfahrtzeichen sind Ortungszeichen, die von Fahrzeugen in Not oder von Überlebensfahrzeugen ausgesendet werden, um den Sucheinheiten zur Ermittlung des Standortes der sendenden FuSt zu dienen.

Ortungszeichen können auf den folgenden Frequenzen ausgesendet werden:

1. 117,975 - 136 MHz (121,5-MHz-Baken im Flugfunkbereich)
2. 156 - 174 MHz (UKW-Seenotfunkbaken)
3. 406 - 406,1 MHz (COSPAS-SARSAT)
4. 9200 - 9500 MHz (9-GHz-Radartransponder)

Notverkehr im GMDSS

Notalarm

Ein GMDSS-Notalarm kann von Schiffen auf fünf verschiedene Weisen (s. Seite 76) ausgelöst werden. Die Aussendung eines Notalarms zeigt <u>im GMDSS</u> an, daß

> **ein Fahrzeug (z. B. ein Schiff, Flugzeug oder ein sonstiges Fahrzeug) oder eine Person in Not ist und sofortige Hilfe benötigt.**

Diese GMDSS-Notalarm-Definition schließt auch den Mann-über-Bord-Fall ein und unterscheidet sich damit von der Fassung des derzeitigen, bis zum 31.1.1999 gültigen Seefunksystems (s. Seiten 16 und 22). Ein Notalarm darf - auch im GMDSS - grundsätzlich nur auf Anweisung des Schiffsführers ausgesendet werden. Ein Schiff in Not darf mit allen ihm zur Verfügung stehenden Mitteln die Aufmerksamkeit auf sich lenken.

Steuerung des DSC-Controllers

Zwar ist die Bedienung eines DSC-Controllers im allgemeinen nicht ganz einfach (s. Kasten). Außerdem unterscheiden sich die handelsüblichen Geräte in ihrer Handhabung erheblich voneinander. Doch um einen Notalarm auszulösen, brauchen immer nur die Alarm- und die Sendetaste gedrückt zu werden. Dann werden automatisch übermittelt:

1. Priorität (Notalarm),
2. Ruftyp (An alle FuSt),
3. Betriebsart (Sprechfunk),
4. Arbeitskanal (Kanal 16),
5. Kennung (MMSI) und Standort des Schiffes,
6. Art des Notfalls (ohne genauere Angabe).

Grundsätzliche Einstellmöglichkeiten eines UKW-DSC-Controllers

1. Priorität (Rangfolge)
   - Notalarm
   - Dringlichkeitsanruf
   - Sicherheitsanruf
   - Shipmaster (s. Seite 138)
   - Routineanruf
2. Ruftyp
   - Einzelanruf (Selektivruf)
   - Ruf an alle Funkstellen
   - Spezialanruf (Gruppen-, Gebietsanruf, Sendeabruf, Positionsabfrage, weiterübermittelter Notalarm u. a.)
   - Empfangsbestätigung
3. Betriebsart
   - Sprechfunk
   - Telex / Fax
   - Datenübertragung
4. Arbeitskanal
   - Notverkehr: Kanal 16
   - Dringlichkeit (Kanal 16)
   - Sicherheit (Kanal 16)
   - Routine (z. B.: Sportboot-Kanäle 72, 69)

Merke: Ein Notalarm ohne genauere Angabe der Art des Notfalls kann durch Drücken von zwei Tasten - der Alarmtaste und der Sendetaste - ausgelöst werden.

Die Rufnummer ist fest in den DSC-Controller einprogrammiert. Um den Standort des Schiffes automatisch übermitteln zu können, muß dieser - sofern kein GPS-Navigator angeschlossen ist - im DSC-Controller stündlich aktualisiert werden. Die Art des Notfalls kann genauer angegeben werden, wenn der Notalarm vor dem Drücken der Sendetaste editiert wird (Menütechnik). Möglich sind die folgenden Angaben (Anzeige in englischer Sprache):

1. undesignated distress   Notfall ohne genauere Angabe

2. fire — Feuer an Bord
3. sinking — Schiff sinkt
4. grounding — Grundberührung
5. flooding — Wassereinbruch
6. collision — Kollision
7. listing — Schlagseite
8. danger of capsizing — Kentergefahr
9. disabled and adrift — manövrierunfähig vertrieben
10. abandoning ship — Schiff wird verlassen
11. piracy attack — Piratenangriff

Warten auf die Empfangsbestätigung

Nach Aussenden eines Notalarms wartet der Havarist auf eine Empfangsbestätigung. Sie kann ihn im GMDSS auf zwei Wegen erreichen:

1. als Notalarm-Bestätigung, die vom DSC-Controller empfangen und angezeigt wird
2. als Sprechfunk-Bestätigung, die auf Kanal 16 über das UKW-Sprechfunkgerät kommt

Um beide Wege offenzuhalten, schaltet der DSC-Controller nach dem Aussenden eines Notalarms das UKW-Sprechfunkgerät automatisch auf Kanal 16 um. Gleichzeitig wiederholt der DSC-Controller den Notalarm von sich aus alle drei bis fünf Minuten so lange, bis die Stromversorgung zusammenbricht. Diese Wiederholungsautomatik wird durch einen Zufallsgenerator gesteuert, damit zeitgleich ausgestrahlte Notmeldungen zeitversetzt wiederholt werden. Die Wiederholungsautomatik wird durch eine Notalarm-Bestätigung abgeschaltet oder von Hand durch den Bediener.

Empfang eines Notalarms

Jeder Notalarm löst auf allen DSC-Controllern innerhalb der Reichweite des Havaristen umgehend akustischen und optischen Alarm aus und wird mit allen Angaben gespeichert. Gleichzeitig wird ein angeschlossenes UKW-Sprechfunkgerät automatisch auf Kanal 16 eingestellt, auf dem der nachfolgende Notverkehr abgewickelt wird (Klasse-D-Controller).

Das Bestätigen eines Notalarms ist wie folgt geregelt: In A1-Gebieten, d. h. innerhalb der UKW-Reichweite einer mit UKW-DSC-Controllern ausgerüsteten KüFuSt, erfolgt eine **Notalarm-Bestätigung per DSC immer nur durch die Küstenfunkstelle**. Dies geht gewöhnlich sehr schnell - wenige Knopfdrücke genügen. Die KüFuSt alarmiert danach sofort die zuständige Rettungsleitstelle (MRCC). Eine solche Notalarm-Bestätigung geht nicht nur an den Havaristen, sondern an alle FuSt und enthält nochmals alle Angaben des Notalarms. Zum einen dient sie als erste Weiterverbreitung des Notalarms, zum anderen wird damit den umliegenden Schiffen mitgeteilt, daß auch sie nun den Notalarm bestätigen können.

Denn Schiffe sollen grundsätzlich erst im Anschluß an die DSC-Bestätigung der KüFuSt einen Notalarm bestätigen - und zwar nur per Sprechfunk auf UKW-Kanal 16. Die Bestätigung lautet:

MAYDAY
211 234 560   (MMSI des Havaristen)
211 234 560
211 234 560
HIER IST
211 789 120   (MMSI des bestätigenden
211 789 120   Schiffes)
211 789 120
ERHALTEN MAYDAY

Diese Form einer Bestätigung ist zwar rechtlich vorgeschrieben, aber wenig praktikabel ("Ziffernsalat"). Solange der Havarist lediglich einen Notalarm per DSC, aber keine Notmeldung per Sprechfunk ausgestrahlt hat, sind den umliegenden Schiffen weder sein Schiffsname noch sein Rufzeichen bekannt Der Havarist kann dann nur mit seiner MMSI gerufen werden. Die bestätigende SeeFuSt jedoch sollte besser dreimal ihren Schiffsnamen und jeweils einmal ihr Rufzeichen und ihre MMSI angeben.

KüFuSt und Rettungsleitstellen wissen natürlich nicht, welche Schiffe in der Nähe des Havaristen liegen und ggfs. in die Rettungsmaßnahmen einbezogen werden können. Dies wird erst durch deren Bestätigung bekannt.

Demselben Zweck dient vielfach auch die Weiterübermittlung des Notalarms durch die KüFuSt. Diese Weiterübermittlung kann an alle Schiffe gerichtet sein oder an alle Schiffe in einem bestimmten Seegebiet, an eine Gruppe von Schiffen oder nur an ein einzelnes Schiff. Schiffe, die einen weiterübermittelten Notalarm empfangen, müssen diesen per Sprechfunk auf Kanal 16 analog dem obigen Muster bestätigen (s. Seite 85).

Eine DSC-Bestätigung eines Notalarms durch ein Schiff erfolgt nur in zwei Fällen:

1. Das Schiff befindet sich in einem Gebiet, in dem keine sichere Verbindung zu einer KüFuSt hergestellt werden kann, und der Havarist liegt nicht in weiter Entfernung
2. Die Aussendung des Notalarms hält an, und der Notalarm wurde anscheinend von keiner anderen FuSt bestätigt

Ein Schiff, das einen Notalarm mit DSC bestätigt, soll umgehend eine KüFuSt oder eine Küsten-Erdfunkstelle in geeigneter Weise informieren, damit der Notalarm an eine Rettungsleitstelle und ggfs. an weitere in der Nähe des Havaristen befindliche Schiffe übermittelt werden kann.

Alle FuSt, die einen Notalarm empfangen, müssen sofort jede Aussendung, die den Notverkehr stören könnte, unterlassen und empfangsbereit bleiben, bis eine DSC-Empfangsbestätigung abgegeben ist. Der Schiffsführer ist umgehend zu unterrichten.

Aussenden eines weiterübermittelten Notalarms (MAYDAY RELAY)

Ein Schiff muß in einem der beiden folgenden Fälle eine Weiterübermittlung eines Notalarms aussenden:

1. Das Schiff in Not ist nicht selbst in der Lage, den Notalarm auszusenden.
2. Der Schiffsführer des nicht in Not befindlichen Schiffes geht davon aus, daß weitere Hilfe nötig ist.

Eine FuSt, die einen von einem fremden Schiff ausgelösten Notalarm weiterverbreitet, muß in jedem Fall angeben, daß sie nicht selbst in Not ist. Dies erfolgt durch den DSC-Controller automatisch.

Ein Notalarm (DSC) kann leicht weiterübermittelt werden. Weil der vollständige Notalarm gespeichert ist, werden die Daten ohne Eingriff des Bedieners in die Weiterübermittlung eingefügt.

Für ein Schiff hingegen, das keinen Notalarm aussenden konnte, muß eine DSC-Weiterübermittlung des Notalarms neu eingegeben werden. Dies erfordert eine eingehende Kenntnis der Bedienung des DSC-Controllers und wird in Kapitel 5 vorgestellt.

Auch der Empfang eines durch ein Schiff weiterübermittelten Notalarms muß - mit der oben angegebenen Meldung - im Sprechfunk bestätigt werden.

Notverkehr im GMDSS

Nach deutschen Bestimmungen, die bis zum 31.1.1999 befristet sind, soll der Havarist nach dem Empfang der DSC-Bestätigung seines Notalarms die vollständige, um die MMSI ergänzte Notmeldung (s. Seite 17) noch einmal auf Kanal 16 aussenden, um auch die nicht mit einem DSC-Controller ausgestatteten Schiffe zu benachrichtigen.

Der Notverkehr umfaßt alle für die sofortige Hilfe erforderlichen Meldungen einschließlich des Funkverkehrs bei Such- und Rettungsarbeiten. Er wird auf Kanal 16 abgewickelt und läuft im wesentlichen wie bisher ab. Vor jedem Anruf ist wiederum das Notzeichen MAYDAY zu sprechen.

Der zwischen Fahrzeugen durchgeführte Notverkehr wird **Verkehr vor Ort** genannt. Der **On Scene Commander** (OSC) leitet und koordiniert die Rettungsmaßnahmen. Er legt auch die Frequenzen (Kanäle) für den Verkehr vor Ort fest, der auf UKW abgewickelt wird. So können auch Schiffbrüchige mit einem Handsprechfunkgerät am Notverkehr teilnehmen.

Alle Fahrzeuge haben während des Notverkehrs eine Hörwache und ständige Empfangsbereitschaft aufrechtzuerhalten. Für den Funkverkehr mit Luftfahrzeugen wird in der Regel Kanal 06 ausgewählt.

Sobald Schiffe von einem Notverkehr Kenntnis haben, müssen sie den Notverkehr so lange beobachten, bis Gewißheit darüber besteht, daß fremde Hilfe sichergestellt und ihre Unterstützung nicht erforderlich ist. Erst dann dürfen sie ihren normalen Funkbetrieb fortsetzen, ohne den Notverkehr zu stören.

Einer FuSt, die den Notverkehr stört, wird vom Schiff in Not oder von der Leitstelle mit den Wörtern

SILENCE MAYDAY   gesprochen: "ßilaanß mädeh"

Funkstille auferlegt. Der Abschluß des Notverkehrs wird folgendermaßen mitgeteilt:

MAYDAY
AN ALLE FUNKSTELLEN
AN ALLE FUNKSTELLEN
AN ALLE FUNKSTELLEN
HIER IST
211 987 650   (MMSI der sendenden FuSt)
1930 UTC   (Aufgabezeit der Meldung)
ANDREA / DMDC   (Havarist)
SILENCE FINI   gesprochen: "ßilaanß finih"

Verhalten bei Fehlalarmen

Obwohl das testweise Aussenden von Notalarmen untersagt ist, hat es in der Einführungsphase des GMDSS sehr viele Fehlalarme gegeben, die zum Teil auch Rettungsaktionen ausgelöst haben.
Die IMO hat daher angewiesen, wie Fehlalarme zu widerrufen sind. Danach ist bei einem UKW-DSC-Fehlalarm umgehend die folgende Meldung auf UKW-Kanal 16 zu senden:

AN ALLE FUNKSTELLEN
AN ALLE FUNKSTELLEN
AN ALLE FUNKSTELLEN
HIER IST
CHAOS EDE
CHAOS EDE
CHAOS EDE / DFZQ   (Schiffsname, Rufzeichen)
211 233 440   (eigene MMSI)
53-43 N 007-30 E   (eigene Position)
ICH WIDERRUFE MEINEN NOTALARM VON
101625 UTC   (Datum, Notalarm-Uhrzeit)
MÜLLER   (Name des Schiffsführers)
CHAOS EDE / DFZQ   (Schiffsname, Rufzeichen)
211 233 440   (eigene MMSI)
101630 UTC   (Datum, jetzige Uhrzeit)

ALL STATIONS ALL STATIONS ALL STATIONS
THIS IS
CHAOS EDE CHAOS EDE CHAOS EDE / DFZQ
211 233 440
53-43 N 007-30 E
CANCEL MY DISTRESS ALERT OF
101625 UTC
MÜLLER
CHAOS EDE / DFZQ
211 233 440
101630 UTC

Gegebenenfalls soll ein Schiff darüber hinaus alle vorhandenen Möglichkeiten einsetzen, um die verantwortlichen Stellen über den Fehlalarm und seine Aufhebung zu unterrichten. Sollte nach einem Fehlalarm eine Rettungsaktion anlaufen, so werden deren Kosten dem (über die MMSI leicht identifizierbaren) Schiffseigner in Rechnung gestellt.

Dringlichkeitsverkehr im GMDSS

Dringlichkeitszeichen

Das Dringlichkeitszeichen besteht auch im GMDSS aus der Gruppe der Wörter PAN PAN. Es muß vor dem Aussenden einer Dringlichkeitsmeldung dreimal gesprochen werden. Ein Dringlichkeitsanruf oder das Dringlichkeitszeichen zeigen an, daß die rufende FuSt eine **sehr dringende Meldung** auszusenden hat, welche die **Sicherheit einer Person oder eines Fahrzeugs** betrifft.
Ein Dringlichkeitsanruf oder das Dringlichkeitszeichen dürfen nur mit Genehmigung des Schiffsführers ausgesendet werden. Dringlichkeitsmeldungen haben Vorrang vor allen anderen Meldungen, mit Ausnahme von Notmeldungen. Die Verbreitung einer Dringlichkeitsmeldung erfolgt in zwei Schritten:

1. Ankündigen der Dringlichkeitsmeldung per DSC
2. Aussenden der Dringlichkeitsmeldung per Sprechfunk

Ankündigen einer Dringlichkeitsmeldung

Eine Dringlichkeitsmeldung wird mit einem DSC-Dringlichkeitsanruf über einen DSC-Controller angekündigt.

Bei der Einstellung des DSC-Controllers, die von Gerät zu Gerät sehr unterschiedlich sein kann, sind neben der Priorität "urgency" die bekannten Parameter (s. Kasten auf Seite 84) Ruftyp, Betriebsart und Arbeitskanal (Kanal 16) festzulegen.

Der Anruf darf an alle FuSt, an eine oder mehrere bestimmte FuSt gerichtet werden und muß den Kanal enthalten, auf dem die Dringlichkeitsmeldung ausgestrahlt werden soll.

Aussenden einer Dringlichkeitsmeldung

Die anschließende Aussendung wird auf Kanal 16 durchgeführt, sofern dort kein Notverkehr abgewickelt wird. Die Dringlichkeitsmeldung selbst wird wie bisher im Seefunk üblich ausgestrahlt. Dabei darf die eigene FuSt nicht nur durch ihre neunstellige Rufnummer, sondern sie muß darüber hinaus auch durch ihr Rufzeichen oder andere Angaben gekennzeichnet werden. Hier ein Beispiel:

PAN PAN   PAN PAN   PAN PAN
AN ALLE FUNKSTELLEN
AN ALLE FUNKSTELLEN
AN ALLE FUNKSTELLEN
HIER IST
211 234 680 GOOFY / DA 4711
MEINE POSITION IST UNGEFÄHR 0,5 MEILEN
NÖRDLICH DER INSEL LANGEOOG
MASCHINE IST AUSGEFALLEN
SCHLEPPERHILFE FÜR EINE 12 METER LANGE
MOTORYACHT DRINGEND ERBETEN
ICH BIN EMPFANGSBEREIT
AUF DEN KANÄLEN 16 UND 06
OVER

Eine FuSt, die mit einer Dringlichkeitsmeldung andere FuSt veranlaßt, bestimmte Maßnahmen zu ergreifen (z. B. im Mann-über-Bord-Fall sorgfältig Ausguck zu gehen), muß die Dringlichkeitsmeldung widerrufen, sobald die Maßnahmen nicht mehr erforderlich sind (s. Seite 24).

Empfang eines DSC-Dringlichkeitsanrufes

Auch ein DSC-Dringlichkeitsanruf löst auf allen empfangenden DSC-Controllern Alarm aus.
Ein an alle FuSt gerichteter DSC-Dringlichkeitsanruf darf nicht bestätigt werden. Der Sprechfunkempfänger muß auf den angegebenen Kanal eingestellt und die Dringlichkeitsmeldung abgehört werden.

Sicherheitsverkehr im GMDSS

Sicherheitszeichen

Das Sicherheitszeichen besteht wie bisher im Seefunk aus dem Wort SECURITE. Es muß vor dem Aussenden einer Sicherheitsmeldung dreimal gesprochen werden. Ein Sicherheitsanruf oder das Sicherheitszeichen zeigen an, daß die rufende FuSt **entweder eine wichtige nautische Warnnachricht oder eine wichtige Wetterwarnung** auszusenden hat. Sicherheitsmeldungen haben Vorrang vor allen anderen Meldungen, mit Ausnahme von Not- und Dringlichkeitsmeldungen. Auch die Verbreitung einer Sicherheitsmeldung erfolgt in zwei Schritten:

1. Ankündigen der Sicherheitsmeldung per DSC
2. Aussenden der Sicherheitsmeldung per Sprechfunk

Ankündigen einer Sicherheitsmeldung

Eine Sicherheitsmeldung muß im terrestrischen Seefunkdienst mit einem DSC-Sicherheitsanruf angekündigt werden. Sicherheitsanrufe werden im allgemeinen an alle Funkstellen gerichtet; sie können jedoch auch selektiv an eine FuSt oder an alle FuSt in einem bestimmten Seegebiet gerichtet werden. Wichtige, die Sicherheit der Seeschiffahrt betreffende Meldungen müssen der nächsten erreichbaren KüFuSt übermittelt werden.
Während bei DSC-Sicherheitsanrufen an eine KüFuSt der Arbeitskanal von der KüFuSt vorgegeben wird, werden an alle FuSt gerichtete Sicherheitsmeldungen gewöhnlich auf **Kanal 16** gesendet. Für den die Sicherheit betreffenden Funkverkehr zwischen Schiffen wird **Kanal 13**, der auch im Revier- und Hafenfunk verwendet wird, benutzt. Auf diesem Kanal soll eine Hörbereitschaft aufrechterhalten werden. Ein Schiff, das einen an alle FuSt gerichteten DSC-Sicherheits*anruf* empfängt, darf diesen nicht bestätigen. Es muß den Sprechfunkempfänger auf den genannten Kanal einstellen und die Sicherheitsmeldung abhören.

Aussenden einer Sicherheitsmeldung

Die Sicherheitsmeldung selbst wird wie bisher im Seefunk ausgestrahlt. Dabei darf die eigene FuSt nicht nur durch ihre neunstellige Rufnummer, sondern sie muß darüber hinaus auch durch ihr Rufzeichen oder andere Angaben gekennzeichnet werden:

SECURITE SECURITE SECURITE
AN ALLE FUNKSTELLEN
AN ALLE FUNKSTELLEN
AN ALLE FUNKSTELLEN
HIER IST
211 975 310 ARIES / DFHL
EIN TREIBENDER CONTAINER GESICHTET AUF POSITION 54-10 N 008-06 E
GEFAHR FÜR DIE SCHIFFAHRT

Sicherheitsmeldungen für die Seeschiffahrt (MSI-Meldungen)

Der Sicherheitsverkehr im GMDSS umfaßt auch die regelmäßigen Aussendungen von Sicherheitsmeldungen für die Seeschiffahrt, die auch als MSI (Maritime Safety Information) bezeichnet werden. Die Verbreitung erfolgt durch KüFuSt

1. im NAVTEX-System auf 518 kHz,
2. in einem NAVTEX-ähnlichen System auf Kurzwelle 4209 kHz,
3. im Seefunkdienst über Satelliten (EGC).

Nähere Angaben enthält das "Verzeichnis der Ortungsfunkstellen und der Funkstellen für Sonderfunkdienste".

Routineverkehr im GMDSS

Öffentlicher und nichtöffentlicher Funkverkehr

Der Verkehr einer FuSt, die der Allgemeinheit im Rahmen der Benutzungsbedingungen unbeschränkt zum Austausch von Nachrichten zur Verfügung steht, wird als **öffentlicher Funkverkehr** bezeichnet.

Im Gegensatz dazu steht der **nichtöffentliche Funkverkehr** z. B. zum Austausch schiffsbetrieblicher Nachrichten, durch welche ein reibungsloser und sicherer Ablauf des Schiffsverkehrs gewährleistet werden soll. Diese Funkstellen für den schiffsbetrieblichen Nachrichtenaustausch stehen der Allgemeinheit nicht zum Austausch von Nachrichten zur Verfügung.

Die bei KüFuSt übliche Unterscheidung zwischen KüFuSt für den öffentlichen und solchen für den nichtöffentlichen Funkverkehr ist auf Seite 28 dargestellt.

Der digitale Selektivruf DSC ist - mit Ausnahme von Not-, Dringlichkeits- und Sicherheitsmeldungen - nur im öffentlichen Funkverkehr zugelassen. Im nichtöffentlichen Seefunkverkehr muß weiterhin das offene Sprachanrufverfahren angewendet werden.

Digitaler Selektivruf (DSC) im öffentlichen Funkverkehr

Ein DSC-Anruf im öffentlichen Funkverkehr an eine KüFuSt oder an ein Schiff wird folgendermaßen vorbereitet:

1. Ruftyp wählen: Selective call (Einzelanruf)
2. Rufnummer (MMSI) eintippen
3. Arbeitskanal eingeben

(entfällt beim Anruf an eine KüFuSt; diese teilt den Arbeitskanal in ihrer Bestätigung mit)

Zur Vereinfachung der Bedienung werden die Priorität (Routine) und die Betriebsart (Sprechfunk, Simplex) automatisch vorgegeben. Sie können bei Bedarf geändert werden.

Bevor ein Gespräch im öffentlichen Funkverkehr zustande kommen kann, muß die gerufene FuSt den Empfang des DSC-Anrufes bestätigen. Die **DSC-Empfangsbestätigung** wird in der Regel automatisch gesendet, sofern der Anrufer es nicht versäumt hat, einen Kanal vorzugeben.

Nach Aussendung der Empfangsbestätigung (auf Kanal 70) werden gesteuerte UKW-Sprechfunkgeräte beider FuSt automatisch auf den vereinbarten Arbeitskanal umgeschaltet.

Die rufende FuSt nimmt den Verkehr im Sprechfunk mit folgendem Anruf auf:

211 234 560	gerufene FuSt (MMSI)
HIER IST	
211 654 320	rufende FuSt (MMSI)

Statt der neunstelligen Rufnummer können (und sollten) auch das Rufzeichen oder andere Angaben zur Kennzeichnung der FuSt gewählt werden. Der weitere Sprechfunkverkehr wird wie bisher abgewickelt.

Erhält die rufende FuSt keine Empfangsbestätigung, so darf sie frühestens nach 5 Minuten erneut einen DSC-Anruf aussenden. Sollte auch dieser Anruf unbeantwortet bleiben, so müssen weitere DSC-Anrufe für mindestens 15 Minuten zurückgestellt werden.

Gibt ein gerufenes Schiff in der Empfangsbestätigung an, daß es nicht in der Lage ist, den Verkehr sofort entgegenzunehmen, so soll es zurückrufen, sobald es dazu in der Lage ist.

Sollte hingegen eine KüFuSt ein Gespräch derzeit nicht entgegennehmen können, ist es üblich, daß die rufende FuSt etwas später erneut die KüFuSt anruft.

INMARSAT
Seefunkdienst über Satelliten

Seiten 91 bis 95: Praxiswissen, kein Prüfungsstoff

INMARSAT

Die Internationale Maritime Satelliten-Organisation INMARSAT mit Sitz in London betreibt das weltweit einzige Satellitennetz für mobilen Telefon-, Telefax-, Telex-, Daten- und Bildübertragungsverkehr. Mit vier geostationären Satelliten wird aus knapp 36000 km Höhe der ganze Globus - mit Ausnahme der Polkappen - "ausgeleuchtet". Jeder Satellit versorgt einen der vier Ausleuchtbereiche: Der Satellit AOR-E (Atlantic Ocean Region-East) auf 015,5 W bedient den Bereich Atlantik Ost, AOR-W auf 054 W den Bereich Atlantik West, POR auf 178 E den Pazifik und der Satellit IOR auf 064,5 E den Indischen Ozean. Ein betriebsbereites INMARSAT-Satellitentelefon kann von jedem öffentlichen Telefonanschluß aus direkt angewählt werden. Hierzu muß lediglich bekannt sein, in welchem Ausleuchtbereich sich die anzurufende Station gerade befindet. Die Vorwahlnummer des Ausleuchtbereichs / Satelliten kann dem Telefonbuch entnommen werden (z. B.: Atlantik Ost 00 871). Dieser Vorwahlnummer wird die Rufnummer des Satelliten-Telefons angehängt.

Das INMARSAT-Satellitennetz war zunächst für die Schiffahrt (Nachrichtenübermittlung, Not- und

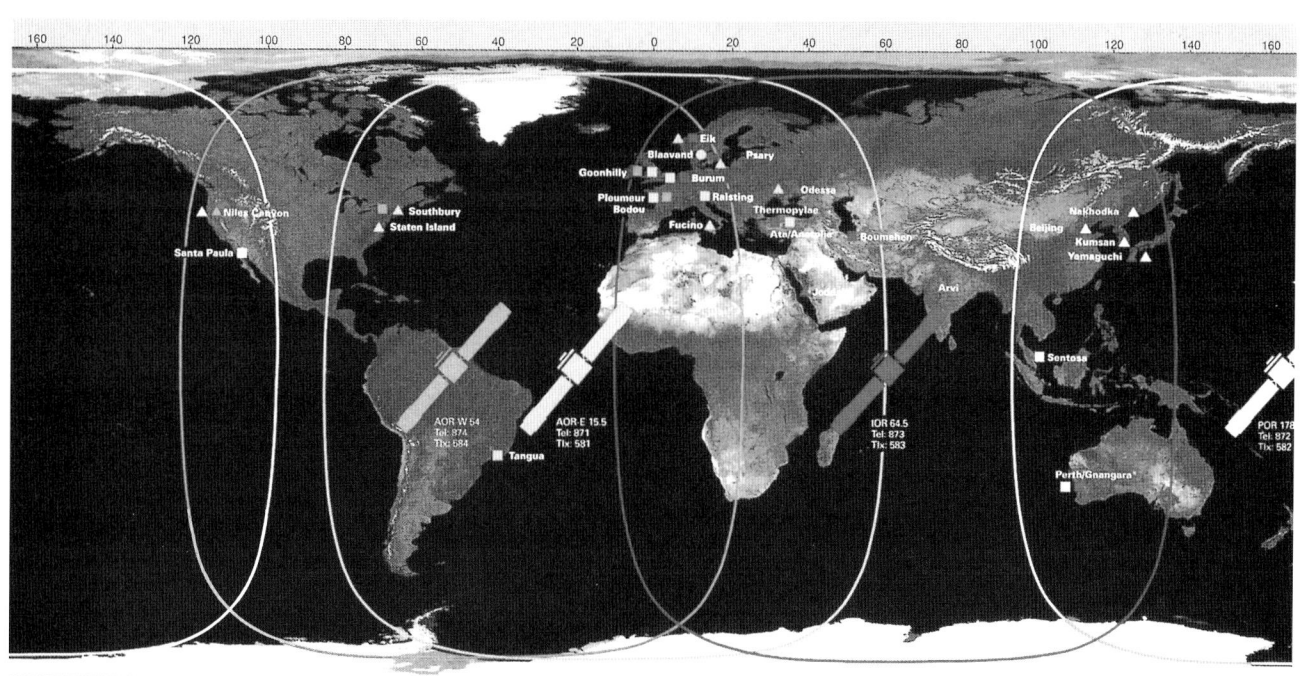

Die Ausleuchtbereiche der INMARSAT-Satelliten

Sicherheitsmeldungen) geschaffen worden. Inzwischen bedienen sich auch viele andere Organisationen und Firmen der INMARSAT-Dienste, zu denen es in Gebieten ohne terrestrisch gestützte Mobilfunksysteme derzeit keine Alternative gibt. Ende 1993 existierten weltweit 34500 INMARSAT-Anschlüsse, davon wurden 22000 im maritimen Bereich genutzt. In Deutschland waren Mitte 1995 etwa 1600 INMARSAT-Anschlüsse registriert, mehrheitlich im Landbereich.

Alle INMARSAT-Anlagen benötigen neben einer Stromversorgung (Netz / Akku) eine Sichtverbindung zum Satelliten. Tragbare Geräte können daher nur im Freien benutzt werden. Starker Regen kann die Verbindung unterbrechen. Wegen der langen Übertragungsstrecke von 4 x 36000 km entstehen im Sprechverkehr Pausen. Bis die Antwort auf eine Frage eintrifft, vergehen 0,7 Sekunden (bei INMARSAT-M noch etwas mehr). Dies erfordert eine gewisse Sprechdisziplin. Gelegentlich stört das hörbare Echo der eigenen Stimme etwas, was aber auch bei anderen Mobilfunkdiensten auftreten kann.

Seefunkdienst über Satelliten

Der Seefunkdienst über Satelliten stellt für die weltweite Schiffahrt eine Ergänzung zum "terrestrischen Seefunkdienst" auf Kurzwelle (KW), Grenzwelle (GW) oder Ultrakurzwelle (UKW) dar. Es ist anzunehmen, daß die zunehmende Verbreitung des Satellitenseefunks den terrestrischen Seefunk auf Grenz- und Kurzwelle bedeutungslos machen wird. Ein Schiff, das mit einer INMARSAT-Seefunkanlage ausgestattet ist, wird als **Schiffs-Erdfunkstelle** (SES, Ship Earth Station) bezeichnet. Die Verbindung zwischen Landanschlüssen und Satelliten erfolgt über Land-Erdfunkstellen, die im Seefunk jedoch als **Küsten-Erdfunkstellen** (CES, Coast Earth Station) bezeichnet werden.
Die deutsche Küsten-Erdfunkstelle liegt in Raisting / Oberbayern und kann die Satelliten Atlantik Ost und Indischer Ozean erreichen. Bei Anwahl eines anderen Satelliten (z. B. Pazifik 00 872) wird zunächst ein "Routeing" zu einer Küsten-Erdfunkstelle geschaltet, die im Ausleuchtbereich des gewünschten Satelliten liegt (z. B. Santa Paula / USA für den Pazifik). Schiffs-Erdfunkstellen, die eine direkte Verbindung über Raisting aufnehmen wollen, müssen sicherstellen, daß die Antenne auf einen der beiden Satelliten Atlantik Ost oder Indischer Ozean eingestellt ist.

Die INMARSAT bietet ihre Leistungen in verschiedenen "Diensten" an.

INMARSAT-A-Dienst

Der **INMARSAT-A**-Dienst ermöglicht Direktverbindungen mit dem öffentlichen Telefonnetz sowie Telexbetrieb und Datenübertragungen. Die Nutzung kommt nur auf sehr großen Yachten in Frage, weil dazu eine ca. 1 m große Parabolantenne benötigt wird (Antennendom). Die Anschaffungskosten und Gesprächsgebühren sind hoch. Der **INMARSAT-A-HSD**-Dienst (High-Speed-Data) bietet Sprach- und Videoübertragungen in Studioqualität.

Parabolantenne 145 cm (H) x 142 cm (D), 90 kg

INMARSAT-B-Kompaktanlage

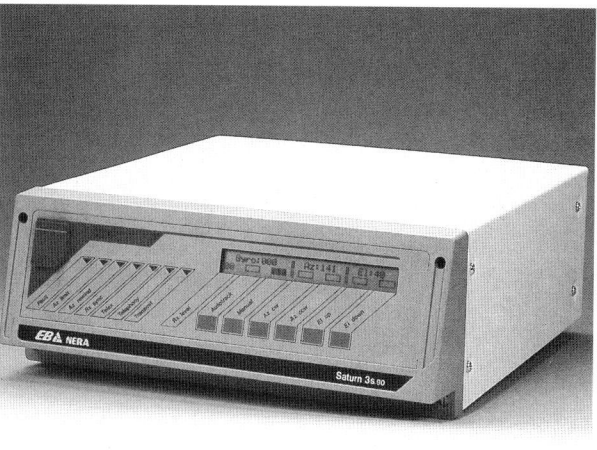

INMARSAT-C-Gerät

INMARSAT-B-Dienst

Seit 1995 ist **INMARSAT-B** verfügbar, die digitale, preisgünstige Nachfolgeversion von INMARSAT-A.

INMARSAT-C-Dienst

Der deutlich langsamere **INMARSAT-C**-Dienst erlaubt keine Sprachübertragung. Er wurde für Fernschreibverbindungen im Store-and-Forward-Verfahren geschaffen; DÜ-Verkehr zwischen Computern, Fax und E-Mail sind mit entsprechender Zusatzausrüstung ebenfalls möglich.

Zur Teilnahme am INMARSAT-C-Dienst ist ein INMARSAT-C-Terminal erforderlich. Die zugehörige Antenne ist auch an Bord einer kleineren Yacht gut unterzubringen. Eine Klasse-3-Anlage ermöglicht den ständigen Empfang von MSI-Nachrichten und Notalarmen, während mit einer Klasse-2-Anlage nur ein Empfang möglich ist, solange mit dem Gerät nicht gesendet wird.

INMARSAT-E-Dienst

Die von einer Seenotfunkbake auf 1,6 GHz (L-Band) ausgestrahlten Signale werden über **INMARSAT-E** übertragen.
Zum INMARSAT-E-Dienst gehören auch "erweiterte Gruppenrufe" (enhanced group calls). Dazu zählen z. B. weiterübermittelte Notmeldungen sowie Sicherheitsmeldungen für ein bestimmtes Seegebiet (etwa Hurrikan-Warnungen). Die Übertragung solcher Meldungen kann auch im INMARSAT-A-, -B- und -C-Dienst erfolgen.

INMARSAT-M-Dienst

Der **INMARSAT-M**-Dienst ist die für Telefon, Fax und DÜ kostengünstige Alternative zu INMARSAT-B. Maritime INMARSAT-M-Mobilfunktelefone arbeiten mit Parabol-Antennen von etwa 50 cm Durchmesser, wodurch die Anlagen auf Yachten ab etwa 14 m Länge verwendbar sind. Nach dem Einschalten sucht die Antenne automatisch den passenden Satelliten, das Gerät ist etwa nach 2 Minuten einsatzbereit.

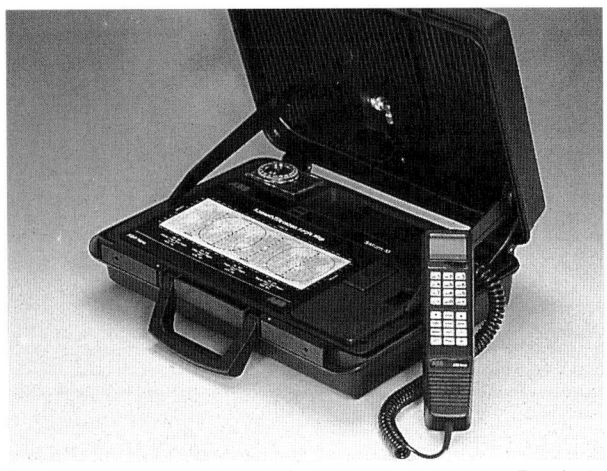
INMARSAT-M-Landfunkanlage, Antenne im Deckel

INMARSAT-M-Antenne, 68 cm (H) x 56 cm (D)

INMARSAT-Mini-M, INMARSAT-Phone

Die 1997 in Betrieb genommenen Satelliten der 3. Generation läuten den Weg zum Satelliten-Handy (s. Seite 95) ein. Mit einer neuen Spot-Beam-Technologie decken diese Satelliten neben den Kontinenten auch die meisten Meere ab; lediglich Teile des Südatlantiks, des Indischen und des Pazifischen Ozeans fehlen.

Anlagen für den maritimen Bereich werden voraussichtlich 1998 verfügbar und wiederum preisgünstiger sein. Die stabilisierten Parabolantennen werden nur noch einen Durchmesser etwa 20 cm haben und ebenfalls eigenständig einen Satelliten suchen.

INMARSAT-M- und INMARSAT-Mini-M-Anlagen zählen nicht zur GMDSS-Ausrüstung. Es gibt widersprüchliche Ansichten darüber, ob eine Bedienung von INMARSAT-M- oder INMARSAT-Mini-M-Anlagen auf deutschen Schiffen ohne Seefunkzeugnis gestattet ist.

Auslösen eines Notalarms mit einem INMARSAT-M-Seefunktelefon

Wichtiger Hinweis: Nicht alle Küsten-Erdfunkstellen können eine Direktverbindung zu einer Seenotleitstelle (MRCC) herstellen. Aus Sicherheitsgründen sollte ein betriebsbereites Satellitentelefon immer auf eine Küsten-Erdfunkstelle eingestellt sein, die Notrufe automatisch weiterleiten kann.

1. Hörer abnehmen, Freizeichen abwarten.
2. Schutzkappe über dem Notknopf entfernen und Notknopf mindestens 6 Sekunden lang gedrückt halten.
3. #-Taste drücken.
4. Die Rettungsleitstelle (Maritime Rescue Coordination Center, MRCC) meldet sich.

Anmerkung: Notrufe erhalten automatisch die höchste Priorität, so daß auch bei Überlastung des Systems eine schnelle Verbindung gewährleistet ist.

Seefunkzeugnis

Die Bedienung einer Seefunkanlage für den INMARSAT-A-, B- oder C-Dienst und die Teilnahme am GMDSS erfordern eine eingehende theoretische und praktische Schulung, z. B. an einer Seefahrtschule.
Auf deutschen Schiffen darf der Seefunkdienst über Satelliten nur von Inhabern des Allgemeinen Betriebszeugnisses ausgeübt werden.

Nutzung von Schiffs-Erdfunkstellen in fremden Küstengewässern

Während einer Nutzung der INMARSAT-Dienste auf hoher See, also außerhalb der Hoheitsgebiete einzelner Staaten, nichts im Wege steht, ist der Satellitenfunk in verschiedenen Ländern - zum Teil in Häfen, zum Teil in den jeweiligen Hoheitsgewässern, zum Teil in beiden - untersagt oder nur mit Auflagen gestattet.
Eine Übersicht über die Einsatzmöglichkeiten von INMARSAT-Geräten in den einzelnen Ländern enthalten die Mitteilungen für Seefunkstellen MfS 1/94, welche den Stand nach dem 1993 in Kraft getretenen "Internationalen Übereinkommen über die Benutzung von INMARSAT-Schiffs-Erdfunkstellen" wiedergeben.

Weiterführende Literatur

Weitere Informationen enthält auch das Manual for Use by the Maritime Mobile and Maritime Mobile-Satellite Services (Handbuch für den mobilen Seefunkdienst und den mobilen Seefunkdienst über Satelliten), das von der Internationalen Fernmelde-Union (UIT), Genf, herausgegeben wird.

Satellitentelefone

Der Schwerpunkt der Entwicklung im Satelliten-Mobilfunk liegt wegen der höheren Absatzzahlen bei den an Land verwendbaren Geräten. Die Landversionen der Satellitenfunkanlagen sind kleiner und preisgünstiger, weil die Antennen nicht stabilisiert sein müssen (um die Bewegungen des Schiffes auszugleichen). Ein INMARSAT-M-Satellitentelefon hat die Größe eines Aktenkoffers; die Antenne ist in den abnehmbaren Deckel eingebaut. Das Gewicht beträgt 9 kg.

Satellitentelefone können nur eingesetzt werden, wo eine Sichtverbindung zum Satelliten besteht. Um die Betriebsbereitschaft herzustellen, muß die flächige Antenne auf den Satelliten ausgerichtet werden.

An Bord einer Yacht sind Satellitenmobilfunktelefone nur bei sehr guten Wetterbedingungen einsetzbar, da eine Kursänderung von wenigen Grad bereits die Satellitenverbindung unterbricht. Seefunktelefone führen die Antenne automatisch dem Satelliten nach und bieten darüber hinaus den Vorteil, im Notfall schnell eine Telefonverbindung zu einer Rettungsleitstelle herstellen zu können (siehe Kasten Seite 94).

Das seit Juli 1997 lieferbare INMARSAT-Phone wiegt nur noch 2 kg und hat die Größe eines Laptops. Damit kann man telefonieren, Faxe verschicken und Daten übertragen. Wenn das Telefon betriebsbereit und im Satelliten eingebucht ist, was einen vollen Akku und eine auf den Satelliten ausgerichtete Antenne erfordert, ist man weltweit unter ein und derselben Nummer erreichbar.

Derzeit bereiten neben INMARSAT auch andere Organisationen den Aufbau eines Satellitennetzes vor, so z. B. das private Unternehmen Iridium, das Ende 1998 ein weltweit einsetzbares Handy zur Marktreife bringen möchte.

5. Bedienung eines DSC-Controllers

Bedeutung der Tasten, Grundeinstellung

Ausbildung und Prüfung an zwei DSC-Controllern DEBEG 3817

Das Bundesamt für Post und Telekommunikation (BAPT) führt Prüfungen zum Erwerb von Betriebszeugnissen - in eigenen Räumen - mit zwei DEBEG-DSC-Controllern 3817 durch, die - anstatt über Funk - durch ein Kabel verbunden sind. So kann ein Praxisbetrieb simuliert werden. Allerdings verfügen die DEBEG-DSC-Controller 3817 - im Gegensatz zum Typ 3817R - weder über einen integrierten Kanal-70-Empfänger noch steuern sie ein angeschlossenes Funkgerät. Für Prüfungszwecke kann darauf verzichtet werden, die Einstellung des jeweiligen UKW-Kanals muß dann von Hand erfolgen.

An Bord eines Schiffes wäre eine solche Geräteausstattung schlecht geeignet. Ohne Fernsteuerung geht der große Vorteil der automatischen Kanaleinstellung verloren. Und ohne eigenen Kanal-70-Empfänger ist der DSC-Controller nur empfangsbereit, wenn das Funkgerät nicht benutzt wird. Dies könnte sich im Notfall, wo gleichzeitige Empfangsbereitschaft auf den Kanälen 70 und 16 sichergestellt sein sollte, als äußerst nachteilig erweisen.

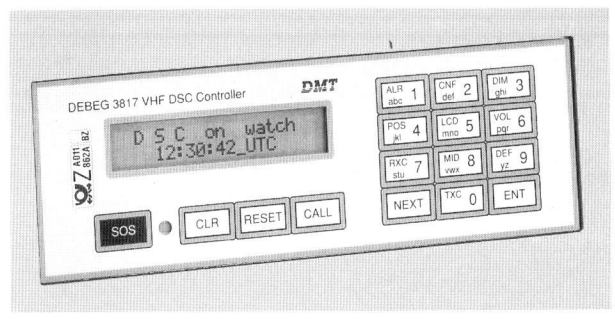

Bedeutung der Tasten

Mit Ausnahme der Tasten SOS und RESET ist die Tastatur mehrfach belegt, d. h. die Funktion der Tasten ist nicht eindeutig, sondern vom Betriebszustand des Controllers abhängig.

SOS	Vorbereitung eines Notrufs
RESET	Rückkehr in die Grundeinstellung
CLR	1. Löschen der zuletzt eingegebenen Zahl
	2. Blinken der Anzeige beenden
CALL	Vorbereiten oder Senden eines Rufes
NEXT	1. Nächste Möglichkeit
	2. Anzeige der letzten empfangenen Anrufe - außer Notalarmen
ENT	1. Genauere Beschreibung des Rufes
	2. Quittieren einer Einstellung
	3. Senden nach Einstellung des UKW-Gerätes auf Kanal 70

SENDEN : CH 70 !
SPRECHEN : CH 72 !
→Notfall : CH 16 !

Sonderfunktionen der Zehnertastatur

Die Kenntnis der Sonderfunktionen der Tasten 0, 4 und 7 wird zum Teil auch in der Prüfung gefordert:

- 0 TXC = Vorbereiten, Anzeigen und Speichern von Anrufen
- 4 POS = Anzeigen und Aktualisieren der derzeitigen Position
- 7 RXC = Anzeigen der empfangenen Notalarme

Die Sonderfunktionen der übrigen Tasten sollte man kennen, obwohl sie in der Prüfung selten vorkommen:

- 1 ALR = Alarmwahl (interner und / oder externer Alarm bei einem Anruf)
- 2 CNF = Einstellung und Testen der Konfiguration
- 3 DIM = Dimmen der Tastatur
- 5 LCD = Kontrasteinstellung der LCD-Anzeige
- 6 VOL = Lautstärkeregler des Alarms
- 8 MID = Anzeige der eigenen MMSI-Rufnummer
- 9 DEF = Anzeigen und Ändern gespeicherter MMSI- und Tel.- Nummern; über die Zehnertastatur können hier auch Buchstaben eingegeben werden (z. B. 3 x Taste 2 = F)

Darstellung

In den anschließenden Beschreibungen werden das Drücken einer Taste (z. B. ENT) und die sich daraus ergebende Display-Anzeige so dargestellt:

```
  ENT
```

```
       transmitting
     distress  undesignate
```

Grundeinstellung

Bei der folgenden Display-Anzeige befindet sich der DSC-Controller 3817 in der Grundeinstellung. Sie zeigt die Betriebsbereitschaft (DSC on watch) und die Uhrzeit (UTC) an.

```
      DSC  on  watch
      14:27:31  UTC
```

Der DSC-Controller besitzt keinen Ein-/Aus-Schalter. Wird das Gerät mit Strom versorgt, erscheint wenige Sekunden später automatisch die Grundeinstellung auf dem Display.

Vor jedem Gebrauch des DSC-Controllers ist die Grundeinstellung wiederherzustellen (RESET-Taste drücken). Lediglich zur Abgabe eines Notalarms kann (ohne den Umweg über die Grundeinstellung) in jedem Zustand sofort die SOS-Taste gedrückt werden.

Drei grundsätzliche Möglichkeiten

Aus der Grundeinstellung heraus bieten sich drei grundsätzliche Möglichkeiten, Einstellungen an einem DSC-Controller DEBEG 3817 vorzunehmen:

1. SOS-Taste:
   Vorbereitung zum Senden eines Notalarms
2. CALL-Taste oder TXC / 0-Taste:
   Vorbereitung zum Senden eines DSC-Rufes (Dringlichkeits-, Sicherheits- oder Routineruf); Anzeigen gesendeter Rufe (nur TXC / 0-Taste)
3. Tasten 1 bis 9:
   Anzeigen empfangener Notalarme, Anzeigen und Erfassen von Kurzwahlnummern, Einstellungen des Gerätes und der eigenen MMSI

DSC-Routineverkehr zwischen Schiffen

Zuordnung für diesen Abschnitt

Rufendes Schiff: 211 222 440
Gerufenes Schiff: 211 222 330

Selektivruf im Schiff-Schiff-Verkehr (Routine) ohne Vorschlag eines Kanals

Ein Schiff-Schiff-Anruf ist ein Selektivruf. Um einen neuen Selektivruf einzugeben, muß sich das Gerät zunächst in der Grundeinstellung befinden.

(RESET)

```
        DSC  on  watch
        05:44:31  UTC
```

Die Eingabe eines neuen Anrufes kann durch Drücken der Taste CALL oder der Taste TXC / 0 eingeleitet werden.
Zuerst wird die Variante mit CALL durchgespielt:

(CALL)

```
      edit: ENT;   repeat: CALL
      send  saved  call: 0 .. 9
```

Diese Anzeige besagt: Durch Drücken der Taste

ENT   wird ein neuer Ruf erstellt (editiert),
CALL   wird der letzte Ruf wiederholt (repeat) (Taste für Wahlwiederholung), und mit den Tasten
0 bis 9   wird ein gespeicherter Ruf gesendet (send saved call).

Mit ENT kann ein neuer Ruf erstellt werden.

(ENT)

```
         type  of  call
         dialphone  call
```

Die Bedeutung dieser Anzeige und der weitere Fortgang werden unten erläutert.
Die zweite Variante mit TXC / 0 führt zu:

(TXC 0)

```
      new: ENT    sent: NEXT
      saved call:          0 .. 9
```

Wie zuvor gibt es drei Möglichkeiten: Mit

ENT   kann ein neuer (new) Anruf eingegeben werden,
NEXT   können die zuletzt gesendeten Rufe (sent = gesendet) angezeigt werden, und durch eine der Tasten
0 bis 9   wird ein gespeicherter Ruf (saved call) eingeblendet.

Mit ENT kommt man ebenfalls zur obigen Anzeige:

(ENT)

```
         type  of  call
         dialphone  call
```

Diese Anzeige leitet die Auswahl des Anruftyps (type of call) ein. Die erste angezeigte Möglichkeit ist der Direktwähl-Ruf (dialphone call, s. Seite 111). Damit kann (im Sendebereich einer KüFuSt) automatisch ein Anschluß im öffentlichen Telefonnetz angewählt werden. Eine Direktwahl ist über deutsche KüFuSt nicht möglich.

Mehrfaches Drücken der Taste NEXT zeigt, welche weiteren Möglichkeiten bestehen:

(NEXT)

```
type of call
selective call
```

Der nächste mögliche Anruftyp (type of call) ist ein Selektivruf (selective call).
Mit einem Selektivruf kann eine andere FuSt angerufen werden. Dieses kann eine KüFuSt oder ein Schiff (mit DSC-Controller) sein.

(NEXT)

```
type of call
all ships call
```

Ein all-ships-call ist ein Ruf an alle FuSt. Damit werden alle im Sendebereich befindlichen Schiffe und KüFuSt gleichzeitig angerufen.

(NEXT)

```
type of call
special call
```

Mit einem special call können z. B. Gruppen- oder Gebietsanrufe durchgeführt oder Notalarme weiterübermittelt werden. Die sich mit einem special call ergebenden Möglichkeiten werden auf Seite 137 ff vorgestellt.

Durch zweimaliges Drücken der Taste NEXT kehrt man zum Selektivruf zurück:

(NEXT)

```
type of call
dialphone call
```

(NEXT)

```
type of call
selective call
```

Mit der Taste ENT wird der Selektivruf aus den angebotenen Möglichkeiten ausgewählt:

(ENT)

```
radio station MMSI #
- - - - - - - - -
```

Mit dieser Anzeige wird der Bediener aufgefordert, die MMSI der gerufenen FuSt (radio station) einzugeben.

Nun wird 211 222 330 eingetippt:

```
radio station MMSI #
211222330
```

Die Eingabe wird mit ENT abgeschlossen:

```
   ENT
```

```
       transmit:  CALL
   show: NEXT   save: 0 .. 9
```

Nun ist die Eingabe des Rufes abgeschlossen. Das Gerät bietet drei Varianten an: Mit

CALL	wird der Ruf gesendet, mit
NEXT	wird der vollständige Ruf angezeigt, und mit einer der Tasten
0 bis 9	kann er auf dem betreffenden Speicherplatz abgelegt werden

Der Ruf soll gesendet werden:

```
   CALL
```

```
    manual tune then: ENT
         channel  #:  70
```

Nach Drücken der Taste CALL erscheint die obige Anzeige.

Sie besagt, daß dieser DSC-Controller nicht an eine ferngesteuerte UKW-Sprechfunkanlage angeschlossen ist, so daß der Anruf auch nicht automatisch gesendet werden kann. Das angeschlossene UKW-Sprechfunkgerät muß vielmehr manuell eingestellt werden (manual tune), d. h. es ist Kanal 70 zu wählen, und anschließend ist dies auf dem DSC-Controller mit der Taste ENT zu quittieren.

Um den Bediener darauf hinzuweisen, daß sonst der Anruf nicht gesendet werden kann, piept der DSC-Controller. Das Piepen verstummt nach dem Drücken der ENT-Taste.

Mit einer ferngesteuerten Funkanlage wird diese Anzeige übersprungen und sofort gesendet.

Hier muß zum Senden also die Taste ENT gedrückt werden. Gleichzeitig erscheint die folgende Anzeige auf dem Display:

```
   ENT
```

```
          transmitting
       selcall     routine
```

Sie besagt, daß nun ein Selektivruf in der Rangfolge Routine gesendet (transmitting) wird.
Nach etwa einer halben Sekunde springt die Anzeige automatisch um auf:

```
        waiting  for  ackn
       selcall      routine
```

Das Gerät wartet nun auf eine Bestätigung (waiting for acknowledgement) des Selektivrufs. Sollte in den nächsten 5 Minuten keine Bestätigung eingehen, so schaltet die Anzeige um auf

```
       no acknowledge call
              received
```

und teilt mit, daß es keinen Bestätigungsanruf (acknowledge call) erhalten (received) hat. Nun darf ein erneuter Anruf durchgeführt werden.
Der vorgestellte Ablauf stellt die einfachste Form eines DSC-Anrufes dar. Vor der Behandlung weiterer Möglichkeiten der Editierung von DSC-Anrufen soll zunächst beschrieben werden, wie dieser Anruf auf dem gerufenen Schiff ankommt und dort beantwortet werden kann.

Empfang und Bestätigung eines Selektivrufs (Routine) ohne Angabe eines Kanals

Durch den zuvor beschriebenen Anruf piept der gerufene DSC-Decoder 211 222 330 und meldet sich mit der blinkenden Anzeige:

```
R00: 211222440; CH_ _; S
     selcall     routine
```

Sie besagt, daß der Ruf R00 des Schiffes 211 222 440 eingegangen ist. Ein Kanal wird nicht vorgeschlagen (CH_ _), das Gespräch soll im Simplex-Betrieb (S) abgewickelt werden. Es handelt sich um einen Selektivruf (selcall) im Routineverkehr, also nicht um einen Ruf an alle Schiffe und auch nicht um einen Notfall, eine Dringlichkeits- oder Sicherheitsmeldung.

Das Gerät zeigt in diesem Zustand nicht an, welche Bedienungsmöglichkeiten bestehen:

CLR   schaltet das Blinken ab.
ENT   zeigt den Ruf an (Fortsetzung der Anzeige mit NEXT).
CALL   Vorbereitung der Bestätigung.

Es soll hier darauf verzichtet werden, den eingegangenen Ruf anzuzeigen, vielmehr soll er gleich bestätigt werden:

```
CALL
```

```
able to comply:        0
not able to comply:    1
```

Der Controller fragt nun, ob das gerufene Schiff bereit ist, dem Gesprächswunsch nachzukommen (able to comply) oder nicht (not able to comply).

Angenommen, das Gespräch soll entgegengenommen werden:

```
0
```

```
transmit:  CALL
show: NEXT   save: 0 .. 9
```

Mit CALL kann die Bestätigung gesendet, mit NEXT kann sie wiederum angezeigt, mit einer der Tasten 0 bis 9 gespeichert werden.

Die Bestätigung soll sofort gesendet werden.

```
CALL
```

```
working   channel
CH _ _
```

Der DSC-Controller führt den Sendebefehl noch nicht aus, da noch kein Arbeitskanal festgelegt ist, auf dem das Gespräch abgewickelt werden soll. Weil der Anrufer keinen Kanal vorgeschlagen hatte, muß dies nun die gerufene FuSt übernehmen.

Im Schiff-Schiff-Verkehr zwischen Sportbooten wählt man z. B. Kanal 72:

```
working   channel
CH 72
```

Die Eingabe muß mit ENT abgeschlossen werden.

```
ENT
```

```
┌─────────────────────────────────┐
│      transmit:  CALL            │
│      show: NEXT   save: 0 .. 9  │
└─────────────────────────────────┘
```

Drücken der Taste CALL veranlaßt - da kein ferngesteuertes UKW-Sprechfunkgerät angeschlossen ist - wieder den bekannten Ablauf (s. Seite 100):

```
┌─────────┐
│  CALL   │
└─────────┘
┌─────────────────────────────────┐
│     manual tune then: ENT       │
│         channel  #:  70         │
└─────────────────────────────────┘
```

Wieder piept das Gerät, weil ENT gedrückt werden muß.

```
┌─────────┐
│   ENT   │
└─────────┘
┌─────────────────────────────────┐
│         transmitting            │
│         selcall  able           │
└─────────────────────────────────┘
```

Jetzt wird die Bestätigung gesendet; die gerufene FuSt ist zur Abwicklung eines Gespräches bereit.

```
┌─────────────────────────────────┐
│     manual tune then: ENT       │
│         channel  #:  72 _       │
└─────────────────────────────────┘
```

Mit erneutem Piepen wird mitgeteilt, daß das (nicht ferngesteuerte) Funkgerät nun auf Kanal 72 einzustellen (ginge sonst automatisch) und der Anruf des rufenden Schiffes abzuwarten ist.

Die gleiche piepende Anzeige erscheint auch auf dem DSC-Controller 211 222 440. Sie fordert das rufende Schiff auf, nun Kanal 72 auf dem UKW-Sprechfunkgerät einzustellen (dies erfolgt bei ferngesteuertem Funkgerät automatisch) und im offenen Sprachanrufverfahren das Schiff 211 222 330 zu rufen. Ist dessen Name bekannt, so kann es herkömmlich mit Schiffsnamen und Rufzeichen angesprochen werden, ansonsten reicht die MMSI aus. Dann könnte der Anruf so erfolgen:

Kanal 72

211 222 330
HIER IST
211 222 440
ICH HABE SIE ANGERUFEN, UM ...
OVER

211 222 440
HIER IST
211 222 330
VIELEN DANK FÜR IHREN ANRUF.
ICH KANN IHNEN ANTWORTEN, DASS ...
OVER

Zusammenfassung

Ein DSC-Selektivruf (Routine) ohne Vorschlag eines Kanals erfordert immer, daß die gerufene FuSt den Arbeitskanal festlegt. Das ist beim Anruf einer KüFuSt normal, beim Anruf eines anderen Schiffes jedoch unüblich, weil dazu auf dem anderen Schiff die Bestätigung manuell eingeben werden muß.

Wird hingegen im Schiff-Schiff-Verkehr der Arbeitskanal im DSC-Selektivruf sofort angegeben, so kann die Bestätigung automatisch erfolgen.

Daher soll zunächst beschrieben werden, wie einem DSC-Selektivruf im Schiff-Schiff-Verkehr gleich der Arbeitskanal hinzugefügt werden kann.

Daran anschließend wird gezeigt, wie eine automatische Bestätigung abläuft und wie - bei abgeschalteter Automatik oder bei einem Selektivruf ohne Angabe eines Arbeitskanals - eine ein Gespräch ablehnende Bestätigung gesendet werden kann.

Selektivruf im Schiff-Schiff-Verkehr (Routine) mit Angabe eines Kanals

Aus der Grundeinstellung wird wie auf Seite 98 beschrieben die Vorbereitung eines DSC-Rufs begonnen. Mit zwei Tastatureingaben (CALL oder TXC / 0 und ENT) ist man bei der bekannten Geräteanzeige

```
    type of call
   dialphone call
```

und mit NEXT am Selektivruf angelangt:

(NEXT)

```
    type of call
   selective call
```

Wie zuvor wird mit ENT in den Selektivruf abgezweigt:

(ENT)

```
  radio station MMSI #
   - - - - - - - - -
```

Wieder wird die MMSI der gerufenen FuSt 211 222 330 eingegeben und mit ENT bestätigt:

(ENT)

```
   transmit: CALL
  show: NEXT  save: 0 .. 9
```

Das Gerät bietet hier wieder die drei bekannten Möglichkeiten an: Mit

- CALL kann sofort gesendet werden (Achtung: Um einen Kanal eingeben zu können, darf der Ruf nicht sofort gesendet werden, sondern er muß zunächst angezeigt werden!),
- NEXT kann der Ruf angezeigt und mit den Tasten
- 0 bis 9 auf dem entsprechenden Speicherplatz abgelegt werden.

Der Ruf muß nun zunächst angezeigt werden, weil nur bei der Anzeige des Rufes der Arbeitskanal eingegeben werden kann.

Für die Anzeige ist ein mehrfaches Drücken der Taste NEXT erforderlich.

(NEXT)

```
    type of call
   selective call
```

Dieser Anruftyp (type of call) ist ein Selektivruf (selective call).

(NEXT)

```
  radio station MMSI #
      211222330
```

Die gerufene FuSt (radio station) hat die MMSI 211 222 330.

(NEXT)

```
      priority
      routine
```

Es handelt sich um einen Ruf der Rangfolge (priority) Routine.

(NEXT)

```
   communication   type
 phone                  simplex
```

Die Art der Verbindung (communication type) ist Sprechfunk (phone) im Simplex-Betrieb.

(NEXT)

```
      additional  info
       no   information
```

Zusätzliche (additional) Informationen liegen nicht vor.

(NEXT)

```
      working  channel
       no   information
```

Nun ist man beim Arbeitskanal (working channel) angelangt. Die angezeigte Einstellung kann durch Drücken der Taste CLR geändert werden:

(CLR)

```
      working  channel
          CH _ _
```

Im Schiff-Schiff-Verkehr zwischen Sportbooten wird Kanal 72 (oder 69) gewählt. Durch Eingabe von 72 erscheint:

```
      working  channel
          CH 72
```

Die Eingabe wird mit ENT abgeschlossen. Gleichzeitig ist die Anzeige abgeschlossen, der Controller kehrt zum Beginn der Anzeige zurück.

(ENT)

```
       type  of  call
       selective  call
```

Durch nochmaliges ENT erscheint wieder der Ausgangspunkt:

(ENT)

```
      transmit:  CALL
    show: NEXT   save: 0 .. 9
```

Nunmehr kann gesendet werden:

```
┌─────────────┐
│    CALL     │
└─────────────┘
┌─────────────────────────────────┐
│    manual tune then: ENT        │
│        channel  #:  70_         │
└─────────────────────────────────┘
```

Wieder piept das Gerät, weil Kanal 70 eingestellt und ENT gedrückt werden muß.

```
┌─────────────┐
│     ENT     │
└─────────────┘
┌─────────────────────────────────┐
│         transmitting            │
│      selcall   routine          │
└─────────────────────────────────┘
```

Jetzt wird der Selektivruf (Routine) gesendet. Knapp eine Sekunde später springt die Anzeige um:

```
┌─────────────────────────────────┐
│       waiting  for  ackn        │
│      selcall          routine   │
└─────────────────────────────────┘
```

Das Gerät wartet nun auf die Bestätigung (waiting for acknowledgement) des Selektivrufes (selcall) im Routineverkehr. Diese Bestätigung wird umgehend eingehen, sofern der Controller des gerufenen Schiffes auf "automatische Bestätigung" eingestellt ist. Der Eingang der Bestätigung löst ein Piepen aus, und auf dem Display wird angezeigt:

```
┌─────────────────────────────────┐
│    manual tune then: ENT        │
│        channel  #:  72 _        │
└─────────────────────────────────┘
```

Damit wird der Bediener aufgefordert, Kanal 72 einzuschalten und (wie auf Seiten 90 und 102 beschrieben) das Gespräch zu beginnen. Bei einem ferngesteuerten Funkgerät entfällt die obige Anzeige; der Controller schaltet dann Kanal 72 selbst ein.

Empfang und automatische Bestätigung eines DSC-Selektivrufes (Routine)

Die Standardeinstellung des DEBEG-DSC-Controllers 3817 beinhaltet ein automatisches Senden von Empfangsbestätigungen nach Selektivanrufen im Routineverkehr.

Dies ist jedoch nur bei einem Anruf mit Vorschlag eines Arbeitskanals möglich, sofern das UKW-Sprechfunkgerät vom Controller ferngesteuert wird. Dann ertönt mehrfaches Piepen, es erscheint auf dem Display der gerufenen FuSt die folgende Anzeige, und das Funkgerät wird automatisch auf Kanal 72 eingestellt:

```
┌─────────────────────────────────┐
│   R00:  211222440;  CH  72;  S  │
│   selcall               routine │
└─────────────────────────────────┘
```

Damit wird der Bediener der angerufenen FuSt darüber informiert, daß von der FuSt 211 222 440 ein Selektivruf (selcall) mit der Priorität Routine eingegangen und im Speicher R00 abgelegt ist. Das Gespräch wird auf UKW-Kanal 72 (CH 72) im Simplex-Betrieb abgewickelt. Sobald Kanal 72 frei ist, wird 211 222 440 sich mit der auf Seite 90 wiedergegebenen Meldung melden.

Steuert - wie bei den Prüfungs- und Ausbildungsgeräten üblich - der DSC-Controller nicht das UKW-Sprechfunkgerät, so zeigt der piepende Controller:

```
┌─────────────────────────────────┐
│    manual tune then: ENT        │
│        channel  #:  70          │
└─────────────────────────────────┘
```

Jetzt muß zuerst Kanal 70 eingestellt und dann ENT gedrückt werden. Erst danach kann die Bestätigung gesendet werden.

```
┌─────────┐
│   ENT   │
└─────────┘
```

```
┌───────────────────────────────────┐
│         transmitting              │
│         selcall  able             │
└───────────────────────────────────┘
```

Nach dem Drücken von ENT wird knapp eine Sekunde lang die obige Anzeige eingeblendet. Sie informiert darüber, daß eine Bestätigung mit der Bereitschaft (able), einen Selektivruf (selcall) zu empfangen, gesendet wird (transmitting).

Danach springt die Anzeige um auf:

```
┌───────────────────────────────────┐
│      manual tune then: ENT        │
│          channel #: 72 _          │
└───────────────────────────────────┘
```

Der Bediener wird wieder mit mehrmaligem Piepen zum Umschalten auf Kanal 72 aufgefordert, weil hier der Anruf erwartet wird.

Empfang und manuelle Bestätigung eines DSC-Selektivrufes (Routine)

Ist der DEBEG-DSC-Controller 3817 auf manuelles Senden einer Empfangsbestätigung nach Eingang eines Selektivrufes eingestellt, so ist der Ablauf nach Eingang eines Routine-Selektivrufes ähnlich.

Wie nach dem Eingang eines Selektivrufes blinkt die folgende Anzeige:

```
┌───────────────────────────────────┐
│   R00: 211222440;  CH  72;  S     │
│        selcall      routine       │
└───────────────────────────────────┘
```

Gleichzeitig piept es. Das Blinken und Piepen kann durch Drücken der Taste CLR unterdrückt werden.

Die Anzeige besagt, daß der eingegangene Routineruf im Speicher R00 abgelegt ist und von dem Schiff 211 222 440 stammt. Es soll auf Kanal 72 (CH 72) im Simplex-Betrieb ein Routinegespräch geführt werden.

Durch ENT können Einzelheiten des Rufes angezeigt, mit CALL kann eine Bestätigung eingeleitet werden.

Es soll sogleich eine Bestätigung gesendet werden:

```
┌──────────┐
│   CALL   │
└──────────┘
```

```
┌───────────────────────────────────┐
│   able to comply:           0     │
│   not able to comply:       1     │
└───────────────────────────────────┘
```

Der Controller fragt wieder, ob das gerufene Schiff bereit ist, dem Gesprächswunsch nachzukommen (able to comply) oder nicht (not able to comply).

0 führt zu der gleichen Bestätigung, wie sie im letzten Abschnitt automatisch erzeugt wurde:

```
╭─────────╮
│    0    │
╰─────────╯
```

```
┌─────────────────────────────────┐
│     transmit:  CALL             │
│   show: NEXT   save: 0 .. 9     │
└─────────────────────────────────┘
```

Mit CALL wird die Bestätigung gesendet:

```
╭─────────╮
│  CALL   │
╰─────────╯
```

```
┌─────────────────────────────────┐
│     manual tune then: ENT       │
│          channel  #:  70        │
└─────────────────────────────────┘
```

Wie mehrfach beschrieben, muß Kanal 70 eingestellt und ENT gedrückt werden, da wieder kein ferngesteuertes Funkgerät verfügbar ist.

```
╭─────────╮
│   ENT   │
╰─────────╯
```

```
┌─────────────────────────────────┐
│         transmitting            │
│      selcall       able         │
└─────────────────────────────────┘
```

Die Anzeige springt wieder automatisch um und fordert den Bediener der angerufenen FuSt auf, nun Kanal 72 einzustellen.

```
┌─────────────────────────────────┐
│     manual tune then: ENT       │
│          channel  #:  72 _      │
└─────────────────────────────────┘
```

Die gleiche Anzeige wird auch auf dem rufenden DSC-Controller sichtbar (da auch dort das Funkgerät nicht ferngesteuert wird).

Ablehnung eines Gesprächswunsches

Ist das gerufene Schiff nicht in der Lage, das von 211 222 440 gewünschte Routinegespräch abzuwickeln, so muß bei der Anzeige

```
┌─────────────────────────────────┐
│     able to comply:         0   │
│     not able to comply:     1   │
└─────────────────────────────────┘
```

1 eingegeben werden.

```
╭─────────╮
│    1    │
╰─────────╯
```

```
┌─────────────────────────────────┐
│     transmit:  CALL             │
│   show: NEXT   save: 0 .. 9     │
└─────────────────────────────────┘
```

Die Ablehnung soll - ohne vorherige Anzeige - gesendet werden.

```
╭─────────╮
│  CALL   │
╰─────────╯
```

```
┌─────────────────────────────────┐
│     manual tune then: ENT       │
│          channel  #:  70        │
└─────────────────────────────────┘
```

Wie mehrfach beschrieben, muß Kanal 70 eingestellt und ENT gedrückt werden.

```
╭─────────╮
│   ENT   │
╰─────────╯
```

```
┌─────────────────────────────────┐
│         transmitting            │
│      selcall       unable       │
└─────────────────────────────────┘
```

Die Anzeige springt danach automatisch in die Grundstellung um. Auf dem rufenden Schiff erscheint der Hinweis, daß 211 222 330 "unable" ist.

Anzeige einer DSC-Bestätigung und Begründung einer Ablehnung

Im vorigen Abschnitt wurde bei der Anzeige

```
able to comply:        0
not able to comply:    1
```

1 gewählt, weil das Gespräch abgelehnt werden sollte.

(1)

```
transmit: CALL
show: NEXT   save: 0 .. 9
```

Nun soll die Ablehnung angezeigt werden. Dazu ist die Taste NEXT mehrfach zu drücken:

(NEXT)

```
type of call
selcall ackn     unable
```

Die Rufart (type of call) ist Bestätigung eines Selektivrufes (selective call acknowledgement); das gerufene Schiff ist nicht bereit (unable), ein Gespräch zu führen.

(NEXT)

```
radio station MMSI #
       211222440_
```

211 222 440 ist die MMSI der rufenden FuSt (radio station).

(NEXT)

```
priority
routine
```

Es handelt sich um ein Gespräch der Rangfolge Routine.

(NEXT)

```
additional info
no reason given
```

Diese Anzeige besagt, daß als zusätzliche Information (additional info) keine Begründung angegeben (no reason given) wird, warum das Gespräch jetzt nicht angenommen werden kann.

An dieser Stelle kann die Anzeige durch CLR unterbrochen und anstelle von "no reason given" eine zusätzliche Information gegeben werden.

(CLR)

```
unable to comply
no reason given
```

Die erste Variante ist als Standardantwort vorgesehen. Mit NEXT erhält man andere Möglichkeiten:

(NEXT)

```
  unable to comply
       busy
```

Die zweite Variante lautet busy - besetzt.

```
  NEXT
```

```
  unable to comply
  equipment disabled
```

Als dritte Möglichkeit steht zur Verfügung:
Funkeinrichtung nicht betriebsbereit
(equipment disabled).

```
  NEXT
```

```
  unable to comply
  channel not useable
```

Hier wird dem Anrufer mitgeteilt, daß der von ihm vorgeschlagene Arbeitskanal nicht verwendbar ist (channel not useable).

```
  NEXT
```

```
  unable to comply
   no reason given
```

Damit sind alle Antwortmöglichkeiten einmal durchgespielt. Entscheidet man sich z. B. für busy (besetzt), so drückt man noch einmal NEXT und bestätigt die Variante mit ENT:

```
  NEXT
```

```
  unable to comply
       busy
```

```
  ENT
```

```
    working channel
       CH 72 _
```

Der Anrufer hat Arbeitskanal 72 vorgeschlagen. Er kann vom gerufenen Schiff nicht geändert werden (Drücken der Taste CLR wird nicht angenommen).

Die Anzeige wird mit NEXT fortgesetzt:

```
  NEXT
```

```
         type of call
  selcall ackn      unable
```

Damit ist die Anzeige der Antwort einmal durchlaufen. Weiteres Drücken der Taste NEXT wiederholt den obenbeschriebenen Durchlauf.

Mit ENT kehrt man zur Ausgangslage zurück:

```
  ENT
```

```
    transmit: CALL
  show: NEXT  save: 0 .. 9
```

Durch Drücken der Taste CALL kann die ablehnende Bestätigung (mit Angabe der Begründung busy - besetzt) gesendet werden.
Sobald die gerufene FuSt (211 222 330) dazu in der Lage ist, soll sie das rufende Schiff (211 222 440) zurückrufen.

DSC-Routineverkehr mit einer KüFuSt

Selektivruf an eine KüFuSt

Rufendes Schiff: 211 222 440
Gerufene KüFuSt: 00 211 4200 (Norddeich Radio)

Selektivrufe an KüFuSt werden wie Selektivrufe an Schiffe aufgebaut. Jedoch darf bei Selektivrufen an eine KüFuSt kein Arbeitskanal vorgeschlagen werden. Diesen teilt die KüFuSt in ihrer Bestätigung mit.

(CALL)

```
   edit: ENT;   repeat: CALL
     send saved call: 0 .. 9
```

(ENT)

```
         type of call
         dialphone call
```

(NEXT)

```
         type of call
         selective call
```

(ENT)

```
       radio station MMSI #
          - - - - - - - - -
```

```
       radio station MMSI #
              002114200
```

(ENT)

```
         transmit:  CALL
       show: NEXT   save: 0 .. 9
```

(CALL)

```
      manual tune then: ENT
           channel  #: 70
```

(ENT)

```
           transmitting
         selcall     routine
```

```
         waiting for ackn
         selcall     routine
```

Die KüFuSt bestätigt den Anruf z. B. wie folgt:

```
    R00: 002114200; CH 61; S
    selcall                able
```

Die Gesprächsanmeldung mit Angabe der gewünschten Verbindung erfolgt wie bisher üblich (s. Seite 10) auf Kanal 61, der auf einem ferngesteuerten Funkgerät automatisch eingestellt wird. Falls bei der KüFuSt kein Kanal frei ist, erscheint:

```
    R00:  002114200;  unable
    busy
```

Direktwählverfahren

Die eleganteste Möglichkeit, einen Fernsprechteilnehmer an Land anzurufen, ist das Direktwählverfahren (dialphone call). Sofern sich das Schiff im Sendebereich einer entsprechenden KüFuSt befindet, wird - ohne manuellen Eingriff der KüFuSt - der gewünschte Telefonanschluß an Land direkt angewählt und das Funkgerät automatisch eingestellt (ferngesteuertes Funkgerät erforderlich). Der Bediener muß nur noch den Hörer abnehmen und das Gespräch führen. Diese Möglichkeit besteht allerdings nicht bei deutschen KüFuSt. Hier werden Telefongespräche noch handvermittelt. Angaben über KüFuSt und ihre DSC-Ausrüstung sind z. B. im Nautischen Funkdienst I enthalten.
Das Direktwählverfahren läuft wie folgt ab:

```
    DSC  on  watch
      11:25:06  UTC
```

(CALL)

```
  edit: ENT;   repeat: CALL
   send  saved  call:  0 .. 9
```

(ENT)

```
       type  of  call
       dialphone  call
```

(ENT)

```
    radio  station  MMSI  #
       - - - - - - - - -
```

Zuerst ist die MMSI der KüFuSt anzugeben und mit ENT zu bestätigen:

```
    radio  station  MMSI  #
           002192000
```

(ENT)

```
          dialnumber
   TN#:  _ _ _ _ _ _ _ _ _ _ _ _ _
```

Danach muß die Telefonnummer (TN#) des gewünschten Anschlusses eingegeben werden:

```
          dialnumber
   TN#:    00949520571621
```

(ENT)

```
       transmit: CALL
    show: NEXT   save: 0 .. 9
```

(CALL)

```
   manual tune then: ENT
        channel  #:  70_
```

(ENT)

```
         transmitting
         dialphone  call
```

Automatisch wird kurz eingeblendet:

```
       waiting  for  ackn
         dialphone  call
```

111

Nun versucht der DSC-Controller, eine Verbindung mit der KüFuSt aufzubauen. Gelingt ihm dies nicht (wie z. B. bei den Ausbildungs- oder Prüfungsgeräten), so wird der Versuch automatisch 5 Sekunden später wiederholt.

Ist der Verbindungsaufbau gelungen, so werden etwa zwei Sekunden lang die Rufnummer und der Träger (Peilzeichen) gesendet.

```
   transmitting
  dialphone  call
```

```
   transmitting
     carrier
```

Danach wählt sich der Controller in das Telefonnetz ein und verbindet das Schiff mit dem Teilnehmer.

```
  dialphone connected
   interrupt:  RESET
```

In dieser Phase kann der Bediener die Verbindung durch Drücken der Taste RESET unterbrechen (interrupt). Etwa eine Minute später wechselt die Anzeige und zeigt an, daß die Verbindung hergestellt ist. Nun kann der Hörer des UKW-Sprechfunkgerätes abgenommen und das Gespräch geführt werden. Es wird - wie die nächste Anzeige angibt - durch Drücken der Taste RESET beendet.

```
  dialphone connected
     end: RESET
```

In der Praxis könnte der Verbindungsaufbau an folgenden Gründen scheitern:

1. Die Leitungskapazität der KüFuSt ist erschöpft.
2. Die KüFuSt ist aus technischen Gründen nicht in der Lage, eine Verbindung herzustellen.
3. Es konnte keine Verbindung zum Fernsprechteilnehmer hergestellt werden.

Die ersten beiden Fälle teilt die KüFuSt in ihrer Empfangsbestätigung mit; im dritten Fall wird angezeigt:

```
  no  connection  -  wait
  15  min  -  repeat  call
```

Rückruf-Verfahren

Wenn die Leitungskapazität einer mit dem Rückruf-Verfahren arbeitenden KüFuSt erschöpft ist, kann automatisch eine Verbindung aufgebaut werden, sobald eine Leitung frei ist. Die KüFuSt meldet sich dann mit folgender Anzeige:

```
 R00:    002192000;   unable
     busy  -  wait  ringback
```

Sollte binnen der nächsten 15 Minuten eine Leitung frei werden, so sendet die KüFuSt den folgenden Rückruf:

```
 R00:  002192000;  CH  26;  D
     dialphone    ringback
```

Diesen Ruf beantwortet der Controller automatisch und stellt wie zuvor beschrieben die gewünschte Verbindung her.

```
      transmitting
    dialphone   call
```

DSC-Notverkehr

Der Abschnitt DSC-Notverkehr kann auch vor dem Abschnitt DSC-Routineverkehr zwischen Schiffen durchgearbeitet werden.

Zuordnung für diesen Abschnitt

Schiff in Not: 211 222 330
Schiff nicht in Not: 211 222 440

Senden eines Notalarms ohne genauere Angabe

Egal, was mit dem DSC-Controller gerade gemacht wird, ganz gleich, welche Funktion gerade eingestellt ist:

Die SOS-Taste kann immer gedrückt und dadurch die Aussendung eines Notrufes eingeleitet werden.

(SOS)

```
     transmit SOS: CALL
     Show: NEXT   edit: ENT
```

Diese Anzeige bedeutet: Mit der Taste

- CALL wird der Notalarm ohne weitere Angaben gesendet (transmit), mit
- NEXT kann der Notalarm zunächst angezeigt (show) werden, und mit
- ENT kann der Notalarm genauer beschrieben (editiert) werden.

Der weitere Ablauf nach Drücken der Taste ENT ist auf Seite 122 ff behandelt.

Ein Notalarm ohne genauere Angabe wird also durch Drücken der Taste CALL ausgesendet.

(CALL)

```
     manual tune then: ENT
     channel  #:  70_
```

Nach Drücken der Taste CALL erscheint die obige Anzeige (s. auch Seite 96).

Sie besagt, daß an diesen DSC-Controller keine ferngesteuerte UKW-Sprechfunkanlage angeschlossen ist, mit welcher der Notalarm automatisch gesendet werden kann. Das angeschlossene UKW-Sprechfunkgerät muß vielmehr manuell eingestellt werden (manual tune), d. h. es ist Kanal 70 zu wählen, und anschließend ist dies auf dem DSC-Controller mit der Taste ENT zu quittieren.
Um den Bediener darauf hinzuweisen, daß sonst der Notalarm nicht gesendet werden kann, piept der DSC-Controller. Das Piepen verstummt nach dem Drücken der ENT-Taste.
Diese Anzeige wird übersprungen, wenn ein ferngesteuertes Funkgerät an den Controller angeschlossen ist. Dann wird der Notalarm nach dem Drücken der Taste CALL sofort gesendet.

Mit dem Drücken der ENT-Taste wird der Notalarm also gesendet. Gleichzeitig erscheint die folgende Anzeige auf dem Display:

(ENT)

```
          transmitting
       distress  undesignate
```

Sie besagt, daß nun ein Notalarm ohne genauere Angabe (distress undesignate) gesendet (transmitting) wird.
Ein bis zwei Sekunden später springt die Anzeige automatisch um:

```
           waiting   autorepeat
         rept: CALL   end: RESET
```

In der oberen Zeile wird mitgeteilt, daß nunmehr auf eine automatische Wiederholung (autorepeat) des Notalarms gewartet (waiting) wird. Denn bis eine DSC-Bestätigung eintrifft, wiederholt der DSC-Controller alle 3 bis 5 Minuten automatisch die Aussendung des Notalarms.
Die untere Zeile enthält den Hinweis, daß durch Drücken der Taste CALL der Notalarm sofort wiederholt (rept = repeat = wiederhole) und daß mit dem Drücken der Taste RESET die weitere Aussendung von Notalarmen beendet wird.

Empfang und Anzeigen eines Notalarms

Das Aussenden dieses Notalarms löst auf allen DSC-Controllern, die sich im Sendebereich des Schiffes 211 222 330 befinden, einen akustischen und optischen Alarm aus. Außerdem wird der vollständige Notalarm automatisch dauerhaft gespeichert. Der DEBEG-Controller 3817 speichert 20 eingehende Notrufe, d. h. der 21. Notalarm löscht den ersten.

Auch auf dem Schiff 211 222 440 piept der DSC-Controller. Gleichzeitig blinkt auf dem Display die folgende Anzeige:

```
     D00:  211222330; CH  16;  S
            distress  undesignate
```

Die obere Zeile der Anzeige besagt: Der Anruf ist im Speicher D00 abgelegt (D = Distress = Seenot); Absender ist das Schiff 211 222 330; Notverkehr auf Kanal 16 (CH 16) im Simplex-Betrieb (S).
Unten steht, daß zum Notfall keine genaueren Angaben vorliegen (distress undesignate).

Durch Drücken der Taste CLR werden zunächst der Alarmton und das Blinken abgeschaltet.

```
CLR
```

```
     D00:  211222330; CH  16;  S
            show: ENT   ackn: CALL
```

Die untere Zeile enthält jetzt die Hinweise, daß der Notalarm durch Drücken der Taste ENT angezeigt beziehungsweise durch CALL bestätigt (acknowledgement = Bestätigung) werden kann.

Der Notalarm soll zunächst angezeigt werden:

```
ENT
```

```
              type of call
              distress  call
```

Diese Anzeige besagt, daß die Art des eingegangenen Anrufs (type of call) ein Notalarm (distress call) ist.

Während ein erneutes Drücken der Taste ENT wieder die vorangegangene blinkende Anzeige hervorruft, können weitere Angaben durch mehrfaches Drücken der Taste NEXT abgerufen werden:

```
NEXT
```

```
╭─────────────────────────────╮
│       call  received        │
│   07   mar   1997  16:33:12 │
╰─────────────────────────────╯
```

Der Ruf (call) wurde am 7. März 1997 um 16:33:12 UTC empfangen (received).

```
╭──────╮
│ NEXT │
╰──────╯
```

```
╭─────────────────────────────╮
│       ship  in  distress    │
│           211222330         │
╰─────────────────────────────╯
```

Das Schiff in Not (ship in distress) hat die MMSI 211 222 330.

```
╭──────╮
│ NEXT │
╰──────╯
```

```
╭─────────────────────────────╮
│       nature  of  distress  │
│           undesignated      │
╰─────────────────────────────╯
```

Art des Notfalls (nature of distress): ohne genauere Angabe (undesignated).

```
╭──────╮
│ NEXT │
╰──────╯
```

```
╭─────────────────────────────╮
│       distress   position   │
│           no  position      │
╰─────────────────────────────╯
```

Notfall-Position (distress position): keine Position angegeben.

```
╭──────╮
│ NEXT │
╰──────╯
```

```
╭─────────────────────────────╮
│     communication  type     │
│   phone              simplex│
╰─────────────────────────────╯
```

Art des Funkverkehrs (communication type): Sprechfunk (phone), Simplex.

```
╭──────╮
│ NEXT │
╰──────╯
```

```
╭─────────────────────────────╮
│         type  of  call      │
│         distress  call      │
╰─────────────────────────────╯
```

Damit ist man wieder am Ausgangspunkt angelangt. Durch weiteres Drücken der Taste NEXT werden die obigen Anzeigen in der gleichen Reihenfolge nochmals abgerufen.
In diesem Zustand reagiert der DSC-Controller neben NEXT auf vier Tasten:

RESET	ruft die Grundeinstellung hervor
SOS	Senden eines Notalarms, falls das eigene Schiff plötzlich in Not sein sollte (diese Möglichkeit besteht grundsätzlich immer)
CALL	Hinweis, daß die Empfangsbestätigung der Notmeldung im allgemeinen auf Kanal 16 gesendet werden soll
ENT	Rückkehr in den Ausgangszustand (Anzeige wie nach dem Eingang des Notalarms)

```
╭──────╮
│ ENT  │
╰──────╯
```

```
╭─────────────────────────────╮
│  D00: 211222330;  CH  16;  S│
│     show: ENT  ackn: CALL   │
╰─────────────────────────────╯
```

Nachdem der Notalarm vollständig angezeigt wurde, sollen die Möglichkeiten vorgestellt werden, die sich durch Drücken der Taste CALL ergeben.

Bestätigung eines Notalarms

Nun soll der auf Seite 113 gesendete Notalarm durch das Schiff 211 222 440 bestätigt werden.

```
D00: 211222330;  CH  16;  S
      show: ENT   ackn: CALL
```

Dazu wird die Taste CALL gedrückt (acknowledgement = Empfangsbestätigung).

```
CALL
```

```
ships ackn by phone
       CH 16
```

Nach dem Drücken der Taste CALL erscheint der Hinweis, daß eine Empfangsbestätigung durch Schiffe per Sprechfunk (ships acknowledgement by phone) auf Kanal 16 (CH 16) erfolgen soll. Denn in Küstennähe wird eine DSC-Bestätigung nur durch eine KüFuSt abgegeben (s. Seite 85). Lediglich in Gebieten, wo keine sichere Funkverbindung zu einer KüFuSt hergestellt werden kann, und wenn die Aussendung des Notalarms unverändert anhält, soll eine DSC-Bestätigung von einem Schiff abgegeben werden.

Nun kann entweder durch die Taste RESET in die Grundeinstellung (s. Seite 97) zurückgegangen werden oder erneut die Taste CALL betätigt werden:

```
CALL
```

```
     transmit   distress
relay: 3              ackn: 4
```

Das Gerät teilt nun mit, daß die Notmeldung nach Drücken der Taste 3 weiterverbreitet (MAYDAY RELAY) oder mit Taste 4 bestätigt werden kann.

Für eine Bestätigung wird also Taste 4 gedrückt:

```
4
```

```
   send distress ackn?
 YES: CALL    NO: ENT
```

Das Gerät fragt nochmals: Soll wirklich eine Notalarm-Bestätigung gesendet werden (send distress ackn)?

Falls nein, ist die Taste ENT zu drücken. Das Gerät würde dann in die Ausgangsstellung zurückkehren:

```
ENT
```

```
D00: 211222330;  CH  16;  S
      show: ENT   ackn: CALL
```

Falls ja, ist wiederum die Taste CALL zu drücken:

```
CALL
```

```
  transmit ackn:  CALL
  show: NEXT   save: 0 .. 9
```

Mit dieser Anzeige wird auf drei Möglichkeiten hingewiesen: Mit der Taste

CALL	kann die DSC-Empfangsbestätigung gesendet, mit
NEXT	kann die DSC-Empfangsbestätigung zunächst angezeigt,

0 bis 9 und mit einer der Tasten kann die DSC-Empfangsbestätigung gespeichert (save) werden.

```
( CALL )
   ┌─────────────────────────────┐
   │   manual tune then: ENT     │
   │        channel  #:  70_     │
   └─────────────────────────────┘
```

Daraufhin erscheint wieder (von mehrmaligem Piepen begleitet) dieselbe Anzeige wie beim Aussenden eines Notalarms (s. Seite 113). Wie zuvor wird der Hinweis gegeben, daß an den DSC-Controller keine ferngesteuerte UKW-Sprechfunkanlage angeschlossen ist, mit welcher die Empfangsbestätigung automatisch gesendet werden kann. Ein angeschlossenes UKW-Sprechfunkgerät müßte wiederum manuell auf Kanal 70 eingestellt werden.

Anschließend ist auf dem DSC-Controller die Taste ENT zu drücken.

```
( ENT )
   ┌─────────────────────────────┐
   │         transmitting        │
   │     distr.  ackn.  211222330│
   └─────────────────────────────┘
```

Diese Anzeige bleibt nur für Sekundenbruchteile sichtbar. Sie bestätigt, daß die Notalarm-Empfangsbestätigung an den Havaristen (MMSI 211 222 330) gesendet wird.

Sofort erscheint mit mehrmaligem Piepen die Anzeige:

```
   ┌─────────────────────────────┐
   │   manual tune then: ENT     │
   │        channel  #:  16_     │
   └─────────────────────────────┘
```

Sie besagt, daß für den nachfolgenden Notverkehr jetzt Kanal 16 eingestellt und dies auf dem DSC-Controller mit der Taste ENT quittiert werden muß, was bei einem ferngesteuertem Funkgerät wiederum automatisch erfolgte.

Danach kehrt das Gerät zur Grundeinstellung zurück.

```
( ENT )
   ┌─────────────────────────────┐
   │        DSC  on  watch       │
   │         16:34:31  UTC       │
   └─────────────────────────────┘
```

Automatische Gerätesteuerung

Der für Ausbildungs- und Prüfungszwecke eingesetzte DSC-Controller DEBEG 3817 besitzt keinen integrierten Kanal-70-Empfänger. Er ist nur empfangs- und sendebereit, wenn das angeschlossene Funkgerät auf Kanal 70 eingestellt ist. Natürlich kann dann (mit demselben Funkgerät) nicht gleichzeitig Kanal 16 abgehört werden. Weil in Küstennähe zunächst die DSC-Bestätigung der KüFuSt abzuwarten ist (s. Seite 85), muß Kanal 70 eingestellt bleiben. Sollten währenddessen umliegende Schiffe bereits auf Kanal 16 den Notalarm bestätigen, so könnten diese Bestätigungen nicht empfangen werden.

Hier zeigt sich der Vorteil eines DSC-Controllers mit eingebautem Kanal-70-Empfänger - z. B. des DEBEG 3817R: Der DSC-Controller bleibt auf Kanal 70 empfangsbereit, während mit dem Funkgerät UKW-Kanal 16 abgehört werden kann. Wird das angeschlossene Funkgerät vom DSC-Controller ferngesteuert, so wird unmittelbar nach dem Senden oder Empfangen eines Notalarms das Funkgerät automatisch auf Kanal 16 eingestellt.

Anzeigen einer Notalarm-Bestätigung

Wird in der Einstellung auf Seite 116

```
transmit ackn:  CALL
show: NEXT    save: 0 .. 9
```

die Taste NEXT gedrückt, so wird die DSC-Notalarm-Empfangsbestätigung angezeigt:

(NEXT)

```
type of call
distress ackn
```

Die Gesprächsart (type of call) ist Notalarm-Bestätigung (distress acknowledgement).

(NEXT)

```
ship in distress
211222330
```

Das Schiff in Not (ship in distress) ist 211 222 330.

(NEXT)

```
nature of distress
undesignated
```

Art des Notfalls (nature of distress): ohne genauere Angabe (undesignated).

(NEXT)

```
distress position
no position
```

Notfallposition (distress position): keine Positionsangabe:

(NEXT)

```
communication type
phone              simplex
```

Art des Funkverkehrs (communication type): Sprechfunk (phone), Simplex.

(NEXT)

```
type of call
distress ackn
```

Damit ist die Anzeige einmal durchlaufen.

Zusammenfassung

Auf dem Schiff in Not unterbricht der Empfang der Notalarm-Bestätigung das automatische, in Abständen von 3 bis 4 Minuten durchgeführte Aussenden des Notalarms. Den übrigen Schiffen wird mit der Notalarm-Bestätigung (nochmals/erstmals) der vollständige Inhalt des Notalarms mitgeteilt - er kann durch Drücken der Tasten ENT und NEXT abgerufen werden. Ferngesteuerte Funkgeräte werden automatisch auf Kanal 16 umgeschaltet, wo der Verkehr vor Ort unter Leitung des On Scene Commanders abgewickelt wird.

Aussenden eines weiterübermittelten Notalarms an alle FuSt

In Küstennähe erfolgt die DSC-Weiterübermittlung eines Notalarms in der Regel durch die KüFuSt. Die DSC-Weiterübermittlung eines Notalarms durch ein Schiff ist nur in einem der beiden folgenden Fälle zulässig:

1. Der Schiffsführer des nicht in Not befindlichen Schiffes geht davon aus, daß fremde Hilfe zusätzlich nötig ist.
2. Das Schiff in Not ist selbst nicht in der Lage, den Notalarm auszusenden.

In diesem Abschnitt wird der erste der beiden Fälle behandelt (für die zweite Möglichkeit s. Seite 125 ff). Es wird angenommen, daß der Havarist 211 222 330 den Notalarm per DSC übermittelt hat und der Notalarm im DSC-Controller 211 222 440 gespeichert ist. Dann kann die Weiterübermittlung dieses Notalarms weitgehend automatisch erfolgen.

Der Notalarm kann nochmals durch Drücken der Taste 7 aufgerufen werden (s. auch Seiten 97, 132):

(RXC 7)

```
D00:  211222330;  CH 16;  S
         distress  undesignate
```

Das Display blinkt, sofern der Notalarm noch nicht per DSC bestätigt wurde. Drücken der Taste CLR beendet das Blinken und bewirkt die bereits bekannte Anzeige:

(CLR)

```
D00:  211222330;  CH 16;  S
       show: ENT   ackn: CALL
```

Wie bei der Notalarm-Bestätigung wird nun CALL gedrückt:

(CALL)

```
      ships ackn by phone
              CH 16
```

Wie zuvor (s. Seite 116) wird erneut CALL gedrückt:

(CALL)

```
     transmit    distress
  relay:  3            ackn:  4
```

Drücken der Taste 3 leitet nun eine Weiter-übermittlung des Notalarms ein:

(3)

```
       send  distress  relay?
     YES: CALL      NO: ENT
```

Noch einmal besteht die Möglichkeit auszusteigen. Mit ENT gelangt das Gerät zurück zur Anzeige des Notalarms:

(ENT)

```
D00:  211222330;  CH 16;  S
       show: ENT   ackn: CALL
```

Hier kann der Notalarm noch einmal angezeigt (Taste ENT) oder durch RESET in die Grundeinstellung zurückgeführt werden.

Wird hingegen in der vorletzten Stellung CALL gewählt, so fragt das Gerät, ob eine Weiterübermittlung als Selektivruf an eine Funkstelle (sel) oder an alle Funkstellen (all) erfolgen soll:

> [CALL]
>
> ```
> type of call
> distress relay sel
> ```

Die Anzeige besagt, daß die Kategorie "Weiterübermittlung eines Notalarms" (distress relay) und die Gesprächsart "Selektivruf" (sel) eingestellt ist. In diesem Fall wird also der Notalarm nur an eine (noch festzulegende) FuSt weiterübermittelt.

Mit der Taste NEXT wird die Alternative angezeigt:

> [NEXT]
>
> ```
> type of call
> distress relay all
> ```

Nun ist die Gesprächsart "An alle FuSt" (all) eingestellt. Zwischen diesen beiden Möglichkeiten kann durch Drücken der Taste NEXT gewechselt werden.

Zur Weiterübermittlung des Notalarms an alle FuSt wird in der obigen Einstellung ENT eingegeben:

> [ENT]
>
> ```
> transmit relay:  CALL
> show: NEXT   save: 0 .. 9
> ```

Wie zuvor bei der Bestätigung eines Notalarms (s. Seite 116) kann hier die Weiterübermittlung gesendet (Taste CALL), angezeigt (Taste NEXT) oder gespeichert (Tasten 0 bis 9) werden.

> [CALL]
>
> ```
> manual tune then: ENT
> channel  #: 70_
> ```

Auf diese hinlänglich bekannte Anzeige hin wird mit ENT die Weiterübermittlung (relay) des Notalarms an alle FuSt (all) gesendet (transmitting):

> [ENT]
>
> ```
> transmitting
> relay   all   211222330
> ```

Diese Anzeige springt ein bis zwei Sekunden später automatisch um auf:

> ```
> manual tune then: ENT
> channel  #: 16_
> ```

Man schaltet das UKW-Sprechfunkgerät auf Kanal 16 und drückt ENT.

> [ENT]
>
> ```
> DSC  on  watch
> 16:36:42  UTC
> ```

Auf Kanal 16 werden nun die Bestätigungen des weiterübermittelten Notalarms entgegengenommen.

Aussenden eines weiterübermittelten Notalarms an eine KüFuSt

Soll ein Notalarm statt an alle FuSt selektiv nur an eine Funkstelle (in der Regel eine KüFuSt) weiterübermittelt werden, so zweigt man von der folgenden Anzeige (s. auch Seite 120)

```
    type of call
    distress  relay  sel
```

mit ENT ab, und es erscheint:

```
ENT
```

```
    radio  station  MMSI  #
    - - - - - - - - -
```

Nun muß die MMSI derjenigen Funkstelle (radio station) eingegeben werden, an welche der Notalarm weiterübermittelt werden soll.

Dies ist in der Regel eine KüFuSt, z. B. Norddeich Radio (MMSI-Nr: 00 211 4200, s. UKW-Karte, Seite 172).

```
    radio  station  MMSI  #
           002114200
```

```
ENT
```

```
    transmit  relay:   CALL
    show: NEXT   save: 0 .. 9
```

Diese Anzeige ist bekannt. Man drücke CALL:

```
CALL
```

```
    manual tune then: ENT
         channel  #:  70_
```

Dann ENT:

```
ENT
```

```
         transmitting
    relay    sel   211222330
```

Man erhält die Information, daß die Weiterübermittlung gesendet wird, und automatisch folgt ein bis zwei Sekunden später die Anzeige:

```
      waiting  for  ackn
    relay    sel   211222330
```

Nun wird (von Norddeich Radio) die DSC-Bestätigung des weiterübermittelten Notalarms erwartet.

Mit RESET kann die Grundeinstellung aufgerufen werden.

Senden eines Notalarms mit Angabe der Art des Notfalls, Position und Uhrzeit

Diese Aufgabe wird oftmals in der Prüfung zum UKW-Betriebszeugnis gestellt.

Das Drücken der SOS-Taste ist in jeder Geräte-Einstellung möglich und leitet immer die Aussendung eines Notalarms ein.

(SOS)

```
    transmit SOS: CALL
    Show: NEXT   edit: ENT
```

Durch Drücken der Taste CALL wird ein Notalarm ohne genauere Angabe gesendet (s. Seite 113 ff). Mit Hilfe der Taste ENT kann der Notalarm spezifiziert (editiert) werden; mit NEXT kann er angezeigt (und dabei ebenfalls spezifiziert) werden:

(ENT)

```
    select nat of distr
    undesignated
```

Mit der oberen Zeile (select nat of distr) wird dazu aufgefordert, die Art des Notfalls (nature of distress) auszuwählen (select). Bislang ist der Notfall nicht näher beschrieben (undesignated). Durch Drücken der Taste ENT bliebe es bei einem Notalarm ohne Angabe der Art des Notfalls.
Mit Hilfe der Taste NEXT können die vom Gerät angebotenen Beschreibungen der Art des Notfalls abgerufen werden. Dieses sind:

1. Fire, explosion (Feuer, Explosion)
2. Flooding (Wassereinbruch)
3. Collision (Kollision)
4. Grounding (Grundberührung)
5. Danger of capsizing (Kentergefahr)
6. Sinking (Schiff sinkt)
7. Disabled and adrift (manövrierunfähig vertrieben)
8. Abandoning ship (Schiff wird verlassen)
9. Piracy attack (Piratenangriff)

(NEXT)

```
    select nat of distr
    fire,   explosion
```

(NEXT)

```
    select nat of distr
    flooding
```

(NEXT)

```
    select nat of distr
    collision
```

(NEXT)

```
    select nat of distr
    grounding
```

(NEXT)

```
    select nat of distr
    danger of capsizing
```

(NEXT)

```
    select nat of distr
    sinking
```

> NEXT

```
     select nat of distr
     disabled and adrift
```

> NEXT

```
     select nat of distr
       abandoning ship
```

> NEXT

```
     select nat of distr
        piracy  attack
```

Die zutreffende Art des Notfalls wird durch Drücken der Taste ENT ausgewählt, hier z. B.:

```
     select nat of distr
           sinking
```

> ENT

```
           no position
   edit: CLR        accept: ENT
```

Nun weist der DSC-Controller darauf hin, daß noch keine Positionsangabe vorliegt (z. B. ist kein GPS-Navigator an den DSC-Controller angeschlossen). Statt "no position" könnte in der oberen Zeile auch die letzte dem Controller eingegebene Position erscheinen.

Beide Angaben können mit CLR geändert oder mit ENT akzeptiert werden.

> CLR

```
  lat:  _ _ : _ _ ; _ : N = 2   S = 8
  lon: _ _ _ : _ _ ; _ : W = 4   E = 6
```

Nun werden zunächst die Breite (lat) (zweistellige Grad- und Minuten-Anzeige) und die Länge (lon) (dreistellige Grad-, zweistellige Minuten-Anzeige) eingegeben.

Im Anschluß an die Eingabe ist jeweils über einen Schlüssel N / S und W / E anzugeben. Es wird z. B. 55:22 N und 006:12 E eingegeben.

Die Eingabe wird mit ENT bestätigt:

> ENT

```
         time:  03:32  UTC
      edit: CLR   accept: ENT
```

Das Gerät blendet die aktuelle Uhrzeit ein (03:32 UTC) und fragt, ob diese Uhrzeit für die zuvor erfaßte Position akzeptiert wird (ENT drücken) oder ob sie geändert (editiert) werden soll (CLR drücken).

> CLR

```
         time:  _ _ : _ _   UTC
               _ accept: ENT
```

Es wird die Notfallzeit in Stunden und Minuten (hier z. B: 02:50 UTC) erfaßt und mit ENT bestätigt:

> ENT

```
┌─────────────────────────────────────┐
│   55:22 N      006:12 E     02:50   │
│   edit: CLR          accept: ENT    │
└─────────────────────────────────────┘
```

Die Taste CLR ermöglicht eine nochmalige Abänderung von Position und Zeit. Falls die Daten stimmen, wird ENT gedrückt:

```
( ENT )
```

```
┌─────────────────────────────────────┐
│      transmit  SOS: CALL            │
│      show: NEXT    save: 0 .. 9     │
└─────────────────────────────────────┘
```

An dieser Stelle bestehen wiederum drei Möglichkeiten: Mit CALL wird der Notalarm gesendet; mit NEXT wird er nochmals angezeigt; mit einer Taste von 0 bis 9 kann er gespeichert werden.

Mit der Taste CALL wird der Notalarm gesendet. Der weitere Ablauf ist identisch mit dem Aussenden eines Notalarms ohne genauere Angabe (zur Bedeutung der Anzeigen s. Seiten 113, 114):

```
( CALL )
```

```
┌─────────────────────────────────────┐
│      manual tune then: ENT          │
│            channel #: 70_           │
└─────────────────────────────────────┘
```

```
( ENT )
```

```
┌─────────────────────────────────────┐
│            transmitting             │
│      distress          sinking      │
└─────────────────────────────────────┘
```

```
┌─────────────────────────────────────┐
│         waiting  autorepeat         │
│      rept: CALL  end: RESET         │
└─────────────────────────────────────┘
```

Manuelle Eingabe der Position

Um jederzeit schnellstens eine genaue Notposition übermitteln zu können, kann der DSC-Controller z. B. mit einem GPS-Navigator gekoppelt sein. Sonst muß stündlich die Position manuell aktualisiert werden. Dies erfolgt aus der Grundeinstellung über die Taste POS / 4. Daraufhin sind zwei Anzeigen möglich: no position oder die letzte eingegebene Position mit zugehöriger Uhrzeit.

```
( POS 4 )
```

```
┌─────────────────────────────────────┐
│            no  position             │
│   edit: CLR          accept: ENT    │
└─────────────────────────────────────┘
```

oder z. B.

```
┌─────────────────────────────────────┐
│   55:22 N      006:12 E     02:50   │
│   edit: CLR          accept: ENT    │
└─────────────────────────────────────┘
```

In beiden Fällen kann mit ENT die Anzeige akzeptiert und mit CLR geändert werden. CLR führt zu:

```
( CLR )
```

```
┌─────────────────────────────────────┐
│  lat:   _ _ : _ _ ; _ : N = 2   S = 8 │
│  lon: _ _ _ : _ _ ; _ : W = 4   E = 6 │
└─────────────────────────────────────┘
```

Nach der Eingabe der Position wird als zugehörige Uhrzeit die aktuelle Uhrzeit angeboten.

```
┌─────────────────────────────────────┐
│            time: 08:46  UTC         │
│        edit: CLR  accept: ENT       │
└─────────────────────────────────────┘
```

Drücken von ENT führt zur Grundeinstellung zurück.

Weiterübermittlung eines Notalarms

Ein Notalarm kann leicht weiterübermittelt werden. Weil der vollständige Notalarm gespeichert ist, werden die Daten ohne Eingriff durch den Bediener in die Weiterübermittlung eingefügt.

Für ein anderes Schiff hingegen, das einen Notalarm nicht selbst aussenden konnte, muß eine DSC-Weiterübermittlung des Notalarms neu eingegeben werden. Dies erfolgt nach dem vom Notalarm bekannten Schema.
In diesem Fall ist die Weiterübermittlung eines Notalarms ein neuer Ruf und gehört zur Gruppe der Spezialanrufe (special call, s. Seite 137 ff).

Bevor ein neuer Ruf eingegeben werden kann, muß das Gerät zunächst in die Grundeinstellung gebracht werden:

(RESET)

```
DSC  on  watch
  16:12:28  UTC
```

Die Eingabe eines neuen Anrufes kann durch Drücken der Tasten CALL und anschließend ENT eingeleitet werden:

(CALL)

```
edit: ENT;   repeat: CALL
  send  saved  call:  0 .. 9
```

(ENT)

```
    type  of  call
    dialphone  call
```

Als Anruftyp (type of call) ist der Spezialanruf (special call) auszuwählen:

(NEXT)

```
    type  of  call
    selective  call
```

(NEXT)

```
    type  of  call
    all  ships  call
```

(NEXT)

```
    type  of  call
    special  call
```

Durch ENT und NEXT können die verschiedenen Ruftypen, die zur Gruppe der Spezialanrufe gehören, angezeigt werden.

Mehrfaches Drücken der Taste NEXT führt schließlich zur Weiterübermittlung an alle FuSt und zur Weiterübermittlung selektiv an eine FuSt.

(NEXT)

```
    type  of  call
    distress  relay  all
```

(NEXT)

```
    type  of  call
    distress  relay  sel
```

Mit ENT wird diese Alternative ausgewählt.

(ENT)

```
    radio  station  MMSI  #
         - - - - - - - - -
```

Nun ist die MMSI der FuSt anzugeben, an welche der Notalarm weiterübermittelt werden soll.

```
    radio  station  MMSI  #
            002114500
```

Anschließend muß der Notfall - wie bei der Eingabe eines Notalarms - beschrieben werden:

(ENT)

```
         ship  in  distress
         - - - - - - - - -
```

Hier ist die MMSI des Schiffes in Not einzugeben. Angenommen, diese ist nicht bekannt:

(ENT)

```
       select  nat  of  distr
              undesignated
```

Wie beim Notalarm ist die Art des Notfalls auszuwählen.
Angenommen, das Schiff in Not brennt:

(NEXT)

```
       select  nat  of  distr
            fire,   explosion
```

(ENT)

```
            no  position
    edit: CLR      accept: ENT
```

Die Position des Havaristen soll eingeben werden:

(CLR)

```
lat:  _ _ : _ _ ; _ : N = 2   S = 8
lon: _ _ _ : _ _ ; _ : W = 4   E = 6
```

Hier werden Breite und Länge erfaßt und mit ENT bestätigt:

(ENT)

```
         time:  03:32  UTC
       edit: CLR  accept: ENT
```

Das Gerät blendet die aktuelle Uhrzeit für die obige Position ein, die akzeptiert (ENT) oder geändert (CLR) werden kann.

(ENT)

```
     transmit:  relay:  CALL
     show: NEXT   save: 0 .. 9
```

Die Weiterübermittlung des Notalarms kann nun gesendet, angezeigt oder gespeichert werden.

DSC-Dringlichkeits-, DSC-Sicherheitsverkehr

Zuordnung für diesen Abschnitt

Rufendes Schiff: 211 222 440

DSC-Dringlichkeitsanruf an alle Schiffe

Nur bei Notalarmen gibt es über die SOS-Taste einen besonderen Einstieg. Alle übrigen DSC-Anrufe - dazu zählen auch Dringlichkeits- und Sicherheitsanrufe - werden wahlweise über die Tasten CALL oder TXC / 0 erzeugt (s. auch Seite 98).

```
    DSC  on  watch
     05:44:31  UTC
```

(CALL)

```
 edit: ENT;   repeat: CALL
   send  saved  call:  0 .. 9
```

(ENT)

```
      type of call
      dialphone call
```

Zunächst ist der Anruftyp (type of call) festzulegen:

(NEXT)

```
      type of call
      selective call
```

(NEXT)

```
      type of call
      all ships call
```

(ENT)

```
    working   channel
          CH _ _
```

Nun ist der Arbeitskanal festzulegen. Im GMDSS ist dies Kanal 16, sofern dort kein Notverkehr abgewickelt wird.

Es wird 16 eingegeben, und die Eingabe wird mit ENT quittiert.

```
    working   channel
          CH 16
```

(ENT)

```
     transmit:  CALL
   show: NEXT   save: 0 .. 9
```

Der Anruf darf keinesfalls gesendet werden, weil die Priorität Dringlichkeit noch nicht eingegeben ist. Dies erfolgt im Rahmen der Anzeige (show):

(NEXT)

```
┌─────────────────────────┐
│     type of call        │
│     all ships call      │
└─────────────────────────┘
```

```
( NEXT )
```

```
┌─────────────────────────┐
│        priority         │
│        routine          │
└─────────────────────────┘
```

An dieser Stelle muß durch CLR aus der Anzeige abgezweigt und die Priorität Dringlichkeit eingegeben werden:

```
( CLR )
```

```
┌─────────────────────────┐
│    select   priority    │
│         routine         │
└─────────────────────────┘
```

Das Gerät fordert den Bediener auf, die Rangfolge auszuwählen (select priority). Der erste Vorschlag lautet: routine. Durch mehrfaches Drücken der Taste NEXT können die möglichen Rangfolgen angezeigt werden. Dieses sind:

1. Routine
2. Shipmaster   s. Seite 138
3. Safety   Sicherheit
4. Urgency   Dringlichkeit
5. Distress   Seenot

Wichtiger Hinweis: Durch Auswahl der Priorität distress - Seenot kann kein Notalarm ausgelöst werden. Eine Eingabe der Notalarm-Bestandteile ist nicht möglich. Ein Anruf an alle Schiffe mit der Priorität distress löst bei den empfangenden Controllern zwar einen optischen und akustischen Notalarm aus - distress wird auch angezeigt -, die weitere Behandlung entspricht jedoch einem Routine-Anruf. Eine automatische Notalarm-Bestätigung oder -Weiterübermittlung ist nicht möglich.

Zurück zur Eingabe der Priorität (Rangfolge):

```
( NEXT )
```

```
┌─────────────────────────┐
│    select   priority    │
│        shipmaster       │
└─────────────────────────┘
```

```
( NEXT )
```

```
┌─────────────────────────┐
│    select   priority    │
│          safety         │
└─────────────────────────┘
```

```
( NEXT )
```

```
┌─────────────────────────┐
│    select   priority    │
│         urgency         │
└─────────────────────────┘
```

Diese Möglichkeit wird durch Drücken der Taste ENT ausgewählt. Gleichzeitig wird die Anzeige fortgesetzt.

```
( ENT )
```

```
┌─────────────────────────┐
│   communication  type   │
│    phone       simplex  │
└─────────────────────────┘
```

```
( NEXT )
```

```
┌─────────────────────────┐
│     additional info     │
│      no information     │
└─────────────────────────┘
```

```
( NEXT )
```

```
  working  channel
       CH 16
```

(NEXT)

```
     type of call
    all ships call
```

Damit ist die Anzeige einmal durchgelaufen. Mit ENT kehrt man zum Ausgangspunkt zurück, und mit CALL kann man den Dringlichkeitsanruf senden.

(ENT)

```
   transmit: CALL
show: NEXT  save: 0 .. 9
```

(CALL)

```
manual tune then: ENT
   channel #: 70_
```

(ENT)

```
    transmitting
  all ships urgency
```

Diese Anzeige erscheint etwa eine halbe Sekunde lang und wird - im Fall von manueller Bedienung - dann durch die Aufforderung abgelöst, das UKW-Sprechfunkgerät auf Kanal 16 umzuschalten.

```
manual tune then: ENT
   channel #: 16
```

ENT führt zur Grundeinstellung des Gerätes zurück.

(ENT)

```
    DSC on watch
    05:46:24  UTC
```

Gleichzeitig wird auf allen DSC-Controllern im Sendebereich ein Alarmton ausgelöst, der durch Drücken der Taste CLR abgeschaltet werden muß, und eine Anzeige informiert über den eingegangenen DSC-Anruf.

```
 R00: 211222440; CH 16; S
   all ships      urgency
```

Sie besagt, daß der Ruf 00 (R00) des Schiffes 211 222 440 eingegangen ist und Kanal 16, Simplex vorgeschlagen wird. Es handelt sich um einen an alle Schiffe (all ships) gerichteten Dringlichkeitsanruf (urgency).

Dieser Anruf kann nun mit ENT angezeigt werden. Andere Tasten (RESET) führen zur Grundeinstellung oder (CALL) zur Vorbereitung eines neuen Rufes. Die Bestätigung eines an alle Schiffe gerichteten Dringlichkeitsrufes ist im GMDSS nicht zulässig und in der Menüsteuerung des Gerätes auch nicht vorgesehen.

Der Bediener muß wissen, daß er nun verpflichtet ist, Kanal 16 einzuschalten und die durch den Dringlichkeitsanruf angekündigte Dringlichkeitsmeldung aufzunehmen. Einen besonderen Hinweis darauf gibt der DSC-Controller nicht. Ist ein ferngesteuertes Funkgerät angeschlossen, wird dieses automatisch auf Kanal 16 umgeschaltet.

DSC-Dringlichkeitsanruf an eine FuSt

Ein Dringlichkeitsanruf, der selektiv an eine FuSt - dies kann eine KüFuSt oder ein Schiff sein - gerichtet ist, wird analog aufgebaut. Beim Anruftyp ist selective call auszuwählen, und anschließend ist die MMSI der gerufenen FuSt einzugeben.
Die Einstufung als Dringlichkeitsanruf ist wiederum nur im Rahmen der Anzeige (show) möglich.

Ein Unterschied ergibt sich erst nach dem Senden des Dringlichkeitsanrufes:

```
     transmit: CALL
show: NEXT   save: 0 .. 9
```

(CALL)

```
manual tune then: ENT
     channel #: 70_
```

(ENT)

```
       transmitting
selcall           urgency
```

Diese Anzeige erscheint etwa eine halbe Sekunde lang und wird dann durch die folgende Anzeige abgelöst, mit welcher mitgeteilt wird, daß das Gerät nun auf eine Bestätigung des Dringlichkeitsanrufes wartet.

```
    waiting for ackn
selcall           urgency
```

Denn im Gegensatz zu den an alle Schiffe gerichteten Dringlichkeitsanrufen müssen <u>dringliche Selektivrufe per DSC bestätigt werden.</u>

Bei der gerufenen FuSt blinkt bei gleichzeitigem Ertönen des Alarms folgende Anzeige.

```
R00: 211222440; CH 16; S
selcall           urgency
```

Sie unterscheidet sich von dem Empfang eines an alle FuSt gerichteten Dringlichkeitsanrufes durch den Hinweis selcall und durch das Blinken.
Das Blinken läßt sich durch die Taste CLR unterdrücken, wird aber bei allen erneuten Anzeigen dieses Dringlichkeitsrufes (über die Taste NEXT möglich) so lange wieder auftreten, bis der Dringlichkeitsanruf bestätigt ist.

Die DSC-Bestätigung wird durch Drücken der Taste CALL eingeleitet:

(CALL)

```
able to comply:          0
not able to comply:      1
```

Wie bei der manuellen Bestätigung eines Routineanrufes muß der Bediener entscheiden, ob er zum Empfang der Dringlichkeitsmeldung bereit (able to comply) ist oder nicht (not able to comply).

(0)

```
     transmit: CALL
show: NEXT   save: 0 .. 9
```

Mit CALL wird die Bestätigung gesendet:

(CALL)

```
╭─────────────────────────────╮
│   manual tune then: ENT     │
│        channel #:  70       │
╰─────────────────────────────╯
```

Wie mehrfach beschrieben, muß Kanal 70 eingestellt und ENT gedrückt werden.

```
╭───────╮
│  ENT  │
╰───────╯
```

```
╭─────────────────────────────╮
│        transmitting         │
│     selcall      able       │
╰─────────────────────────────╯
```

Die Anzeige springt wieder automatisch um und fordert den Bediener der angerufenen FuSt auf, nun Kanal 16 einzustellen, was bei einem ferngesteuerten Funkgerät automatisch geschieht.

```
╭─────────────────────────────╮
│   manual tune then: ENT     │
│        channel #:  16 _     │
╰─────────────────────────────╯
```

Die gleiche Anzeige wird - begleitet vom andauernden Ertönen des Alarmsignals - auch auf dem rufenden DSC-Controller 211 222 440 sichtbar.

Auf Kanal 16 sendet 211 222 440 nun wie auf Seite 88 beschrieben die Dringlichkeitsmeldung.

DSC-Sicherheitsverkehr

Die Steuerung des Controllers im DSC-Sicherheitsverkehr unterscheidet sich nur geringfügig von der im DSC-Dringlichkeitsverkehr.

1. Als Priorität ist safety zu wählen.
2. Sicherheitsmeldungen sollen im GMDSS auf Kanal 16 verbreitet werden.
   Als Arbeitskanal für den Funkverkehr zwischen Schiffen soll jedoch Kanal 13 verwendet werden.

Die übrige Abwicklung verläuft - einschließlich der Bestätigung bei Selektivrufen - wie zuvor beschrieben.

Speichern und Anzeigen von DSC-Anrufen

Seiten 132 bis 136: Praxiswissen, kein Prüfungsstoff

Zuordnung für diesen Abschnitt

Rufendes Schiff: 211 222 440

Speicher im DSC-Controller

Der DEBEG-DSC-Controller 3817 speichert automatisch

- die letzten 20 empfangenen Rufe R00 - R19
  (Anzeige aus der Grundeinstellung über die Taste NEXT),
- die letzten 20 empfangenen Anrufe aus dem Notverkehr D00 - D19
  (Anzeige aus der Grundeinstellung über die Tasten RXC / 7 und NEXT),
- die letzten 5 gesendeten Rufe RP0 - RP4
  (Anzeige aus der Grundeinstellung über die Tasten TXC / 0 und NEXT).

Darüber hinaus stehen Speicher zur Verfügung für

- 10 vorbereitete Rufe, die zum Senden abgerufen werden können TX0 - TX9
  (Anzeige aus der Grundeinstellung über die Tasten TXC / 0 und 0 .. 9),
- 25 MMSI
  (Anzeige aus der Grundeinstellung über die Taste DEF / 9),
- 25 Telefonnummern
  (Anzeige aus der Grundeinstellung über die Taste DEF / 9),
- 5 Gruppen-MMSI
  (Anzeige aus der Grundeinstellung über die Taste DEF / 9).

Speichern von DSC-Anrufen

Nachdem ein DSC-Anruf erstellt (editiert) worden ist, erscheint stets folgende Anzeige:

```
         transmit:  CALL
show: NEXT   save: 0 .. 9
```

Der editierte DSC-Anruf kann nun durch Drücken einer der Tasten 0 bis 9 in dem betreffenden Speicher abgelegt werden.

```
0
```

Ist der gewählte Speicherplatz frei, so wird der DSC-Ruf dort abgelegt.

```
      call is saved
  memory  number:  0
```

Ist der Speicherplatz jedoch bereits belegt, so erscheint ein bis zwei Sekunden lang folgende Anzeige:

```
   memory ist occupied
        with  call
```

Sie besagt: Der Speicher ist mit einem Anruf belegt (memory is occupied with call). Anschließend wird der auf Platz 0 gespeicherte Ruf angezeigt.

```
   TX0: all ships; CH --; S
   distr   ackn    211222330
```

Diese Anzeige bedeutet: In Speicher 0 (TX0) befindet sich ein DSC-Anruf an alle Schiffe (all ships);

die Kanalangabe entfällt; die Art des Funkverkehrs ist Sprechfunk im Simplex-Betrieb (S); es handelt sich um eine Notalarm-Bestätigung (distress acknowledgement) des von 211 222 330 ausgesandten Notalarms.

Nun kann Speicherplatz 0 mit dem neu erstellten DSC-Anruf überschrieben (ENT) oder der nächste freie Speicherplatz (NEXT) gesucht werden.

```
ENT
```

```
         store: ENT
         cancel: CLR
```

Mit erneutem ENT wird der neue Ruf auf diesem Platz gespeichert (store), mit CLR die Speicherung abgebrochen (cancel).

Anzeigen eines gespeicherten Rufes

Das Anzeigen gespeicherter Rufe erfolgt über die Tasten TXC / 0 und 0 .. 9. Den Inhalt von Speicher 3 erhält man wie folgt:

```
TXC  0
```

```
3
```

```
    TX3: 211222330; CH 72; S
    selcall                routine
```

Eine detaillierte Anzeige des gespeicherten Anrufs ist mit Hilfe der Tasten ENT und NEXT möglich.

```
ENT
```

```
         save call: 0 .. 9
         show call: NEXT
```

```
NEXT
```

```
         type of call
         selective call
```

```
NEXT
```

```
       radio station MMSI #
              211222330
```

```
NEXT
```

Die Anzeige kann fortgesetzt und durch RESET beendet werden.
Beim Anzeigen kann der Anruf abgeändert (Taste CLR) und auf demselben oder einem anderen Speicherplatz abgelegt werden (ENT und Speichernummer drücken).

Senden eines gespeicherten Rufes

Durch Drücken der Taste CALL, Eingabe des Speicherplatzes und erneutes Drücken von CALL können gespeicherte Rufe gesendet werden.

Beispiel: Senden des in Speicher 3 abgelegten Anrufes.

```
CALL
```

```
     edit: ENT;   repeat: CALL
     send saved call: 0 .. 9
```

[3]

```
TX3: 211222330; CH 72; S
selcall              routine
```

[CALL]

Das Senden erfolgt nun in der bekannten Prozedur.

Löschen eines gespeicherten Rufes

Zum Löschen eines gespeicherten Rufes muß der Speicherplatz aufgerufen (Tasten TXC / 0 und 0 .. 9) und dann mit CLR gelöscht werden. Der Inhalt des Speicherplatzes 3 wird so gelöscht:

[TXC 0]

[3]

```
TX3: 211222330; CH 72; S
selcall              routine
```

[CLR]

```
       DSC  on  watch
       04:25:39  UTC
```

Speicher für MMSI- und Telefonnummern

Der Speicher für MMSI- und Telefonnummern ist aus der Grundeinstellung über die Taste DEF / 9 zugänglich:

[DEF 9]

```
       edit / show memory
            MMSI number
```

Der Speicher (memory) für MMSI kann geändert (edit) oder angezeigt (show) werden.

[ENT]

```
MMSI#              memory M00
002114200          NORDDEICH
```

Die obere Zeile besagt: MMSI-Rufnummer, Speicherplatz M00. Unten steht die MMSI von Norddeich Radio.

Mehrfaches Drücken von NEXT zeigt die folgenden Speicherplätze an.

[NEXT]

```
MMSI#              memory M01
         no saved number
```

Der MMSI-Speicherplatz M01 enthält keine gespeicherte Nummer (no saved number).

Hier soll nun die MMSI von Rügen Radio gespeichert werden. Dazu ist in der obigen Display-Anzeige die Taste CLR zu drücken:

(CLR)

```
edit MMSI        mem 01
_ _ _ _ _ _ _ _ _
```

Zunächst wird die MMSI erfaßt:

```
edit MMSI        mem 01
    002114500
```

Tippfehler können mit CLR gelöscht werden. Die Eingabe wird mit ENT abgeschlossen.

(ENT)

```
edit MMSI        mem 01
name: _ _ _ _ _ _ _ _ _
```

Jetzt kann der Name eingegeben werden. Dazu werden die Zifferntasten verwendet. Durch Drücken der Zifferntasten mit anschließendem NEXT können Buchstaben dargestellt werden:

1	A, B, C
2	D, E, F
3	G, H, I
4	J, K, L
5	M, N, O
6	P, Q, R
7	S, T, U
8	V, W, X
9	Y, Z, _

Beispiele: E = 2 + NEXT; O = 5 + NEXT + NEXT.

Ruegen wird so erfaßt:

(6)

```
edit MMSI        mem 01
name: 6 _ _ _ _ _ _ _ _
```

(NEXT)

```
edit MMSI        mem 01
name: P _ _ _ _ _ _ _ _
```

(NEXT)

```
edit MMSI        mem 01
name: Q _ _ _ _ _ _ _ _
```

(NEXT)

```
edit MMSI        mem 01
name: R _ _ _ _ _ _ _ _
```

(7)

```
edit MMSI        mem 01
name: R S _ _ _ _ _ _ _
```

(NEXT)

```
edit MMSI        mem 01
name: R T _ _ _ _ _ _ _
```

(NEXT)

```
edit MMSI        mem 01
name: R U _ _ _ _ _ _ _
```

> 2

```
edit MMSI          mem 01
   name: R U D _ _ _ _ _ _
```

> NEXT

```
edit MMSI          mem 01
   name: R U E _ _ _ _ _ _
```

> 3

```
edit MMSI          mem 01
   name: R U E G _ _ _ _ _
```

Der vollständige Name wird mit ENT quittiert.

> ENT

```
MMSI#           memory M01
002114500         RUEGEN
```

Das Speichern von Telefonnummern erfolgt analog. Hier ist bei der bekannten Anzeige zunächst NEXT zu drücken, um in den Telefonnummern-Speicher zu gelangen:

```
edit / show memory
    MMSI number
```

> NEXT

```
edit / show memory
   telephone number
```

Einfügen einer gespeicherten Nummer in einen DSC-Anruf

Beim Editieren eines Selektivrufes (oder auch beim Aufruf gespeicherter Rufe) kann an der folgenden Stelle eine gespeicherte Nummer eingespeist werden:

```
radio station MMSI #
- - - - - - - - -
```

Der Inhalt von Speicher 01 wird durch Eingabe der Ziffern 0 und 1 mit anschließendem ENT zugespielt.

> 0

```
radio station MMSI #
0 - - - - - - - -
```

> 1

```
radio station MMSI #
01 - - - - - - -
```

> ENT

```
radio station MMSI #
002114500    RUEGEN
```

Statt der Speichernummer kann auch der Name der MMSI erfaßt werden. Das Gerät erkennt einen Namen bereits, wenn ihn die ersten Buchstaben eindeutig beschreiben. Befindet sich außer Rügen kein anderer mit R beginnender Name im Speicher, so reicht die Eingabe des Buchstabens R aus, um die MMSI von Rügen einzugeben.

Weitere Möglichkeiten, Fachbegriffe

Seiten 137 bis 138: Praxiswissen, kein Prüfungsstoff

Spezialanrufe (special calls)

Weitere Möglichkeiten des DSC-Controllers ergeben sich durch Spezialanrufe. Der Spezialanruf kann bei der Auswahl des Anruftyps (type of call) festgelegt werden.

```
    type of call
    selective call
```
(NEXT)
```
    type of call
    all ships call
```
(NEXT)
```
    type of call
    special call
```

Die möglichen Spezialanrufe können nun durch einmaliges Drücken von ENT und anschließendes NEXT angezeigt werden. Möglich sind:

Geographic area call	Gebietsanruf
Polling call	Sendeabruf
Position request	Positionsabfrage
Medical transport	Sanitätstransport
Neutral craft	Neutrales Fahrzeug
Distress relay all	Weiterübermittlung eines Notalarms an alle FuSt
Distress relay sel	Weiterübermittlung eines Notalarms selektiv an eine FuSt

Die letzte Anzeige lautet: "back to main call". Durch Drücken von ENT kehrt man damit zur Auswahl des Anruftyps zurück.

Eine Positionsabfrage, ein Sendeabruf und ein Gebietsanruf werden unten vorgestellt. Die Weiterübermittlung von Notalarmen ist auf Seite 125 ff dargestellt.

Ein Spezialanruf **Sanitätstransport** nach der Genfer Konvention von 1949 und den Zusatzprotokollen zu dieser Konvention ist immer ein an alle FuSt gerichteter Dringlichkeitsanruf. Nach dem Dringlichkeitszeichen ist einmal das Wort MEDICAL zu senden. Es zeigt an, daß die Meldung einen geschützten Sanitätstransport betrifft.

Ein Spezialanruf **Neutrales Fahrzeug** ist stets ein an alle FuSt gerichteter Sicherheitsanruf. Auch mit diesem Anruf wird ein Arbeitskanal mitgeteilt, auf welchem das neutrale Fahrzeug z. B. bei der Durchfahrt durch Spannungsgebiete mit einer Sicherheitsmeldung die Aufmerksamkeit auf sich lenken kann.

Positionsabfrage (position request)

Aus verschiedenen Gründen kann es notwendig sein, die Position eines Schiffes (mit bekannter MMSI) abzufragen. Neben der MMSI müssen für eine Positionsanfrage keine weiteren Daten eingegeben werden.
Die Standardeinstellung des DEBEG-Controllers sieht vor, daß Positionsanfragen automatisch beantwortet werden. Eine Änderung der Einstellung kann über die Taste CNF / 2 vorgenommen werden. Die Antwort auf eine Positionsanfrage wird als "position acknowledgement" bezeichnet und mit "posn ackn" auf dem Display dargestellt. Einzelheiten zur Antwort werden über ENT und NEXT abgerufen.

Sendeabruf (polling call)

Ein Sendeabruf ist eine Bitte um ein Zeichen. Mit ihm kann nur festgestellt werden, ob sich ein bestimmtes Schiff innerhalb der Reichweite des eigenen DSC-Controllers befindet. Die Antwort wird als "polling acknowledgement" bezeichnet und ebenfalls automatisch gegeben. Sie enthält keine weiteren Informationen. Positionsanfragen und Sendeabrufen können die Prioritäten Routine, Sicherheit und Dringlichkeit zugeordnet werden.

Gebietsanruf (geographic area call)

Gebietsanrufe werden auf Kurzwelle oder im Satellitenseefunk zur Weiterübermittlung von Notalarmen oder Verbreitung von Sicherheitsmeldungen (z. B. Hurrikan-Warnungen) verwendet, um gezielt diejenigen Schiffe anrufen zu können, die sich in einem bestimmten Gebiet befinden.

Gebiete sind immer rechteckige Flächen mit zwei vertikalen und zwei horizontalen Seiten. Der nordwestliche Eckpunkt wird zunächst als Bezugspunkt (Breite, Länge) festgelegt. Von diesem Bezugspunkt aus wird die Ausdehnung nach Süden (vert) und nach Osten (hor) in Grad angegeben. Gebietsanrufe sind Anrufe an alle Schiffe. Die Selektion erfolgt mit Hilfe des im DSC-Controller eingespeicherten Standortes (s. Seite 124).

Aufgrund der beschränkten Reichweite sind Gebietsanrufe im UKW-Sprechfunk nur von theoretischer Bedeutung. Ein UKW-DSC-Controller beinhaltet diese Anrufmöglichkeit, weil die Benutzeroberflächen der DSC-Controller für unterschiedliche Frequenzbereiche einheitlich sein sollen.

Priorität Shipmaster

Mit Priorität Shipmaster können Anrufe zwischen Schiffen zur Verkehrssicherheit oder zur Navigation gesendet werden (s. Seite 36, Rang 6). Die Seefunk-Rangfolge des Shipmasterverkehrs liegt unterhalb des Sicherheits-, aber oberhalb des Routineverkehrs. Darüber hinaus rufen manche KüFuSt Schiffe mit Priorität Shipmaster an, wenn ein Gespräch an die Schiffsführung vorliegt.

Additional info: pay-phone

Mit additional info pay-phone wird im Verkehr mit KüFuSt mitgeteilt, daß der Anruf der Vermittlung eines kostenpflichtigen Gespräches dient.

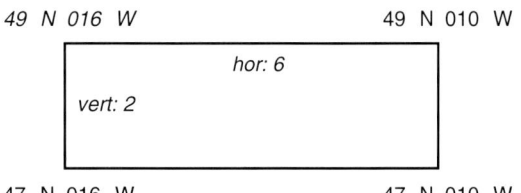

Gruppen-MMSI

Mit einer Gruppen-MMSI kann eine Gruppe von Schiffen gleichzeitig angerufen werden. Als Gruppe könnten z. B. alle Schiffe der WaSchPo, des Zolls, der Küstenwache, einer Reederei oder Fischfangflotte oder auch alle deutschen Schiffe definiert werden. Gruppen-MMSI werden durch das BAPT ausgegeben. Ihre erste Ziffer ist stets eine 0.

Dieses Gebiet wird durch den Bezugspunkt (49 N 016 W) und die Ausdehnung (vert: 2 , hor: 6) beschrieben

6. Prüfung zum Erwerb der UKW-Betriebszeugnisse I und II

Allgemeine Hinweise zur Prüfung

Überblick über den Prüfungsablauf

Die Vollprüfung zum Erwerb eines UKW-Betriebszeugnisses setzt sich aus der Prüfung zum UKW-Sprechfunkzeugnis (s. Seite 48 ff) und einer Zusatzprüfung für das jeweilige UKW-Betriebszeugnis zusammen. Inhaber eines UKW-Sprechfunkzeugnisses oder eines Allgemeinen Sprechfunkzeugnisses müssen nur eine Zusatzprüfung ablegen.

Zusatzprüfung für das UKW-Betriebszeugnis II

Die Zusatzprüfung für das UKW-Betriebszeugnis II beinhaltet einen theoretischen und einen praktischen Teil.

1. Theoretische Prüfung: Beantwortung eines Fragebogens bestehend aus 15 Fragen; der gesamte Fragenkatalog ist auf den Seiten 140 bis 144 abgedruckt.
2. Praktische Prüfung am DSC-Controller: Verbindungsaufbau zwischen zwei DSC-Controllern (einschließlich der DSC-Empfangsbestätigungen) für die Gesprächskategorien Notalarm, Dringlichkeitsanruf, Sicherheitsanruf oder Routineanruf mit anschließender Gesprächsabwicklung; manuelle Eingabe der Schiffsposition mit zugehöriger Uhrzeit (s. Seite 124).

Bei Prüfungen in den Räumen des BAPT wird der DSC-Controller DEBEG 3817 verwendet. Beispiele für Prüfungsaufgaben und deren Lösungen sind auf den Seiten 145 ff enthalten.

Zusatzprüfung für das UKW-Betriebszeugnis I

Die Zusatzprüfung für das UKW-Betriebszeugnis I umfaßt darüber hinaus noch zwei Übersetzungen:

3. handschriftliche Aufnahme einer Not-, Dringlichkeits- oder Sicherheitsmeldung in englischer Sprache unter Anwendung der Buchstabiertafel mit anschließender schriftlicher Übersetzung ins Deutsche (ohne Hilfsmittel),
4. handschriftliche Abgabe einer Not-, Dringlichkeits- oder Sicherheitsmeldung in englischer Sprache nach Vorgabe eines Textes in deutscher Sprache.

In der Regel sind NAVTEX-MSI-Meldungen (auch Wetterberichte) zu übersetzen; Prüfungstexte findet der Leser auf den Seiten 158 - 166.

Fragenkatalog zur schriftlichen Prüfung

Prüfungsbögen

Die Prüfungsbögen enthalten 15 Fragen mit je 4 möglichen Antworten, von denen nur eine zutrifft. Die falschen Antworten werden nicht veröffentlicht. Die Bearbeitungszeit beträgt 15 Minuten. Mindestens 12 Antworten müssen richtig angekreuzt werden.

Abschnitt I Allgemeine Bestimmungen, Begriffsbestimmungen

1. Welches Funkzeugnis ist mindestens erforderlich, um auf einem nicht ausrüstungspflichtigen Schiff im Bedeckungsbereich der deutschen UKW-Küstenfunkstellen am GMDSS teilnehmen zu können?

   Beschränkt Gültiges Betriebszeugnis für Funker II

2. Wozu berechtigt das UKW-Betriebszeugnis I?

   Es berechtigt zum Bedienen der Sprech-Seefunkstellen für UKW und der Funkeinrichtungen des GMDSS für UKW

3. Wozu berechtigt das UKW-Betriebszeugnis II?

   Es berechtigt zum Bedienen der Sprech-Seefunkstellen für UKW und der Funkeinrichtungen des GMDSS für UKW im Bedeckungsbereich deutscher Küstenfunkstellen

4. Welches Seefunkzeugnis ist mindestens erforderlich, um weltweit am GMDSS im Seegebiet A1 teilnehmen zu dürfen?

   Beschränkt Gültiges Betriebszeugnis für Funker I

5. Welches Seefunkzeugnis berechtigt zum Bedienen aller Sprech-Seefunkstellen und Einrichtungen des GMDSS im Seegebiet A3?

   Allgemeines Betriebszeugnis für Funker

6. Welches internationale Regelwerk legt die betrieblichen Verfahren für das Weltweite Seenot- und Sicherheitsfunksystem für die Schiffahrt fest?

   Vollzugsordnung für den Funkdienst

7. Wer ist bei Seefunkstellen über den Empfang eines Notalarms und seinen Inhalt umgehend zu informieren?

   Der Führer des Fahrzeugs oder die für das Schiff verantwortliche Person

8. Welchem Zweck dient GMDSS?

   Zur schnellen und genauen Alarmierung in Not-, Dringlichkeits- und Sicherheitsfällen

9. Welches internationale Regelwerk wurde u. a. für die Einführung des GMDSS geändert?

   Internationales Übereinkommen zum Schutz des menschlichen Lebens auf See (SOLAS)

10. Welche Regelung für die Ausrüstungspflicht mit Funkanlagen gilt nach dem 1. Februar 1999 für Schiffe, die unter die SOLAS-Konvention fallen?

    Seefahrzeuge ab 300 BRZ müssen mit Einrichtungen für GMDSS ausgerüstet sein

11. Wann müssen spätestens alle ausrüstungspflichtigen Schiffe mit Einrichtungen für GMDSS ausgerüstet sein?

    Ab 1. Februar 1999

12. Welche überstaatliche Vereinbarung enthält Bestimmungen über die Ausrüstungspflicht mit GMDSS-Funkanlagen bei Seefahrzeugen?

    Internationales Übereinkommen zum Schutz des menschlichen Lebens auf See (SOLAS)

13. In welchem Fall kann von den Bestimmungen der Vollzugsordnung für den Funkdienst abgewichen werden?	Im Notfall	3. Wie wird die MMSI gebildet?	Aus 9 Ziffern
14. Wie werden die Seegebiete im GMDSS bezeichnet?	A1, A2, A3, A4	4. Wie setzt sich die MMSI einer Seefunkstelle zusammen?	Aus 9 Ziffern
15. Wie lautet die Kurzbezeichnung für das nachfolgend beschriebene Seegebiet? "Ein von der zuständigen Verwaltung festgelegtes Gebiet innerhalb der Sprechfunkreichweite mindestens einer UKW-Küstenfunkstelle, die ununterbrochen für DSC-Alarmierungen zur Verfügung steht."	A1	5. Wie setzt sich die MMSI einer Küstenfunkstelle zusammen?	Aus 9 Ziffern, von denen die ersten beiden Ziffern Nullen sind
		6. Was bedeutet die Abkürzung SAR?	Suche und Rettung
		7. Was bedeutet die Abkürzung GMDSS?	Weltweites Seenot- und Sicherheitsfunksystem
		8. Über welches System können im Küstenbereich Warnnachrichten automatisch empfangen werden?	NAVTEX
		9. Was verbirgt sich hinter der Abkürzung EPIRB?	Seenotfunkbake
		10. In welchem Frequenzbereich arbeitet ein Radartransponder?	9 GHz
16. Welchem Zweck dienen Ortungszeichen?	Ortungszeichen sollen die Ortung einer beweglichen Funkstelle in Not oder die Ermittlung des Standortes der Überlebenden erleichtern	11. Was bedeutet die Abkürzung RCC?	**R**escue **C**oordination **C**entre
17. Was sind Zielfahrtzeichen?	Ortungszeichen, die von beweglichen Einheiten in Not- oder Rettungsgeräten ausgesendet werden	12. Was bedeutet die Abkürzung SAR?	**S**earch **a**nd **R**escue
		13. Was bedeutet die Abkürzung SART?	**S**earch **a**nd **R**escue Radar **T**ransponder
18. Für welche Behörde steht die Abkürzung BAPT?	**B**undes**a**mt für **P**ost und **T**elekommunikation	14. Was bedeutet die Abkürzung GMDSS?	**G**lobal **M**aritime **D**istress and **S**afety **S**ystem
		15. Was bedeutet die Abkürzung MMSI?	**M**aritime **M**obile **S**ervice **I**dentity
Abschnitt II **GMDSS-Fachbegriffe**		16. Was bedeutet die Abkürzung MID?	**M**aritime **I**dentification **D**igit
1. Was ist die "Maritime Mobile Service Identity" (MMSI)?	Die Rufnummer im Seefunkdienst	17. Was verbirgt sich hinter der Abkürzung EPIRB?	**E**mergency **P**osition-**I**ndicating **R**adio **B**eacon
2. Welches Schiffspapier enthält die MMSI?	Die Genehmigungsurkunde		

18. Welche Frequenzbereiche benutzt das NAVTEX-System für die Aussendungen von Meldungen?	Mittelwelle (MW) und Kurzwelle (KW)
19. Was bedeutet Distress Alert?	Notalarm

Abschnitt III
Betriebsverfahren im GMDSS
Not-, Dringlichkeits- und Sicherheitsmeldungen

1. Auf welchem UKW-Kanal müssen Seefunkstellen mit Einrichtungen für GMDSS, wenn sie auf See sind, eine Empfangsbereitschaft für DSC sicherstellen?	Es muß eine automatische Empfangsbereitschaft auf Kanal 70 aufrechterhalten werden
2. Wem obliegt das Steuern des Verkehrs vor Ort im GMDSS?	Der Funkstelle, welche die Such- und Rettungsarbeiten koordiniert
3. Wer ist für die Wahl und Bezeichnung der für den Verkehr vor Ort zu benutzenden Frequenzen verantwortlich?	Die Funkstelle, welche die Such- und Rettungsarbeiten koordiniert
4. Wie heißt das Verfahren zur Verkehrsaufnahme auf Kanal 70?	DSC
5. Womit wird in der MMSI der Landeskenner der Funkstelle angegeben?	MID
6. Was zeigt die MID an?	Landeskenner der Funkstelle
7. Wird der mit einem DSC-Codierer aufgenommene Notalarm gespeichert?	Er wird immer gespeichert
8. Auf welchem Kanal wird ein DSC-Routine-Anruf ausgesendet?	Auf Kanal 70
9. Auf welchem Kanal erfolgt die DSC-Alarmierung?	Auf Kanal 70
10. Auf welchem Kanal wird ein DSC-Notalarm ausgesendet?	Auf Kanal 70
11. Welche Aussendungen dürfen auf Kanal 70 erfolgen?	DSC-Anrufe
12. Ist das bisherige Selektivrufsystem (Einzeltonfolge) auch im DSC-Verfahren anzuwenden?	Es ist nicht anwendbar
13. Welche Frequenz für den Flugfunkdienst wird u. a. für die Abwicklung von Not- und Dringlichkeitsverkehr benutzt?	121,5 MHz
14. Für welchen Zweck darf im GMDSS die Frequenz 121,5 MHz benutzt werden?	Für Not- und Dringlichkeitszwecke im Sprechfunk durch Funkstellen des mobilen Flugfunkdienstes, für Rettungsgerätfunkstellen und von Funkbaken zur Kennzeichnung der Notposition
15. Welcher Dienst übermittelt Maritime Safety Information (MSI) auf terrestrischen Frequenzen?	NAVTEX
16. Werden Notmeldungen auch über NAVTEX verbreitet?	Ja
17. Welches Seegebiet deckt NAVTEX ab?	Einen Bereich bis zu 400 Seemeilen

18. Welche Auswahlmöglichkeiten bestehen bei einem NAVTEX-Empfänger?	Küstenfunkstelle und die Art der Meldung	28. Wie erfolgt die Bestätigung eines Notanrufs einer Seefunkstelle durch eine Küstenfunkstelle mittels des DSC?	Die Küstenfunkstelle bestätigt den Notanruf auf Kanal 70 durch eine Empfangsbestätigung an alle Schiffe unter Angabe der Kennzeichnung des Schiffes, dessen Notanruf bestätigt wird
19. Welchen Frequenzbereich benutzt das NAVTEX-System für die Aussendung von Meldungen?	Mittelwelle (MW)		
20. In welcher Sprache werden in der Regel Meldungen im NAVTEX-System abgefaßt?	Englisch	29. Welche Maßnahmen sind von einer Seefunkstelle zu ergreifen, wenn sie einen mittels des digitalen Selektivrufs ausgesendeten Notalarm empfangen hat?	Die Seefunkstelle muß den Notalarm auf Kanal 16 bestätigen und diesen Kanal weiterhin abhören
21. Mit welchem Gerät kann man einen Notalarm auf UKW per Knopfdruck auslösen?	Mit einem DSC-Codierer	30. Was ist bei der Ankündigung einer Dringlichkeitsmeldung auf UKW im GMDSS zu beachten?	Die Dringlichkeitsmeldung muß mittels des digitalen Selektivrufs (DSC) auf Kanal 70 angekündigt werden
22. Die Aussendung des Notalarms erfolgt im GMDSS auf UKW Kanal 70. Auf welchem Kanal wird der Notverkehr abgewickelt?	Kanal 16		
		31. Sie sehen ein Flugzeug abstürzen. Die zuständige SAR-Stelle ist sofort zu benachrichtigen. Welcher Verkehr wird eingeleitet?	Notverkehr (Distress)
23. Auf welchem Kanal wird der Notverkehr auch im GMDSS abgewickelt?	Auf Kanal 16		
24. Für welche Zwecke wird die Frequenz 156,8 MHz (Kanal 16) im GMDSS benutzt?	Not- und Sicherheitsverkehr im Sprechfunk	32. Welche Angaben enthält die Bestätigung des Empfangs eines Notalarms einer Seefunkstelle im Sprechfunk?	- MAYDAY - Rufnummer (MMSI) der Funkstelle in Not - HIER IST (THIS IS) oder DE (gesprochen DELTA ECHO) - Rufnummer (MMSI) der bestätigenden Funkstelle - ERHALTEN (RECEIVED) oder RRR (gesprochen ROMEO ROMEO ROMEO) - MAYDAY
25. Welche Angaben muß ein Notalarm mindestens enthalten?	Angaben zur Kennzeichnung der Funkstelle in Not sowie Angaben zu ihrer Position		
26. Wie heißt das Notzeichen im GMDSS?	MAYDAY		
27. Woraus besteht das Dringlichkeitszeichen im GMDSS?	Aus der Gruppe der Wörter PAN PAN	33. Welche Maßnahmen soll eine Seefunkstelle ergreifen, wenn ihre Bestätigung über den Empfang des Notalarms auf dem dafür vorbehaltenen Kanal 16 erfolglos bleibt?	Die Seefunkstelle soll den Empfang des Notalarms durch Aussendung eines digitalen Selektivrufs auf Kanal 70 bestätigen

34. Mit welchen Zeichen dürfen Funkstellen, die den Notverkehr oder die Such- und Rettungsarbeiten koordinieren, Funkstellen, die den Notverkehr im GMDSS stören, im Sprechfunk Funkstille auferlegen?	SILENCE MAYDAY
35. Was zeigen der Dringlichkeitsanruf und das Dringlichkeitszeichen an?	Der Dringlichkeitsanruf und das Dringlichkeitszeichen zeigen an, daß die rufende Funkstelle eine sehr dringende Meldung auszusenden hat, welche die Sicherheit einer beweglichen Funkstelle oder einer Person betrifft
36. Wie oft muß im Sprechfunk das Dringlichkeitszeichen "PAN PAN" bei der Ankündigung einer Dringlichkeitsmeldung gesprochen werden?	Dreimal

Übungsaufgaben zur praktischen Prüfung am DSC-Controller DEBEG 3817

Prüfungsgeräte, Prüfungsaufgaben

Das BAPT führt - bei Prüfungen in eigenen Räumen - den praktischen Prüfungsteil an zwei DSC-Controllern des Typs DEBEG 3817 durch, die durch ein Kabel miteinander verbunden sind.
Für diese Controller sind die Musterlösungen der nachfolgenden Aufgaben beschrieben.

Der Bewerber erhält in der Regel auf kleinen Kärtchen ein bis zwei Prüfungsaufgaben. Die Bearbeitung hat sofort zu erfolgen. Es besteht keine Zeit, um zunächst kurze schriftliche Notizen anzufertigen.

Es gibt keine bundesweit einheitlichen Prüfungsaufgaben, diese werden vielmehr von den jeweiligen Prüfungsbehörden (nach allgemeinen Richtlinien) selbst erstellt.

In der Regel wird verlangt, daß im Anschluß an den DSC-Ruf auch die Meldung, mit welcher der anschließende Funkverkehr aufgenommen wird, abgegeben wird.

Gelegentlich müssen auch ein auf einem DSC-Decoder eingegangener Anruf erläutert und die daraufhin erforderlichen Maßnahmen eingeleitet werden.

Manchmal beginnt die Prüfung mit der Eingabe der aktuellen Schiffsposition und der zugehörigen Uhrzeit (s. Seite 124). In seltenen Fällen muß auch die Belegung der Tastatur (s. Seite 97) erläutert werden.

Die Abgabe von Meldungen in englischer Sprache gehört nicht zum Prüfungsstoff.

Aufgabe 1

Senden Sie für das Schiff Techno / DLXC, MMSI 211 222 330 zunächst einen Notalarm und danach eine Notmeldung auf Kanal 16 mit folgenden Daten aus:

- Wassereinbruch
- Notfallposition: 57-35 N 007-50 E
- Notfallzeit: 1730 UTC
- Sprechfunk Simplex

Lösung von Aufgabe 1

Schritt 1: Notalarm

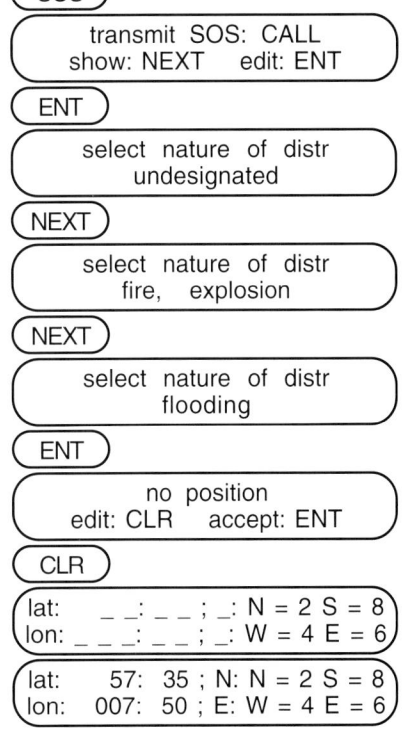

```
┌ ENT ┐
│ time:   17:32   UTC        │
│ edit: CLR    accept: ENT   │

┌ CLR ┐
│ time:   _ _:_ _   UTC      │
│           _  accept: ENT   │

│ time:   17:30   UTC        │
│         accept: ENT        │

┌ ENT ┐
│ 57:35N   007:50E:   17:30  │
│ edit: CLR    accept: ENT   │

┌ ENT ┐
│ transmit SOS: CALL         │
│ show: NEXT    save: 0 ... 9│

┌ CALL ┐
│ manual  tune  then: ENT    │
│        channel #:   70     │

┌ ENT ┐
│         transmitting       │
│ distress         flooding  │

│  waiting     autorepeat    │
│ rept: CALL    end: RESET   │
```

Nun piept der zweite Controller. Das Piepen wird mit CLR abgeschaltet.

Schritt 2: Notmeldung auf Kanal 16

MAYDAY MAYDAY MAYDAY
HIER IST
TECHNO TECHNO TECHNO / DLXC
MAYDAY TECHNO / DLXC, MMSI 211 222 330
NOTFALLPOSITION 57-35 N 007-50 E
NOTFALLZEIT 1730 UTC
WASSEREINBRUCH
ICH SENDE DAS PEILZEICHEN ...
TECHNO / DLXC
OVER

MAYDAY MAYDAY MAYDAY
THIS IS
TECHNO TECHNO TECHNO
CALL SIGN DLXC
MAYDAY TECHNO
I SPELL THE SHIPS NAME TANGO ECHO CHARLIE ...
CALL SIGN DLXC MMSI 211 222 330
DISTRESS POSITION FIVE SEVEN DEGREES
THREE FIVE MINUTES NORTH   ZERO ZERO SEVEN
DEGREES FIVE ZERO MINUTES EAST
DISTRESS TIME ONE SEVEN THREE ZERO UTC
FLOODING
I AM TRANSMITTING A RADIO SIGNAL ...
TECHNO CALL SIGN DLXC
OVER

Fragen im Zusammenhang mit Aufgabe 1

1. Erläutern Sie die letzte Display-Anzeige!

   Der Controller wartet auf eine automatische Wiederholung des Notalarms (waiting autorepeat). Mit CALL kann die Aussendung des Notalarms jederzeit wiederholt werden; mit RESET wird die automatische Wiederholung beendet.

2. Wie bestätigen Sie den obigen Notalarm?

   Im Sprechfunk auf Kanal 16; ich warte jedoch zunächst die DSC-Bestätigung der KüFuSt ab.

3. Wer sendet die Notalarm-Bestätigung aus?

   Die nächstgelegene KüFuSt. Nur wenn die Aussendung des Notalarms anhält, ohne daß eine KüFuSt ihn bestätigt hat (etwa wenn die KüFuSt außerhalb der DSC-Reichweite liegt), darf ein Schiff eine Notalarm-Bestätigung senden.

4. Müssen Sie im Anschluß an den Notalarm noch eine Notmeldung auf Kanal 16 senden?

   Ja, bis zum 31.1.1999 ist dies vorgeschrieben.

Aufgabe 2

Auf dem DSC-Controller 211 222 440 ist die folgende Anzeige sichtbar:

```
D00: 211222330; CH 16; S
  show: ENT     ackn: CALL
```

1. Erläutern Sie die Anzeige!
2. Wie erhalten Sie weitere Informationen über den Anruf?

Lösung von Aufgabe 2

1. Eingang eines Notalarms (D = distress = Seenot); wird abgespeichert im Speicher D00; SeeFuSt in Not: 211 222 330; Notverkehr auf Kanal 16 (CH16) im Sprechfunk, Simplex (S).
Mit ENT können weitere Einzelheiten angezeigt, mit CALL kann die DSC-Bestätigung oder Weiterübermittlung eingeleitet werden.

2.

(ENT)

```
        type  of  call
        distress   call
```

Anruftyp: Notalarm

(NEXT)

```
        call   received
    10   mar   1997   17:32:24
```

Anruf am 10. März 1997 um 17:32:24 UTC erhalten.

(NEXT)

```
        ship  in  distress
              211222330
```

Schiff in Not: MMSI 211 222 330

(NEXT)

```
      nature  of  distress
             flooding
```

Art des Notfalls: Wassereinbruch

(NEXT)

```
       distress   position
     57:35N    007:50E    17:30
```

Die Notfallposition mit zugehöriger Uhrzeit (UTC)

(NEXT)

```
     communication   type
       phone          simplex
```

Art der Funkverbindung: Sprechfunk, Simplex

(NEXT)

```
        type  of  call
        distress   call
```

Ende der Anzeige.

(ENT)

```
D00: 211222330; CH 16; S
    distress     flooding
```

Die Anzeige blinkt, weil auf diesen Notalarm noch keine DSC-Bestätigung erfolgt ist. Das Blinken wird durch CLR abgeschaltet.

(CLR)

```
D00: 211222330; CH 16; S
  show: ENT     ackn: CALL
```

Aufgabe 3

Geben Sie (211 222 330) einen DSC-Anruf ab:
- Gerufenes Schiff: 211 222 440
- Routineverkehr
- Sprechfunk, Simplex
- Arbeitskanal 72

Lösung von Aufgabe 3

```
        DSC on watch
        15:55:59   UTC
(CALL)
     edit: ENT; repeat: CALL
     send saved call: 0 .. 9
(ENT)
          type of call
          dialphone call
(NEXT)
          type of call
          selective call
(ENT)
        radio station MMSI #
        _ _ _ _ _ _ _ _ _
        radio station MMSI #
            211222440_
(ENT)
       transmit:  CALL
    show: NEXT   save: 0 .. 9
(NEXT)
          type of call
          selective call
(NEXT)
        radio station MMSI #
            211222440_
(NEXT)
            priority
            routine
(NEXT)
       communication type
       phone          simplex
(NEXT)
         additional info
         no information
(NEXT)
         working channel
         no information
(CLR)
         working channel
             CH _
         working channel
             CH 72
(ENT)
          type of call
          selective call
(ENT)
       transmit:  CALL
    show: NEXT   save: 0 .. 9
(CALL)
     manual tune then: ENT
     channel #:  70
(ENT)
          transmitting
       selcall         routine
         waiting for ackn
       selcall         routine
```

Fragen im Zusammenhang mit Aufgabe 3

1. Erklären Sie die letzte Display-Anzeige!

   Der DSC-Controller wartet nun auf eine DSC-Bestätigung seines Selektivanrufes der Priorität Routine.

2. Wie wird das Gespräch nach Eingang der DSC-Bestätigung aufgenommen?

   Beide FuSt stellen ihre UKW-Sprechfunkgeräte auf Kanal 72 ein; dies erfolgt bei ferngesteuerten Funkgeräten automatisch. Sobald der Kanal frei ist, beginnt das rufende Schiff den Funkverkehr mit dem folgenden offenen Sprachanruf auf Kanal 72:

   211 222 440
   HIER IST
   211 222 330

3. Erläutern Sie den Aufbau der verwendeten MMSI!

   Es handelt sich um eine SeeFuSt, denn die MMSI der KüFuSt beginnen mit 00, und die Gruppen-MMSI beginnen stets mit 0.
   Die ersten drei Ziffern geben den Landeskenner (MID) an. An der Zahl 211 ist zu erkennen, daß es sich um eine deutsche SeeFuSt handelt. Die derzeit vom BAPT vergebenen MMSI haben als letzte Ziffer immer eine 0.

4. Wie kann auf dem gerufenen Schiff die DSC-Bestätigung möglichst einfach gesendet werden?

   Indem der DSC-Decoder auf "Automatische Bestätigung von Selektivanrufen" eingestellt wird. Dies ist nur bei einem ferngesteuerten Funkgerät möglich.

5. In welchem Verkehr dürfen keine DSC-Anrufe verwendet werden?

   Im nichtöffentlichen Routineverkehr.

Aufgabe 4

Geben Sie einen DSC-Anruf ab:
- Gerufene KüFuSt: 00 211 4500
- Routineverkehr
- Sprechfunk, Simplex

Lösung von Aufgabe 4

```
   DSC on watch
   15:55:59   UTC
```
(CALL)
```
 edit: ENT; repeat: CALL
 send saved call: 0 .. 9
```
(ENT)
```
      type of call
      dialphone call
```
(NEXT)
```
      type of call
      selective call
```
(ENT)
```
    radio station MMSI #
    _ _ _ _ _ _ _ _ _
```
```
    radio station MMSI #
         002114500_
```
(ENT)
```
     transmit:  CALL
   show: NEXT  save: 0 .. 9
```
(CALL)
```
   manual tune then: ENT
        channel #:  70
```
(ENT)
```
         transmitting
     selcall         routine
```

149

Aufgabe 5

Auf dem DSC-Controller ist (von Aufgabe 1) der folgende empfangene Notalarm sichtbar:

```
D00: 211222330; CH 16; S
   show: ENT    ackn: CALL
```

Senden Sie eine DSC-Weiterübermittlung dieses Notalarms an Norddeich Radio, MMSI 002114200!

```
( CALL )
  manual tune then: ENT
       channel #:  70
( ENT )
           transmitting
  relay sel          211222330
          waiting for ackn
  relay sel          211222330
```

Lösung von Aufgabe 5

```
  D00: 211222330; CH 16; S
    show: ENT     ackn: CALL
( CALL )
   ships ackn by phone
         CH16
( CALL )
    transmit    distress
    relay: 3           ackn: 4
( 3 )
   send distress relay?
   YES: CALL    NO: ENT
( CALL )
        type of call
     distress relay sel
( ENT )
    radio station MMSI #
    _ _ _ _ _ _ _ _ _
    radio station MMSI #
         002114200_
( ENT )
   transmit relay: CALL
   show: NEXT   save: 0 .. 9
```

Fragen im Zusammenhang mit Aufgabe 5

1. In welchem Fall senden Sie eine Weiterverbreitung eines Notalarms an eine KüFuSt?

   Wenn die KüFuSt den Notalarm nicht empfangen konnte (z. B. wenn ich die KüFuSt erreichen kann, das Schiff in Not aber außerhalb der UKW-Reichweite liegt) oder wenn ich davon ausgehe, daß fremde Hilfe zusätzlich erforderlich ist.

2. Wird eine Weiterübermittlung eines Notalarms im GMDSS bestätigt?

   Ja, eine Bestätigung erfolgt durch eine KüFuSt per DSC und durch andere Schiffe auf Kanal 16.

3. Wie verhalten Sie sich nach dem Empfang eines Notalarms?

   Ich beobachte den DSC-Controller, ob eine DSC-Bestätigung des Notalarms erfolgt. Sofern ich gleichzeitig auf Kanal 70 empfangsbereit bin, schalte ich das UKW-Sprechfunkgerät auf Kanal 16 und verfolge den Notverkehr. Nach Aussenden einer Notalarm-Bestätigung durch eine KüFuSt bestätige ich den Notalarm auf Kanal 16. Dabei achte ich darauf, daß ich die Aussendungen anderer am Notverkehr beteiligter FuSt nicht störe.

> **Aufgabe 6**
>
> Zuflucht / DH 88 22 treibt ungefähr auf Position 55-40 N 007-50 E nach Maschinenschaden in schwerer See und benötigt dringend Schlepperhilfe.

Lösung von Aufgabe 6

Schritt 1: DSC-Dringlichkeitsanruf an alle Schiffe

```
     DSC on watch
     15:55:59  UTC
( CALL )
   edit: ENT; repeat: CALL
   send saved call: 0 .. 9
( ENT )
        type of call
       dialphone call
( NEXT )
        type of call
       selective call
( NEXT )
        type of call
       all ships call
( ENT )
      working channel
           CH _
      working channel
          CH16 _
( ENT )
      transmit:  CALL
   show: NEXT   save: 0 .. 9
( NEXT )
```

```
        type of call
       all ships call
( NEXT )
         priority
         routine
( CLR )
      select   priority
         routine
( NEXT )
      select   priority
        shipmaster
( NEXT )
      select   priority
         safety
( NEXT )
      select   priority
         urgency
( ENT )
    communication  type
     phone      simplex
( NEXT )
      additional  info
      no  information
( ENT )
      transmit:  CALL
   show: NEXT   save: 0 .. 9
( CALL )
   manual  tune  then: ENT
       channel #:  70_
( ENT )
        transmitting
    all ships        urgency
   manual  tune  then: ENT
       channel #:  16_
```

Schritt 2: Dringlichkeitsmeldung auf Kanal 16

PAN PAN PAN PAN PAN PAN
AN ALLE FUNKSTELLEN
AN ALLE FUNKSTELLEN
AN ALLE FUNKSTELLEN
HIER IST
ZUFLUCHT ZUFLUCHT ZUFLUCHT / DH 8822
UNGEFÄHRE POSITION 55-40 N 007-50 E
MASCHINENSCHADEN
TREIBE IN SCHWERER SEE
DRINGEND SCHLEPPHILFE BENÖTIGT
ICH BIN EMPFANGSBEREIT
AUF DEN KANÄLEN 16 UND 06
OVER

PAN PAN PAN PAN PAN PAN
ALL STATIONS ALL STATIONS ALL STATIONS
THIS IS
ZUFLUCHT ZUFLUCHT ZUFLUCHT
I SPELL THE SHIPS NAME ZOULOU UNIFORM ...
CALL SIGN DH 8822
APPROXIMATE POSITION FIVE FIVE DEGREES
FOUR ZERO MINUTES NORTH   ZERO ZERO SEVEN
DEGREES FIVE ZERO MINUTES EAST
ENGINE BROKEN DOWN
ADRIFT IN HEAVY SEA
TUG ASSISTANCE URGENTLY REQUIRED
I AM READY TO RECEIVE ON CHANNELS 16 AND 06
OVER

Fragen im Zusammenhang mit Aufgabe 6

1. Was besagt die letzte Controller-Anzeige?

   Der Bediener wird aufgefordert, Kanal 16 einzuschalten und dies mit ENT zu quittieren.

2. Wie verhalten Sie sich nach dem Empfang eines DSC-Dringlichkeitsanrufes an alle FuSt?

   Ich schalte das UKW-Gerät auf Kanal 16 um und nehme die Dringlichkeitsmeldung auf.

3. Geht auf die Dringlichkeitsmeldung aus der letzten Aufgabe 6 eine DSC-Bestätigung ein?

   Nein. An alle Schiffe gerichtete Dringlichkeitsmeldungen werden im GMDSS nicht bestätigt.

4. Auf welche Dringlichkeitsmeldungen erfolgt eine DSC-Bestätigung?

   Auf Dringlichkeitsmeldungen, die selektiv an eine FuSt gerichtet sind.

5. Muß eine Dringlichkeitsmeldung im GMDSS widerrufen werden?

   Ja, sofern andere FuSt mit der Dringlichkeitsmeldung veranlaßt wurden, bestimmte Maßnahmen zu ergreifen.

Aufgabe 7

Auf dem DSC-Controller ist (von Ihrem Vorgänger) die folgende Anzeige sichtbar:

```
R00:  211222330;  CH 72;  S
selcall                   routine
```

1. Erläutern Sie die Anzeige!
2. Sie sind bereit, das Gespräch zu führen. Bestätigen Sie den Anruf!
3. Sie können das Gespräch derzeit nicht führen. Teilen Sie dies dem Anrufer mit. Geben Sie dabei als Begründung "besetzt" an!

Lösung von Aufgabe 7

1. Eingang eines DSC-Routineanrufes, abgelegt im Speicher R00, von 211 222 330, Selektivruf, Arbeitskanal: 72, Sprechfunk, Simplex-Verkehr.

2.

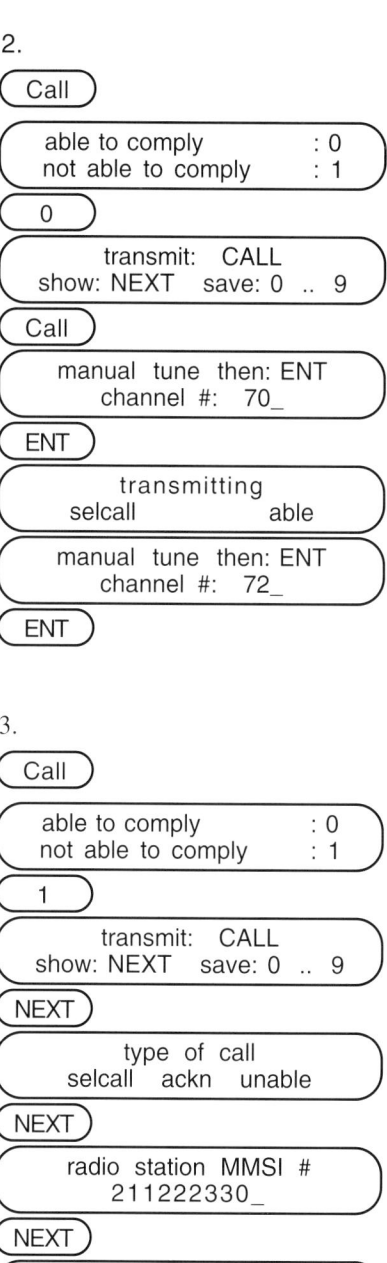

3.

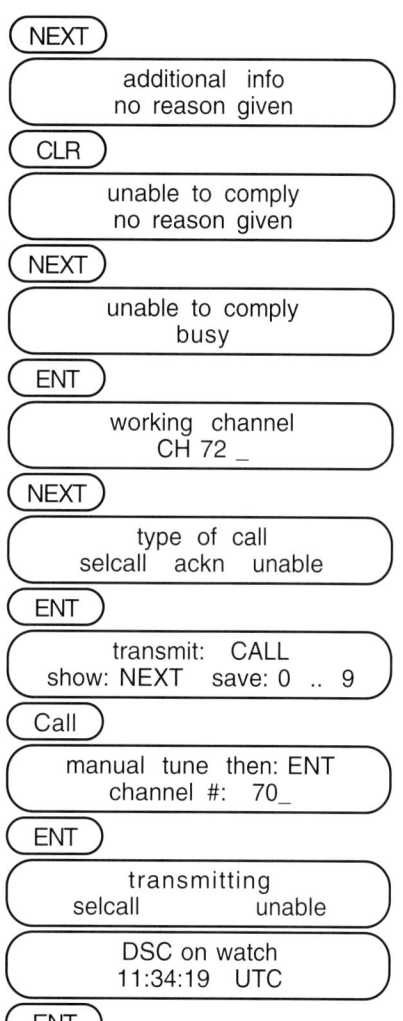

Fragen im Zusammenhang mit Aufgabe 7

1. Sind Sie verpflichtet, einen eingegangenen Routineanruf, der selektiv an Ihre SeeFuSt gerichtet ist, mit einer Empfangsbestätigung zu beantworten?

Ja, wenn meine FuSt betriebsbereit ist und ich nicht durch besondere schiffsbetriebliche Gründe daran gehindert werde.

2. Welche Angaben stehen im DSC-Decoder zur Verfügung, um mitzuteilen, daß eine gerufene SeeFuSt nicht in der Lage ist, das Gespräch anzunehmen?

Keine Begründung gegeben (no reason given), besetzt, Gerät nicht betriebsbereit, Kanal nicht verwendbar, Betriebsart nicht verwendbar.

3. Ihr Selektivruf an eine SeeFuSt bleibt unbestätigt. In welchen zeitlichen Abständen dürfen Sie den Selektivruf wiederholen?

Erstmalig nach fünf Minuten; erfolgt wiederum keine Bestätigung, so müssen weitere Versuche mindestens 15 Minuten zurückgestellt werden.

Aufgabe 8

Melden Sie (MMSI 211 222 440) Norddeich Radio (MMSI 00 211 4200) einen treibenden, grünen Container auf 54-12 N 006-45 E.

Lösung von Aufgabe 8

Schritt 1: DSC-Sicherheitsanruf an Norddeich Radio

```
DSC on watch
15:55:59  UTC
```
(CALL)

```
edit: ENT; repeat: CALL
send saved call: 0 .. 9
```
(ENT)

```
type of call
dialphone call
```
(NEXT)

```
type of call
selective call
```
(ENT)

```
radio station MMSI #
_ _ _ _ _ _ _ _ _
```

```
radio station MMSI #
002114200_
```
(ENT)

```
transmit: CALL
show: NEXT  save: 0 .. 9
```
(NEXT)

```
type of call
selective call
```
(NEXT)

```
radio station MMSI #
002114200_
```
(NEXT)

```
priority
routine
```
(CLR)

```
select priority
routine
```
(NEXT)

```
select priority
shipmaster
```
(NEXT)

```
select priority
safety
```

```
┌─ ENT ─┐
┌─────────────────────────┐
│ communication   type    │
│   phone         simplex │
└─────────────────────────┘
┌─ ENT ─┐
┌─────────────────────────┐
│   transmit:  CALL       │
│ show: NEXT   save: 0 .. 9│
└─────────────────────────┘
┌─ CALL ─┐
┌─────────────────────────┐
│ manual  tune  then: ENT │
│         channel #:  70_ │
└─────────────────────────┘
┌─ ENT ─┐
┌─────────────────────────┐
│       transmitting      │
│ selcall          safety │
└─────────────────────────┘
┌─────────────────────────┐
│     waiting  for  ackn  │
│ selcall          safety │
└─────────────────────────┘
```

Schritt 2: Ausstrahlen der Sicherheitsmeldung auf dem Arbeitskanal, den Norddeich Radio in der Empfangsbestätigung mitteilt

SECURITE SECURITE SECURITE
NORDDEICH RADIO NORDDEICH RADIO
NORDDEICH RADIO
HIER IST
211 222 440 211 222 440 211 222 440
TREIBENDER GRÜNER CONTAINER GESICHTET
AUF POSITION 54-12 N 006-45 E
ENDE

SECURITE SECURITE SECURITE
NORDDEICH RADIO NORDDEICH RADIO
NORDDEICH RADIO
THIS IS
211 222 440 211 222 440 211 222 440
SIGHTED GREEN CONTAINER
ADRIFT
IN POSITION
FIVE FOUR DEGREES
ONE TWO MINUTES NORTH
ZERO ZERO SIX DEGREES
FOUR FIVE MINUTES EAST
OUT

Frage im Zusammenhang mit Aufgabe 8

Auf welchen Kanälen erfolgt Sicherheitsverkehr im GMDSS?

Bis zum 31.1.1999 werden Sicherheitsmeldungen an alle Funkstellen auf einem Arbeitskanal ausgestrahlt, der im DSC-Anruf anzugeben ist (gewöhnlich Kanal 06). Nach Abschluß des Parallellaufes werden Sicherheitsmeldungen auf Kanal 16 gesendet, sofern dort kein Not- oder Dringlichkeitsverkehr läuft. Sicherheitsmeldungen an KüFuSt werden auf dem Arbeitskanal der KüFuSt, den diese in ihrer DSC-Bestätigung mitteilt, abgegeben. Sicherheitsverkehr zwischen Schiffen wird auf Kanal 13 abgewickelt.

Aufgabe 9

Auf der SeeFuSt Adlerauge / DF 24 42, MMSI 211 222 330 beobachten Sie um 1730 UTC gewaltiges Feuer auf einem unbekannten Schiff auf Position 50-10 N 003-05 W. Das Schiff hat weder einen Notalarm noch eine Notmeldung auf Kanal 16 ausgestrahlt.
Übermitteln Sie für das brennende Fahrzeug einen Notalarm und auf Kanal 16 eine Notmeldung!

Lösung von Aufgabe 9

Schritt 1: Weiterübermittlung eines Notalarms an alle Funkstellen

```
┌─────────────────────────┐
│     DSC on watch        │
│     17:30:59   UTC      │
└─────────────────────────┘
┌─ CALL ─┐
┌─────────────────────────┐
│ edit: ENT; repeat: CALL │
│ send saved call: 0 .. 9 │
└─────────────────────────┘
┌─ ENT ─┐
```

```
( type of call        )         ( ENT )
(   dialphone call    )         ( select nature of distr )
                                (       undesignated     )
( NEXT )                        ( NEXT )
( type of call        )         ( select nature of distr )
(   selective call    )         (    fire,  explosion    )
( NEXT )                        ( ENT )
( type of call        )         (      no position       )
(   all ships call    )         ( edit: CLR   accept: ENT)
( NEXT )                        ( CLR )
( type of call        )         ( lat: _ _:_ _;_: N=2 S=8 )
(   special call      )         ( lon:_ _ _:_ _;_: W=4 E=6)
( ENT )                         ( lat:   50: 10 ; N: N=2 S=8 )
( type of call        )         ( lon:  003: 05 ; W: W=4 E=6 )
(   group call        )         ( ENT )
( NEXT )                        (    time:  17:32  UTC   )
( type of call        )         ( edit: CLR   accept: ENT)
(  geographic area call)        ( ENT )
( NEXT )                        ( 50:10N  003:05W:  17:32 )
( type of call        )         ( edit: CLR   accept: ENT)
(   polling call      )         ( ENT )
( NEXT )                        ( transmit relay: CALL   )
( type of call        )         ( show: NEXT    save: 0..9)
(   position request  )         ( CALL )
( NEXT )                        ( manual tune then: ENT  )
( type of call        )         (    channel #:  70_     )
(  medical transport  )         ( ENT )
( NEXT )                        (    transmitting        )
( type of call        )         ( relay all      no info )
(   neutral craft     )         ( manual tune then: ENT  )
( NEXT )                        (    channel #:  16_     )
( type of call        )         ( ENT )
(  distress relay all )         (    DSC on watch        )
( ENT )                         (    17:32:27  UTC       )
( ship in distress    )
(   _ _ _ _ _ _ _ _ _ )
```

156

Schritt 2: Weiterübermittlung auf Kanal 16

MAYDAY RELAY MAYDAY RELAY
MAYDAY RELAY
HIER IST
ADLERAUGE ADLERAUGE ADLERAUGE
/ DF 2442 MMSI 211 222 330
HABE UM 1730 UTC GEWALTIGES FEUER AUF
EINEM UNBEKANNTEN SCHIFF AUF POSITION
50-10 N 003-05 W BEOBACHTET
HIER IST ADLERAUGE / DF 2442
MMSI 211 222 330
OVER

MAYDAY RELAY MAYDAY RELAY MAYDAY RELAY
THIS IS
ADLERAUGE ADLERAUGE ADLERAUGE
I SPELL THE SHIPS NAME ALFA DELTA LIMA ...
CALL SIGN DF 2442 MMSI 211 222 330
OBSERVED AT 1730 UTC
VAST FIRE ON AN UNKNOWN VESSEL
IN APPROXIMATE POSITION 50-10 N 003-05 W
THIS IS ADLERAUGE
CALL SIGN DF 2442 MMSI 211 222 330
OVER

Fragen im Zusammenhang mit Aufgabe 9

1. Erhalten Sie auf die obige Weiterübermittlung der Notmeldung eine Bestätigung?

> Ja, wenn eine andere FuSt sie empfangen hat.

2. Wie erhalten Sie mögliche Bestätigungen?

> Von KüFuSt, die mit UKW-DSC ausgerüstet sind, per DSC, Kanal 70. Von SeeFuSt auf Kanal 16.

3. Dürfen Sie die ausgesendete Weiterübermittlung wiederholen?

> Ja, sie darf so lange wiederholt werden, wie der Schiffsführer des nicht in Not befindlichen Fahrzeugs weitere Hilfe für erforderlich hält.

Ergänzende Fragen zum Parallellauf des alten Seefunksystems und des GMDSS

Diese Fragen betreffen die Ausstrahlung von Sicherheitsmeldungen und die Wiederholung von Dringlichkeitsmeldungen.

1. Wie verhalten Sie sich während des Parallellaufs des alten Seefunksystems und des GMDSS, wenn Sie eine Dringlichkeitsmeldung wiederholen wollen?

> Beim DSC-Anruf für die Wiederholung der Dringlichkeitsmeldung gebe ich als Arbeitskanal nicht mehr Kanal 16, sondern Kanal 06 an. Auf diesem Kanal strahle ich die Wiederholung der Dringlichkeitsmeldung aus.

2. Wie verhalten Sie sich nach Abschluß des Parallellaufs des alten Seefunksystems und des GMDSS, wenn Sie eine Dringlichkeitsmeldung wiederholen wollen?

> Die Wiederholung der Dringlichkeitsmeldung darf auf Kanal 16 ausgestrahlt werden, sofern dort kein Notverkehr läuft.

3. Wie verbreiten Sie vor dem 31.1.1999 eine Sicherheitsmeldung, wenn Ihre SeeFuSt mit einem UKW-DSC-Seefunkgerät ausgestattet ist?

> Ich sende zuerst einen DSC-Anruf an alle FuSt mit der Priorität Safety und Arbeitskanal 06. Dann kündige ich die Sicherheitsmeldung nochmals per Sprechfunk auf Kanal 16 an, um auch die See-FuSt, welche noch nicht mit DSC ausgerüstet sind, zu erreichen. Schließlich strahle ich die Sicherheitsmeldung auf Kanal 06 aus.

4. Was müssen Sie machen, nachdem Sie in Küstennähe eine wichtige Sicherheitsmeldung ausgestrahlt haben?

> Ich muß die Sicherheitsmeldung der nächstgelegenen KüFuSt mitteilen.

Aufnahme und Übersetzung von Meldungen

Seite 158 bis 166:
Prüfungsstoff für das UKW-Betriebszeugnis I

Zusammenstellung von Texten in deutscher und englischer Sprache für die Abnahme von Prüfungen zum Erwerb von Sprechfunk- und Betriebszeugnissen (BAPT-Informationen zum Erwerb von Seefunkzeugnissen, Stand: August 1997)

1
Humber 5 light whistle buoy stop sighted capsized lifeboat stop dangerous to navigation stop tug is underway+

1
Humber 5 Leucht-Heultonne stop gekentertes Rettungsboot gesichtet stop gefährlich für die Schiffahrt stop Schlepper ist unterwegs+

2
Request medical advice for a person fallen into a hold and seriously injured stop standing by for helicopter+

2
Erbitten ärztliche Beratung für einen Mann, der in einen Laderaum gefallen und schwer verletzt ist stop erwarten Hubschrauber+

3
Humber-Elbe route stop at 0845 UTC in approximate position 46-25 north 007-28 east stop observed nearly submerged drifting bell buoy+

3
Humber-Elbe Weg stop um 0845 UTC auf ungefährer Position 46-25 N 007-28 E stop fast unter Wasser treibende Glockentonne beobachtet+

4
In position true bearing 090 degrees from Texel lightvessel distance 5 miles stop my vessel is not under command stop proceeding with reduced speed+

4
Auf Position rechtweisend 090 Grad von Texel Feuerschiff Distanz 5 Meilen stop mein Schiff ist manövrierunfähig stop fahre mit verminderter Geschwindigkeit+

5
Sea area Doggerbank to Isle of Wight stop strong westerly winds increasing

5
Seegebiet Doggerbank bis Insel Wight stop starke westliche Winde zunehmend

to gale force 8 to 9 and backing later+

bis Sturmstärke 8 bis 9 und später rückdrehend+

6
In position 1 nautical mile southeast from Goose lightvessel stop in collision with unknown vessel stop request tug assistance+

6
Auf Position 1 Seemeile südöstlich von Goose Feuerschiff stop Kollision mit unbekanntem Schiff stop erbitten Schlepperhilfe+

7
In position 2 miles southeast from whistle buoy A stop engine room on fire stop proceeding with slow speed stop request tug assistance+

7
Auf Position 2 Meilen südöstlich der Heultonne A stop Feuer im Maschinenraum stop setzen die Fahrt mit langsamer Geschwindigkeit fort stop erbitten Schlepperhilfe+

8
In position 61-10 north 003-45 east explosion in engine room stop abandon ship stop require assistance+

8
Auf Position 61-10 N 003-45 E Explosion im Maschinenraum stop verlassen das Schiff stop benötigen Hilfe+

9
Dover Strait stop dangerous wreck of a fishing vessel in position 52-22 north 001-52 east stop marked by 2 yellow buoys+

9
Straße von Dover stop gefährliches Wrack eines Fischereifahrzeuges auf Position 52-22 N 001-52 E stop bezeichnet mit 2 gelben Tonnen+

10
Approach to Dunkerque stop dangerous wreck located in position 51-04 north 002-21 east stop wide berth requested+

10
Ansteuerung Dünkirchen stop gefährliches Wrack geortet auf Position 51-04 N 002-21 E stop großer Abstand erbeten+

11
On Humber-Elbe route in approximate position 46-25 north 007-38 east at 0845 UTC a nearly submerged drifting bell buoy observed

11
Auf dem Humber-Elbe Weg auf ungefährer Position 46-25 N 007-38 E um 0845 UTC eine fast unter Wasser treibende Glockentonne beobachtet

stop dangerous to
navigation+

12
Sea area Doggerbank to
Isle of Wight stop strong
westerly winds increasing
to gale force 8-9 stop
backing later
slowly moderating+

13
In vicinity of light
whistle buoy D1 capsized
life boat sighted stop
shipping is requested
to navigate carefully+

14
Require medical
advice for a man
fallen into a hold
stop man is seriously
injured with
heavy loss of blood stop
require helicopter+

15
In position true bearing
090 degrees from Texel
light-vessel distance
5 nautical miles stop my
vessel is not under command
stop proceeding with
reduced speed+

16
In position 1 nautical mile
southeast from Goose
light-vessel in collision with
unknown vessel stop
heavy list to
port stop tug
assistance is requested+

17
Capsized life boat
sighted in vicinity of

stop gefährlich für die
Schiffahrt+

12
Seegebiet Doggerbank bis
Insel Wight stop starke
westliche Winde zunehmend
auf Sturmstärke 8-9 stop
später rückdrehend,
langsam abnehmend+

13
In der Nähe von Leucht-
Heultonne D1 gekentertes
Rettungsboot gesichtet stop
die Schiffahrt wird gebeten,
vorsichtig zu fahren+

14
Benötigen medizinische
Beratung für einen Mann, der
in einen Laderaum gefallen
ist stop Mann ist schwer
verletzt und hat
viel Blut verloren stop
benötigen Hubschrauber+

15
Auf Position rechtweisend
090 Grad von Texel
Feuerschiff Distanz
5 Seemeilen stop mein
Schiff ist manövrierunfähig
stop fahre mit vermin-
derter Geschwindigkeit+

16
Auf Position 1 Seemeile
südöstlich von Goose
Feuerschiff Kollision mit
unbekanntem Schiff stop
starke Schlagseite nach
Backbord stop Schlepper-
hilfe wird erbeten+

17
Gekentertes Rettungsboot
gesichtet in der Nähe der

light whistle buoy D1 stop
shipping will be warned
stop tug is proceeding
to investigate and for
salvage+

18
My position is 2 nautical
miles southeast from
whistle buoy A stop
engine room on fire
stop main engine is still
working stop proceeding
with reduced speed
stop request tug assistance+

19
In position true bearing
090 degrees from Texel light-
vessel distance 5 miles
stop I am not under
command stop
shipping is requested
to keep a wide berth+

20
In position 61-10 north
003-45 east explosion in
engine room stop
heavy list stop
danger of capsizing stop
abandoning the vessel
stop require assistance+

21
Freyburg/DACW in position
13 nautical miles east from
Groemitz stop in collision
with tanker Boehlen/DILX
stop ship is sinking stop
require assistance+

22
Xanthippe/DH 2134
in position 4 nautical miles
northeast from Puttgarden
stop man overboard stop
ships in vicinity

Leucht-Heultonne D1 stop
die Schiffahrt wird gewarnt
stop Schlepper ist unterwegs
zur Untersuchung und
Bergung+

18
Meine Position ist 2 See-
meilen südöstlich von
Heultonne A stop
Feuer im Maschinenraum
stop Hauptmaschine arbeitet
noch stop fahre mit
reduzierter Geschwindigkeit
stop erbitte Schlepperhilfe+

19
Auf Position rechtweisend
090 Grad von Texel Feuer-
schiff Distanz 5 Meilen
stop ich bin manövrier-
unfähig stop
die Schiffahrt wird gebeten,
großen Abstand zu halten+

20
Auf Position 61-10 N
003-45 E Explosion im
Maschinenraum stop
starke Schlagseite stop
Kentergefahr stop
verlassen das Schiff stop
benötigen Hilfe+

21
Freyburg/DACW auf Position
13 Seemeilen östlich von
Grömitz stop Kollision
mit Tanker Boehlen/DILX
stop Schiff sinkt stop
benötigen Hilfe+

22
Xanthippe/DH 2134
auf Position 4 Seemeilen
nordöstlich von Puttgarden
stop Mann über Bord stop
Schiffe in der Nähe

are requested
to keep a sharp lookout+

23
Bluebird/DAJY in position
4 nautical miles northwest
from Cap Finisterre stop
sighted drifting yellow
painted container marked
Texascon stop
dangerous to navigation+

24
In position 4 nautical miles
southeast from Texel light-
vessel stop explosion in
engine room stop my
vessel is not under command
stop require assistance+

25
In position 51-25.8 north 002-
40.5 east stop
lost anchor and chain in
mentioned position
stop shipping is
requested not to use
anchor nor fishing gear
in this area+

26
40 foot sailing yacht Relaxe
stop sloop with white hull
stop call sign SW 7988
unreported since
16 january underway from
Martinique to Azores
stop reports to
US coast guard+

27
Received signals of epirb
on 121.5 and
243 MHz at 1719 UTC in
position 48-15 north 009-21
west stop vessels in this
area are requested
to keep a sharp lookout

werden gebeten,
scharf Ausguck zu halten+

23
Bluebird/DAJY auf Position
4 Seemeilen nordwestlich
von Cap Finisterre stop
treibenden, gelb angestriche-
nen Container mit Aufschrift
Texascon gesichtet stop
gefährlich für die Schiffahrt+

24
Auf Position 4 Seemeilen
südöstlich Texel Feuer-
schiff stop Explosion im
Maschinenraum stop mein
Schiff ist manövrierunfähig
stop benötige Hilfe+

25
Auf Position 51-25.8 N 002-
40.5 E stop
Anker und Kette auf ange-
gebener Position verloren
stop die Schiffahrt wird
gebeten, weder
Anker noch Fanggeschirr in
diesem Gebiet zu benutzen+

26
40 Fuß Segelyacht Relaxe
stop Slup mit weißem Rumpf
stop Rufzeichen SW 7988
ohne Nachricht seit
16. Januar unterwegs von
Martinique zu den Azoren
stop Meldungen an die
US Küstenwache+

27
Habe Epirb-Signale emp-
fangen auf 121,5 und
243 MHz um 1719 UTC auf
Position 48-15 N 009-21
W stop Schiffe in diesem
Gebiet werden gebeten,
scharf Ausguck zu halten

and check their own
emergency radio beacons+

28
Area Humber-Thames-
Dover-Isle of Wight and the
Belgian coast stop north-
easterly gentle or
moderate breeze 3 to 4 stop
moderate or poor visibilty
stop mainly fair+

29
In position 4 miles
north from buoy DB2
in collision with tanker
Newexco stop heavy
list to port
and danger of capsizing
stop require assistance+

30
Dover Strait stop
51-29.2 north 002-18.0 east
light buoy Garden City
is off station stop
vessels in this area
are requested
to navigate carefully+

31
At fairway between
Den Helder and Den Oever
light buoy MG18 is
reported unlit stop
shipping in this
area is requested
to navigate carefully+

32
In position 4 nautical miles
north from Borkum Riff stop
require medical aid stop
man has fallen from mast
and is seriously injured
stop require
helicopter+

und ihre eigenen Seenot-
funkbaken zu überprüfen+

28
Gebiet Humber-Themse-
Dover-Insel Wight und
belgische Küste stop nord-
östliche, schwache oder
mäßige Brise 3 bis 4 stop
mäßige oder schlechte Sicht
stop überwiegend heiter+

29
Auf Position 4 Meilen
nördlich der Tonne DB2
Kollision mit Tanker
Newexco stop starke
Schlagseite nach Backbord
und Kentergefahr
stop benötigen Hilfe+

30
Straße von Dover stop
51-29.2 N 002-18.0 E
Leuchttonne Garden City
ist vertrieben stop
Schiffe in diesem Gebiet
werden gebeten,
vorsichtig zu fahren+

31
Im Fahrwasser zwischen
Den Helder und Den Oever
ist Leuchttonne MG18
als verlöscht gemeldet stop
die Schiffahrt in diesem
Gebiet wird gebeten,
vorsichtig zu fahren+

32
Auf Position 4 Seemeilen
nördlich Borkum Riff stop
benötige ärztliche Hilfe stop
Mann ist aus dem Mast
gefallen und schwer verletzt
stop benötige
Hubschrauber+

33
At 0615 UTC in position
45-33 north 007-45 east stop
sighted nearly submerged
drifting container stop
dangerous to navigation+

34
Weather forecast for the
area north of west
Portugal stop rain or
showers stop southwesterly 6
temporarily increasing to
westerly 8 stop veering
to northwest 5 later+

35
Underwater cable operation
by Leon Thevenin
in progress until 16 january
stop in area
within 2 nautical miles of
33-55.6 north 008-04.2 west
wide berth is
requested+

36
My position is 4 nautical
miles west from Texel
light-vessel stop my
engine is not working stop
request tug assistance+

37
My position is
nearby light whistle buoy
Buise-Tief1 stop
drifting treetunks
sighted stop
shipping will be warned+

38
In position 52-40.1 north
001-05.2 east stop
person overboard stop
shipping is requested
to keep a sharp lookout+

33
Um 0615 UTC auf Position
45-33 N 007-45 E stop
fast unter Wasser treibenden
Container gesichtet stop
gefährlich für die Schiffahrt+

34
Wettervorhersage für das
Gebiet nördlich von West-
Portugal stop Regen oder
Schauer stop Südwest 6
zeitweise zunehmend auf
West 8 stop später recht-
drehend auf Nordwest 5 +

35
Unterwasser-Kabelarbeiten
durch Leon Thevenin
werden bis zum 16. Januar
fortgeführt stop im Gebiet
innerhalb von 2 Seemeilen
von 33-55.6 N 008-04.2 W
wird großer Abstand
erbeten+

36
Meine Position ist 4 See-
meilen westlich von Texel
Feuerschiff stop meine
Maschine arbeitet nicht stop
erbitte Schlepperhilfe+

37
Meine Position ist
nahebei Leucht-Heultonne
Buise-Tief1 stop
treibende Baumstämme
gesichtet stop
die Schiffahrt wird gewarnt+

38
Auf Position 52-40.1 N
001-05.2 E stop
Person über Bord stop
die Schiffahrt wird gebeten,
scharf Ausguck zu halten+

39
In position 1 nautical mile
north from buoy DB2 stop
in collision with unknown
vessel stop
request tug assistance+

40
Sea area German Bight
stop strong northerly winds
increasing to gale force
8 to 9 stop backing later
stop slowly moderating at
evening stop
poor visibility+

41
Norwegian Sea Staffa oil
field stop buoy in 60-44.8
north 001-35.4 east is
missing stop dangerous to
navigation+

42
In position true bearing
045 degrees from light
bell buoy B distance
4 nautical miles stop
ship on fire stop
abandon ship stop
require assistance+

43
Norwegian Sea and
Denmark Strait stop
westerly storm force 10
stop in Denmark
Strait violent storm
force 11 stop
snow at times stop
air temperature between
minus 3 to minus 6 degrees
celsius stop good visibiliy+

44
In position 19-50 north 006-11
east stop cargo has shifted
stop making heavy list

39
Auf Position 1 Seemeile
nördlich der Tonne DB2 stop
Kollision mit unbekanntem
Schiff stop
erbitten Schlepperhilfe+

40
Seegebiet Deutsche Bucht
stop starke nördliche Winde
zunehmend auf Sturmstärke
8 bis 9 stop später rück-
drehend stop gegen Abend
langsam abnehmend stop
schlechte Sicht+

41
Norwegische See Staffa Ölfeld stop Tonne auf 60-44.8
N 001-35.4 E wird
vermißt stop gefährlich für
die Schiffahrt+

42
Auf Position rechtweisend
045 Grad von Leucht-
Glockentonne B Distanz
4 Seemeilen stop
Feuer im Schiff stop
verlassen das Schiff stop
benötigen Hilfe+

43
Norwegische See und
Dänemark Straße stop
schwerer Sturm aus West
Stärke 10 stop Dänemark
Straße orkanartiger Sturm
Stärke 11 stop
zeitweise Schnee stop
Lufttemperatur zwischen
-3 und -6 Grad
Celsius stop gute Sicht+

44
Auf Position 19-50 N 006-11
E stop Ladung übergegangen
stop haben starke Schlag-

to starboard stop
request tug assistance+

45
Due to (because of) ice
conditions buoys could be
withdrawn, unlit,
off station or capsized
stop shipping
is requested
to navigate with caution+

46
German Bight light-vessel
in position 54-11 north 007-
28 east stop light and
radio beacon temporarily
inoperative stop
dangerous to navigation+

47
Ship aground in 54-27.7
north 012-10.7 east stop
wide berth requested+

48
Difficult salvage operations
2 miles north from light
buoy Arkona stop
vessels are advised
to avoid this area+

49
Bell buoy Fehmarnbelt in
position 54-36 north 011-09
east temporarily withdrawn
and replaced by a red white
unlighted spar buoy
marked KO63+

50
In position 2 nautical miles
north from German Bight
light-vessel stop lost a man
overboard at 0730 UTC stop
ships in vicinity are
requested to keep a sharp
lookout+

seite nach Steuerbord stop
erbitten Schlepperhilfe+

45
Aufgrund der Eis-
verhältnisse können Tonnen
eingezogen, verlöscht,
vertrieben oder gekentert
sein stop die Schiffahrt
wird gebeten,
mit Vorsicht zu fahren+

46
Deutsche Bucht Feuerschiff
auf Position 54-11 N 007-
28 E stop Leucht- und
Funkfeuer zeitweilig
ausgefallen stop
gefährlich für die Schiffahrt+

47
Schiff auf Grund auf 54-27.7
N 012-10.7 E stop
großer Abstand erbeten+

48
Schwierige Bergungsarbeiten
2 Meilen nördlich Leucht-
tonne Arkona stop
Schiffen wird empfohlen,
dieses Gebiet zu meiden+

49
Glockentonne Fehmarnbelt
auf Position 54-36 N 011-09
E zeitweilig eingezogen und
ersetzt durch eine rot-weiße
unbefeuerte Spierentonne
mit Aufschrift KO63+

50
Auf Position 2 Seemeilen
nördlich Deutsche Bucht
Feuerschiff stop um 0730
UTC Mann über Bord stop
Schiffe in der Nähe werden
gebeten, scharf Ausguck
zu halten+

51
In position 55-12 north
005-08 east stop require
medical assistance stop a
crewmember is
unconscious stop
heart attack is suspected+

52
In position 54-10 north 004-
15 east at 0930 UTC stop
hold on fire stop
have dangerous cargo
on board stop require
assistance in
fire fighting+

53
In position 6 nautical miles
southwest from Hockhead
stop after explosion
engine out of order
stop we are drifting with a
speed of 3
knots towards
Hockhead Rocks stop
require tug assistance+

54
In position 53-16 north 008-
45 east explosion in the
engine room stop
danger of capsizing stop
abandon ship stop
require assistance+

55
In position true bearing
090 degrees from Texel
light-vessel approximate
distance 5 nautical miles
stop in collision with
unknown vessel stop
ship is making water in all
holds stop
require additional
rescue vessels+

51
Auf Position 55-12 N
005-08 E stop benötigen
ärztliche Hilfe stop ein
Besatzungsmitglied ist
ohnmächtig stop
Verdacht auf Herzinfarkt+

52
Auf Position 54-10 N 004-
15 E um 0930 UTC stop
Feuer im Laderaum stop
haben gefährliche Ladung
an Bord stop benötigen
Unterstützung bei der
Brandbekämpfung+

53
Auf Position 6 Seemeilen
südwestlich von Hockhead
stop nach Explosion
Maschine außer Betrieb
stop wir treiben mit einer
Geschwindigkeit von 3
Knoten in Richtung
Hockhead Felsen stop
benötigen Schlepperhilfe+

54
Auf Position 53-16 N 008-
45 E Explosion im
Maschinenraum stop
Kentergefahr stop
verlassen das Schiff stop
benötigen Hilfe+

55
Auf Position rechtweisend
090 Grad von Texel
Feuerschiff ungefähre
Distanz 5 Seemeilen
stop Kollision mit
unbekanntem Schiff stop
Wassereinbruch in allen
Laderäumen stop
benötigen weitere
Rettungsschiffe+

56
In position 56-25 north
027-19 west stop vessel
struck growler stop
ship is making water in all
holds stop we are sinking
and require assistance+

57
Following received on
channel 16 at 0750 UTC
stop mayday MMSI 232
503 780 Mary/GCAQ in
position 71-16 north 014-10
east stop cargo has
shifted stop ship
has heavy list
to starboard stop
danger of capsizing stop
require assistance+

58
In position 55-14 north 009-
27 east stop two unknown
vessels in collision stop
one ship is on fire the other
one seems to be sinking
stop no radio communication
to be heard stop require
additional rescue vessels+

59
In position 40-10 north 025-
27 west stop at 2100 UTC
person overboard stop
ships in vicinity are
requested to assist with
search and rescue+

60
In position 5 nm northwest
from Borkum lighthouse stop
rudder and anchor chain
broken stop ship is
not under command stop
drifting towards the sands
stop require
tug assistance+

56
Auf Position 56-25 N
027-19 W stop Schiff
rammte kleinen Eisberg stop
Wassereinbruch in allen
Laderäumen stop wir sinken
und benötigen Hilfe+

57
Folgendes auf Kanal 16
um 0750 UTC empfangen
stop Mayday MMSI 232
503 780 Mary/GCAQ auf
Position 71-16 N 014-10 E
stop Ladung übergegan-
gen stop Schiff
hat schwere Schlagseite
nach Steuerbord stop
Kentergefahr stop
benötigen Hilfe+

58
Auf Position 55-14 N 009-
27 E stop 2 unbekannte
Schiffe kollidiert stop
ein Schiff brennt, das
andere scheint zu sinken
stop kein Funkverkehr
zu hören stop benötigen
weitere Rettungsschiffe+

59
Auf Position 40-10 N 025-
27 W stop um 2100 UTC
Person über Bord stop
Schiffe in der Nähe werden
gebeten, sich an der Suche
und Rettung zu beteiligen+

60
Auf Position 5 sm nordwestlich Borkum Leuchtturm stop
Ruder und Ankerkette
gebrochen stop Schiff ist
manövrierunfähig stop
treiben auf die Sände
stop benötigen
Schlepperhilfe+

61
In position 18 nm west-
southwest from Finisterre
stop course 350 degrees
speed 14 knots
stop explosion in hold
no. 2 stop require medical
assistance for one
seriously injured person+

62
On 16 July at 0600 local
time the sailing boat Marina
with two persons on board
left Klintholm bound for
Bornholm and
has not yet arrived
stop shipping is
requested to keep a sharp
lookout and report to
Lyngby Radio+

63
German Bight near light
buoy DB7 stop sighted
drifting container marked with
Trans234 stop
shipping is requested
to keep a sharp lookout+

64
Kiel-Baltic Route stop
light bell buoy KR17
was struck stop
drifted 3 nm east stop
fire unlit stop
shipping in this
area is requested
to navigate carefully+

65
Baltic-Gedser Route stop
lost radio beacon between
Nysted and Gedser stop
beacon is painted with
yellow and red stripes,
marked with Hydro24

61
Auf Position 18 sm west-
südwestlich von Finisterre
stop Kurs 350 Grad
Geschwindigkeit 14 Knoten
stop Explosion im Laderaum
Nr. 2 stop benötigen ärztliche
Hilfe für eine
schwer verletzte Person+

62
Am 16. Juli um 0600 Orts-
zeit verließ das Segelboot
Marina mit 2 Personen an
Bord Klintholm mit Bestimmungshafen Bornholm und
ist noch nicht angekommen
stop die Schiffahrt wird
gebeten, scharf Ausguck
zu halten und an Lyngby
Radio zu berichten+

63
Deutsche Bucht nahe Leuchttonne DB7 stop treibenden
Container mit Aufschrift
Trans234 gesichtet stop
die Schiffahrt wird gebeten,
scharf Ausguck zu halten+

64
Kiel-Ostsee-Weg stop
Leucht-Glockentonne KR17
wurde gerammt stop
3 sm östlich vertrieben stop
Feuer verlöscht stop
die Schiffahrt in diesem
Gebiet wird gebeten,
vorsichtig zu fahren+

65
Ostsee-Gedser-Weg stop
Funkbake verloren zwischen
Nysted und Gedser stop
die Bake ist mit gelben und
roten Streifen angestrichen,
mit Hydro24 beschriftet

and has a whip-
antenna on top+

66
Navigational warning
for northern Biscay stop
near position 47-10 north
002-52 west drifting
container sighted stop tug
Kilian/GKMN is proceeding
to container position
in order to pick up the
dangerous obstruction+

67
General synopsis at
midnight stop German
Bight westerly 4-5 backing
to southwesterly 5-6 stop
occasional drizzle stop
visibilty moderate to good+

68
Undine/DBCY in position
12 nautical miles north from
Cape Arkona stop
superstructures on fire
stop anbandon the ship
stop require assistance+

69
Cap Antonio/DCUQ
in position 14 nautical miles
west from Scharhoern
stop heavy list stop
risk of sinking stop
require assistance+

70
Poseidon/DCHU following
received at 0730 UTC on
VHF channel 16 stop
mayday Concordia/DBYJ
in position 13 nautical miles
west from Darsser Ort
stop engine room on fire
stop require assistance+

und hat eine Peitschen-
antenne auf der Spitze+

66
Nautische Warnnachricht
für die nördliche Biskaya
stop nahe Position 47-10 N
002-52 W treibenden
Container gesichtet stop
Schlepper Kilian/GKMN fährt
zur Container-Position,
um das gefährliche
Hindernis aufzunehmen+

67
Allgemeine Wetterlage um
Mitternacht stop Deutsche
Bucht West 4-5 rückdrehend
auf Südwest 5-6 stop
vereinzelt Sprühregen stop
mäßige bis gute Sicht+

68
Undine/DBCY auf Position
12 Seemeilen nördlich von
Kap Arkona stop
Feuer in den Aufbauten
stop verlassen das Schiff
stop benötigen Hilfe+

69
Cap Antonio/DCUQ
auf Position 14 Seemeilen
westlich von Scharhörn
stop starke Schlagseite stop
Schiff droht zu sinken stop
benötigen Hilfe+

70
Poseidon/DCHU folgendes
um 0730 UTC auf UKW-
Kanal 16 empfangen stop
Mayday Concordia/DBYJ
auf Position 13 Seemeilen
westlich von Darßer Ort
stop Feuer im Maschinen-
raum stop benötigen Hilfe+

71
Meyenburg/DLDB
in position 17 nautical miles
north from Puttgarden stop
in collision with tanker
Boehlen/DILX stop
ship is sinking stop
abandon the ship stop
require assistance+

72
Speyer/DBCJ in position
4 nautical miles north from
Prerow stop making water
after collision with
unknown object stop
ship is sinking stop
require assistance+

73
Concordia/DAXL following
received at 0431 UTC on
2182 kHz stop mayday
Isabella/ESLJ explosion in
the engine room stop ship
is sinking stop no further
information stop please
keep radio watch on 2182
kHz and on VHF channel
16+

74
Spitzbergen/DJXY in
position 3 nautical miles
west from Buesum stop
drifting ashore
in heavy sea with
broken rudder stop
request assistance+

75
Seeteufel/DH 2354 in position
49-35 north 009-21 west
stop observed red rockets
in true bearing
130 degrees and
approximate distance of
5 nautical miles+

71
Meyenburg/DLDB
auf Position 17 Seemeilen
nördlich Puttgarden stop
Kollision mit Tanker
Boehlen/DILX stop
Schiff sinkt stop
verlassen das Schiff stop
benötigen Hilfe+

72
Speyer/DBCJ auf Position
4 Seemeilen nördlich
Prerow stop Wassereinbruch
nach Kollision mit
unbekanntem Objekt stop
Schiff sinkt stop
benötigen Hilfe+

73
Concordia/DAXL folgendes
um 0431 UTC auf 2182 kHz
empfangen stop Mayday
Isabella/ESLJ Explosion im
Maschinenraum stop Schiff
sinkt stop keine weitere
Information stop bitte
Hörwache halten auf 2182
kHz und auf UKW-Kanal
16+

74
Spitzbergen/DJXY auf
Position 3 Seemeilen
westlich von Büsum stop
treiben in Richtung Küste
in schwerer See mit
gebrochenem Ruder stop
erbitten Hilfe+

75
Seeteufel/DH 2354 auf Po-
sition 49-35 N 009-21 W
stop rote Raketen
in rechtweisender Peilung
130 Grad und
ungefährer Entfernung von
5 Seemeilen beobachtet+

76
Rheinland/DGYS in position
10 nautical miles northwest
from Graalmueritz stop
course 315 degrees
speed 8 knots
stop we have a
seriously injured person
on board stop
request medical assistance+

77
Nancy/DH 3674 in position
2 nautical miles northwest
from Warnemuende stop
man overboard at 2110 UTC
stop ships in vicinity
are requested
to assist with search and
rescue+

78
Maxim/DLCB in position
6 nautical miles northwest
from Elbe light-vessel stop
engine broken down stop
drifting eastsoutheast with
a speed of
3 knots stop require
tug assistance+

79
Seewolf/DJXZ in position
12 nautical miles west from
Quessant lighthouse stop
heavy list stop
ships in vicinity are
requested to indicate
position, course and speed
for possible assistance+

80
Undine/DBVY in position
12 nautical miles south from
Cape Spartivento stop
course 275 degrees
speed 13 knots
stop a crewmember

76
Rheinland/DGYS auf Position
10 Seemeilen nordwestlich
von Graalmüritz stop
Kurs 315 Grad
Geschwindigkeit 8 Knoten
stop wir haben einen
Schwerverletzten
an Bord stop
erbitten ärztliche Hilfe+

77
Nancy/DH 3674 auf Position
2 Seemeilen nordwestlich
Warnemünde stop Mann
über Bord um 2110 UTC
stop Schiffe in der Nähe
werden gebeten,
sich an der Suche und
Rettung zu beteiligen+

78
Maxim/DLCB auf Position
6 Seemeilen nordwestlich
von Elbe Feuerschiff stop
Maschine ausgefallen stop
treiben ostsüdostwärts mit
einer Geschwindigkeit von
3 Knoten stop benötigen
Schlepperhilfe+

79
Seewolf/DJXZ auf Position
12 Seemeilen westlich
Quessant Leuchtturm stop
starke Schlagseite stop
Schiffe in der Nähe bitte
Position, Kurs und
Geschwindigkeit für mögliche
Hilfeleistung angeben+

80
Undine/DBVY auf Position
12 Seemeilen südlich von
Kap Spartivento stop
Kurs 275 Grad
Geschwindigkeit 13 Knoten
stop ein Besatzungsmitglied

has fallen into a hatch
and is seriously injured stop
request medical assistance +

81
Seestern/DAPW in
position 10 nautical miles
west from Biarritz stop
hold on fire stop
try to get the fire under
control stop
ships in vicinity are
requested to standby
on VHF channel 16+

82
Hilde/DAXU underway
to Rostock stop one
crewmember missing
stop last seen on board at
2300 UTC abeam Kueh-
lungsborn stop ships in
vicinity are requested
to keep a sharp lookout+

83
Navarea 1
southern North Sea stop
deep water route in vicinity
of light buoy DR1 stop
pipe laying operations from
53-08.5 north 003-02.6 east
to 53-05.1 north 002-32.8
east stop wide berth
requested+

84
Tallinn Radio navigational
warning stop eastern
gulf of Finland stop
light buoy Ruonninmatala
Bank in position 60-26.7
north 028-17.6 east is
missing+

85
Navarea 1
southern North Sea

ist in eine Luke gefallen
und schwer verletzt stop
erbitten ärztliche Hilfe+

81
Seestern/ DAPW auf
Position 10 Seemeilen
westlich von Biarritz stop
Feuer im Laderaum stop
versuchen das Feuer unter
Kontrolle zu bekommen stop
Schiffe in der Nähe werden
gebeten, auf UKW-Kanal 16
hörbereit zu bleiben+

82
Hilde/DAXU auf der Fahrt
nach Rostock stop ein
Besatzungsmitglied vermißt
stop zuletzt an Bord gesehen
um 2300 UTC querab Küh-
lungsborn stop Schiffe in der
Nähe werden gebeten,
scharf Ausguck halten+

83
Navarea 1
Südliche Nordsee stop
Tiefwasserweg in Nähe der
Leuchttonne DR1 stop
Rohrverlegearbeiten von
53-08.5 N 003-02.6 E
bis 53-05.1 N 002-32.8
E stop großer Abstand
erbeten+

84
Tallinn Radio Nautische
Warnachricht stop östlicher
Finnischer Meerbusen stop
Leuchttonne Ruonninmatala
Bank auf Position 60-26.7
N 028-17.6 E wird
vermißt+

85
Navarea 1
Südliche Nordsee

deep water route stop
seismic survey
in progress by
motor vessels Geco Beta
and Geco Gamma stop
each vessel is towing two
cables three kilometers
long within an area
bounded by 53-07 north
002-08 east and ... +

86
Tug Spolum is towing a
1000 meters pipeline from
the Frisian Isles to position
51-40 north 003-40 east
stop assisted by
chaseboat Lies stop
towing speed
6.5 knots stop wide
berth requested+

87
Great Belt stop Korsoer-
Sprogoe stop in connection
with the bridge building
all vessels are requested to
pass the traffic separation
scheme with caution and in a
speed adjusted
to the existing conditions
stop
ships without updated
navigational information
are recommended
to take a pilot
before entering the area+

88
Info to shipping number 15
stop on monday and tues-
day between 1355 and
1615 UTC several mine
explosions will be conduc-
ted 1.5 nautical miles west
from Middlekerkebank stop
shipping is requested
to listen on channel 69 and

Tiefwasserweg stop eine
seismische Vermessung
wird durchgeführt von den
Motorschiffen Geco Beta
und Geco Gamma stop
jedes Schiff schleppt zwei
Kabel von drei Kilometern
Länge in einem Gebiet
begrenzt durch 53-07 N
002-28 E und ... +

86
Schlepper Spolum zieht eine
1000 m lange Pipeline von
den Friesischen Inseln zu
Position 51-40 N 003-40 E
stop unterstützt durch das
Begleitfahrzeug Lies stop
Schleppgeschwindigkeit
6.5 Knoten stop großer
Abstand erbeten+

87
Großer Belt stop Korsör-
Sprogö stop im Zusammen-
hang mit dem Brückenbau
werden alle Schiffe gebeten,
das Verkehrstrennungs-
gebiet mit Vorsicht und einer
den bestehenden Bedingun-
gen angepaßten Geschwin-
digkeit zu passieren stop
Schiffen ohne neueste
nautische Information
wird empfohlen, vor dem
Einlaufen in dieses Gebiet
einen Lotsen zu nehmen+

88
Info für die Schiffahrt Nr. 15
stop am Montag und Diens-
tag zwischen 1355 und
1615 UTC werden einige
Minen 1.5 Seemeilen west-
lich der Middlekerkebank
gezündet stop
die Schiffahrt wird gebeten,
Kanal 69 zu hören und

to pass at safe distance
160825 UTC+

89
Niton Radio following
received from Blue
Sky/5KMO stop person
overboard in position 12
miles northwest from
Calais stop vessels in
vicinity please keep a sharp
lookout 230755 UTC+

90
Following received at 0732
UTC stop mayday
Fjaellfjord/LGBX in position
4 nautical miles northwest
from Heligoland stop ex-
plosions in engine room
stop 6 injured persons on
board stop require
helicopter+

91
Following received at 1655
UTC on channel 16 stop
mayday Rubin/DEMY in
position 6.8 nautical miles
north from Arkona light-
house stop ship on fire
and dangerous cargo in
hold number 4 stop
require assistance+

92
Lisboa Radio
A japanese aircraft is
ditched in position 38-55
north 010-24 west
stop the aircraft
is still afloat stop please
establish radio contact
on channel 6+

in sicherem Abstand zu
passieren 160825 UTC+

89
Niton Radio folgendes
wurde von Blue Sky/5KMO
empfangen stop Person
über Bord auf Position 12
Meilen nordwestlich von
Calais stop Schiffe in der
Nähe bitte scharf Ausguck
halten 230755UTC+

90
Folgendes um 0732 UTC
empfangen stop Mayday
Fjaellfjord/ILGBX auf Position
4 Seemeilen nordwestlich
von Helgoland stop Explo-
sionen im Maschinenraum
stop 6 verletzte Personen an
Bord stop benötigen
Hubschrauber+

91
Folgendes um 1655 UTC auf
Kanal 16 empfangen stop
Mayday Rubin/DEMY auf
Position 6.8 Seemeilen
nördlich von Arkona Leucht-
turm stop Feuer an Bord
und gefährliche Ladung im
Laderaum Nummer 4 stop
benötigen Hilfe+

92
Lissabon Radio
Ein japanisches Flugzeug
ist auf Position 38-55 N
010-24 W notgewassert
stop das Flugzeug
schwimmt noch stop bitte
Funkverbindung
auf Kanal 6 aufnehmen+

Schiffahrtsvokabular
Englisch-Deutsch

Seite 167 bis 171: teilweise Prüfungsstoff
s. Seite 158

markers — **Spruchkennzeichen**
answer — kündigt eine Antwort an
correction — kündigt eine Berichtigung an
information — kündigt eine beobachtete Tatsache an
instruction — kündigt einen Hinweis auf eine Rechtslage an
intention — kündigt eine unmittelbar bevorstehende Absicht an
question — kündigt eine Frage an
request — kündigt eine Aufforderung an
warning — kündigt eine Warnung vor Gefahren an
repeat — kündigt eine Wiederholung an

numbers — **Zahlen**
two-one-zero — 210
five-point-six — 5,6

exact times — **Zeitangaben**
local (shore)time — gesetzliche Landeszeit
zone time — Zonenzeit
UTC — Weltzeit UTC
190745 Sep UTC — 19. 9., 07.45 Uhr UTC
190745Z Sep — 19. 9., 07.45 Uhr UTC
190745Z Sep 97 — 19. 9. 97, 07.45 Uhr UTC

questions — **Fragen**
must I — muß ich
do I require — benötige ich
may I — darf ich
is there — gibt es
do you wish — möchten Sie
how do you read me — wie empfangen Sie mich
which is your call sign — wie lautet Ihr Rufzeichen
what is your present position — was ist Ihre derzeitige Position

answers — **Antworten**
yes — ja; anschließend wird der Satz in vollem Wortlaut wiederholt.
no — nein; anschließend wird der verneinte Satz in vollem Wortlaut wiederholt.

standby — warten Sie
you say again please — wiederholen Sie bitte
I repeat — ich wiederhole
I cannot read you — ich empfange Sie nicht
message not understood — Nachricht nicht verstanden
no information — keine Information
change / switch to channel — schalten Sie um auf Kanal
please use channel — benutzen Sie bitte Kanal
standby on channel — warten Sie auf Kanal
I am not able to comply — ich kann Ihrer Bitte nicht nachkommen

radio telephony — **Sprechfunk**
to be in radio contact with — in Funkkontakt stehen mit
radio message — Funkspruch
VHF channel 06 — UKW-Kanal 06
to transmit — senden
to receive — empfangen
I wish a call — ich möchte ein Gespräch
I am passing a message — ich übermittele eine Nachricht
I read you — ich empfange Sie
 barely perceptible — kaum wahrnehmbar
 poor — mangelhaft
 weak — schwach
 fair — ausreichend
 good — gut
 excellent — ausgezeichnet
I am ready to receive — ich bin empfangsbereit
carrier / radio signal — Träger / Peilzeichen
calling-in point — Meldestelle
radio reporting point — Meldestelle

navigation — **Schiffahrt**
shipping — Schiffahrt
naval force / navy — Kriegsmarine
merchant navy — Handelsmarine
coast guard — Küstenwache
master — Kapitän
vessel crossing — Schiff, das ein Fahrwasser kreuzt
vessel inward — Schiff, das von See kommend in einen Hafen einläuft
vessel leaving — Schiff, das seinen Anker-/ Liegeplatz verläßt
vessel outward — Schiff, das Richtung See ausläuft
vessel turning — Schiff, das erhebliche Kursänderung vornimmt
transitting shipping — durchgehende Schiffahrt
freighter / freight vessel — Frachter / Frachtschiff
passenger ship — Fahrgastschiff
container-ship — Containerschiff
tanker — Tanker
ferry — Fähre
rescue vessel — Rettungsschiff
tug — Schlepper
barge — Lastkahn
tow — 1. Schleppanhang, 2. Schlepptrosse

167

English	Deutsch	English	Deutsch
hull	Rumpf	direction light	Leitfeuer
superstructures	Aufbauten	light-vessel	Feuerschiff
accommodation	Unterkunft	light buoy	Leuchttonne
hold	Laderaum	fixed light	Festfeuer
cargo (Am. freight)	Ladung	occulting light	unterbrochenes Feuer
draught / draft	Tiefgang	isophase light	Gleichtaktfeuer
maximum permitted draught	höchstzulässiger Tiefgang	long flashing light	Blinkfeuer
air draught	Höhe über dem Wasser	short flashing light	Blitzfeuer
vertical clearance	Durchfahrthöhe	quick flashing light	Funkelfeuer
on the high seas	auf hoher See	very quick flashing light	schnelles Funkelfeuer
strait	Meerenge, Straße	sector light	Sektorenfeuer
ashore	an der / in Richtung Küste	all-round light	rundumscheinendes Feuer
approach	Ansteuerung	fairway buoy	Fahrwassertonne
gateway / entrance	Einfahrt	marker buoy	Markierungsboje
breakwater	Wellenbrecher	whistle buoy	Heultonne
levee	Damm	barrel buoy	Faßtonne
groyne	Buhne	pillar buoy	Bakentonne
harbour	Hafen	spar buoy	Spierentonne
port	Handelshafen	buoy with topmark	Tonne mit Toppzeichen
harbour depth	Hafentiefe	unlit mark	nicht befeuertes Seezeichen
harbour-masters office	Hafenbüro	visitors mooring	Festmachetonne für Gastyachten
harbour dues	Hafengebühr	beacon	Bake
basin	Hafenbecken	prohibited area	ziviles Sperrgebiet
pier	Pier, Landungsbrücke	military restricted area	militärisches Sperrgebiet
depth at a jetty	Tiefe an einem Anleger	firing danger area	militärisches Übungsgebiet
dockyard	Werft	firing range	Schießgebiet
underway	in Fahrt	area to be avoided	zu meidendes Gebiet
ground speed	Fahrt über Grund	precautionary area	Vorsichtsgebiet
way through the water	Fahrt durch das Wasser	restricted area	Gebiet mit Schiffahrtsbeschränkungen
knots (pl.)	Knoten (naut. und seemänn.)		
slow down	fahren Sie langsamer	dumping ground	Schüttstelle
go ahead	fahren Sie voraus	spoil ground	Baggerschüttstelle
I proceed by fairway	ich benutze das Fahrwasser	dredging area	Baggergebiet
I am approaching to	ich nähere mich	incination area	Abfallverbrennungsgebiet
I keep course and speed	ich behalte Kurs und Geschwindigkeit bei	foul	gefährlich, unrein
I am altering my course to ...	ich ändere meinen Kurs auf ...	flat / shoal	Flach, Untiefe, flach
you are heading towards fishing gear	Sie fahren auf Fanggeschirr zu	fairway	Fahrwasser
I require a pilot	ich benötige einen Lotsen	channel	Fahrwasser, Durchfahrt
wait for lock clearance	warten Sie das Klarwerden der Schleuse ab	traffic separation scheme (TSS)	Verkehrstrennungsgebiet (VTG)
bridge will not open	Brücke öffnet sich nicht	inshore traffic zone	Küstenverkehrszone
bascule bridge	Klappbrücke	approximate position	ungefähre Position
I am at anchor	ich liege vor Anker	in position ...	auf Position ...
anchorage	Ankerplatz	position doubtfull	Position zweifelhaft
anchoring	vor Anker liegend	degrees	Grad (Positionsangabe)
my anchor is dragging	mein Anker hält nicht	minutes	Minuten (Positionsangabe)
anchoring is prohibited	Ankern verboten	latitude	Breite
I heave up anchor	ich gehe ankerauf	longitude	Länge
to sight	sichten	in vicinity of	in der Nähe von
to keep clear	sich klar halten, ausweichen	nearby	nahebei
to report	berichten	nautical mile (nm)	Seemeile (sm)
light	Leuchtfeuer	variation	Mißweisung
lighthouse	Leuchtturm	course	Kurs (Soll-Kurs)
leading lights	Richtfeuer	heading	Kurs (Ist-Kurs)
		recommended track	empfohlener Kurs
		true bearing	rechtweisende Peilung
		chart	Karte

tidal datum	Kartennull, Gezeitennull	stern	Heck
estimated time of arrival, ETA	voraussichtliche Ankunftszeit	transom	Spiegel
estimated time of departure, ETD	voraussichtliche Abfahrtzeit	keel	Kiel
		hull shape	Rumpfform
yachting	**Wassersport**	topsides	Überwasserschiff
GRP	GFK	underwater hull	Unterwasserschiff
glass reinforced polyester	Glasfaser verstärkter Kunststoff	buoyancy	Auftrieb
sailboat / sailing vessel	Segelboot / Segelschiff	wash	Wellenschlag, Kielwasser
sloop	Slup (Einmaster)	to berth a boat	anlegen, Boot festmachen
sturdy	stämmig, stäbig	docking line	Festmacheleine
motor cruiser	Motorkreuzer	bow line	Bugleine
yacht	Yacht	stern line	Heckleine
tender	Beiboot	bow spring / forward spring	Vorspring
inflatable dinghi	aufblasbares Beiboot	aft spring	Achterspring
undecked boat	offenes Boot	skipper-owner	Skipper und Eigner
screw	Schraube	helmsman	Rudergänger
twin srew yacht	Doppelschraubenyacht	crewmember	Besatzungsmitglied
engine	Maschine	to sail out	auslaufen
outboard	Außenborder	to reckon	aus- / berechnen
under power	unter Maschine	dead reckoning	Koppeln
under canvas / under sail	unter Segeln	dead reckoning navigation	Koppelnavigation
length over all	Gesamtlänge	dead reckoning position	Koppelort
beam	Breite	true position	wahrer Ort
ahead	voraus	dead calm	Totenflaute
astern	achteraus	dead ahead	recht voraus
abeam	querab	dead astern	recht achteraus
forward	nach vorn	dead slow	ganz langsam
aft	nach achtern		
midships	mittschiffs	**sailing**	**Segeln**
starboard	Steuerbord	rig	Rigg, Takelage
port (side)	Backbord	fractional rig	7/8- oder 15/16-Takelung
aboard / on board	an Bord	aloft	in der Takelage (Höhe)
rudder	Ruder	mast	Mast
wheel steering	Radsteuerung	boom	Baum
tiller steering	Pinnensteuerung	shroud	Want
deck	Deck	spreader	Saling
railing	Reling	stay	Stag
rail	Schiene, Fußreling	headstay	Vorstag
to hoist	heißen	backstay	Achterstag
to hoist the colours	die Nationalflagge setzen	preventer	Backstag
courtesy flag	Gastlandflagge	halyard	Fall
navigation lights	Positionslichter	main halyard	Großfall
companionway	Niedergang	to set a sail	ein Segel setzen
main cabin	Hauptkajüte, Salon	to take-down a sail	ein Segel bergen
berth	1. Koje, 2. Liegeplatz	mainsail	Großsegel
bunk	Koje	genoa	Genua
galley	Kombüse	jib	Fock
garbage	Abfall	spinnaker	Spinnaker
shelf, pl. shelves	Regal, Bücherbrett	reef	1. Reff, 2. Riff
cabin trunk	Kajütaufbau	winch handle	Winschkurbel
forecastle	Vorschiff	luffing sails	killende Segel
forecabin	Vorderkajüte	to luff	anluven
aftcabin	Achterkajüte	leeward	in Lee
hatch	Luke	windward	in Luv
bow	Bug	starboard tack	Backbord (!) Bug
stem	Steven	port tack	Steuerbord (!) Bug

same tack	gleicher Bug
tack	1. Wende, 2. Kreuzschlag, 3. Hals eines Segels
to tack	1. wenden, 2. kreuzen, 3. Hals anschlagen
to tack downwind	vor dem Wind kreuzen
beat	Kreuzschlag
to beat	kreuzen
to heel	krängen
close haul course	Amwindkurs
close-hauled	am Wind
to haul	holen, ziehen
to haul down	niederholen
downhaul	Niederholer
to haul taut (tight) / to tauten	dichtholen
to haul / harden in a sheet	eine Schot anholen
jib sheet	Fockschot
main sheet	Großschot
to veer / to slack / to lower	fieren
slack the sheets	fier die Schoten
jibe / gybe	Halse
to jibe / to gybe	halsen
wind abeam / beam wind	halber Wind
reach	Raumschotkurs
reaching	raumschots
to reach	mit raumem Wind segeln
close-reach	raum vorlich
beam reach	raum seitlich
broad reach	raum achterlich
to run downwind	auf Vorwindkurs laufen
to sail before the wind	vor dem Wind segeln
wind aft	achterlicher Wind
dead run	platt vor dem Wind
to heave to	beidrehen
distress	**Seenot**
distress alert	Seenotalarm
distress communications	Funkverkehr im Seenotfall
search and rescue	Suche und Rettung
emergency transmitter	Notsender
epirb	Epirb, Seenotfunkboje
radio beacon	Funkbake, -boje
assistance immediately requested	Hilfe umgehend erbeten
assistance no longer required	Hilfe nicht länger erforderlich
what assistance is required	welche Art Hilfe ist erforderlich
send a lifeboat	schickt ein Rettungsboot
I am coming to your assistance	ich komme Ihnen zu Hilfe
helicopter is proceeding	Hubschrauber kommt
rescue by breeches-buoy	Abbergen mit Hilfe einer Hosenboje
life raft / survival raft	Rettungsinsel
life vest / life jacket	Rettungsweste
red rockets	rote Raketen
leak below the waterline	Leck im Unterwasserschiff
undesignated distress	Notfall ohne genaue Angabe
ship on fire	Feuer an Bord
fire fighting assistance	Feuerlöschhilfe
to strike (struck, struck)	rammen
iceberg	Eisberg
growler	kleiner Eisberg
sinking	Schiff sinkt
still afloat	noch schwimmend
grounding	Grundberührung, Strandung
flooding / ship is making water	Wassereinbruch
in collision with ...	Kollision mit ...
list / listing	Schlagseite
to list	Schlagseite haben
cargo has shifted	Ladung ist übergegangen
danger of capsizing	Kentergefahr
disabled and adrift	manövrierunfähig vertrieben
abandoning ship	Schiff wird verlassen
bottom up adrift	kieloben treibend
hit-and-run collision	Kollision mit Unfallflucht
salvage	Bergung
shipwrecked mariner / person	Schiffbrüchiger
to drown	ertrinken
aircraft is ditched	Flugzeug ist notgewassert
urgency	**Dringlichkeit**
man / person overboard	Mann / Person über Bord
one person missing	eine Person wird vermißt
help with search and rescue	Hilfe bei Suche und Rettung
to assist	Beistand leisten
if possible	falls möglich
to keep a sharp lookout	scharf Ausguck halten
seriously injured person	schwer verletzte Person
heart attack suspected	Verdacht auf Herzinfarkt
unconscious	bewußtlos
medical assistance	ärztliche Hilfe
engine broken down	Maschine ausgefallen
to tow	schleppen
to go aground	auf Grund laufen
tug assistance required	Schlepphilfe benötigt
vessel not under command	manövrierunfähiges Schiff
overdue yacht	überfällige Yacht
radiomedical assistance	funkärztliche Beratung
end of urgency traffic	Ende des Dringlichkeitsverkehrs
safety	**Sicherheit**
safety message	Sicherheitsmeldung
buoy unlit	Tonne verlöscht
buoy off station	Tonne nicht am Ort
buoy withdrawn	Tonne eingezogen
buoy with yellow flashlight	Tonne mit gelbem Blitzfeuer
temporary inoperative	zeitweilig außer Funktion
extinguished / unlit	verlöscht
dangerous wreck	gefährliches Wrack
drilling rig	Bohrinsel
container adrift in position ...	treibender Container auf Position
drifting treetunks	treibende Baumstämme
adrift / drifting	treibend
measuring works	Vermessungsarbeiten

seismic survey	seismische Vermessung
diving works will be carried out	Taucherarbeiten werden ausgeführt
vessel with difficult tow	außergewöhnlicher Schleppverband
right-of-way vessel	Wegerechtschiff
keep clear of this area	meiden Sie dieses Gebiet
wide berth to ... requested	großer Abstand um ... erbeten
area is closed for navigation	Gebiet gesperrt für die Schiffahrt
danger for navigation	Gefahr für die Schiffahrt
navigate with caution	fahren Sie vorsichtig
shallow water ahead	Untiefe voraus
rock awash	überspülter Felsen
rock which covers and uncovers	Fels trockenfallend
dangerous underwater rock	gefährliche Unterwasserklippe
partly submerged at high water	bei Hochwasser teilweise unter Wasser
submerged wreck	unter Wasser befindliches Wrack
submerged obstacle	Hindernis unter Wasser
fog bank ahead	Nebelbank voraus
risk of a collision imminent	eine Kollision droht unmittelbar
my radar is not working	meine Radaranlage ist ausgefallen
anchor chain parted	Ankerkette gebrochen, verloren
gas leakage from fractured pipeline	Gasausbruch aus gebrochener Rohrleitung
gunnery exercises	Schießübungen

weather	**Wetter**
weather report	Wetterbericht
weather forecast	Wettervorhersage
weather service	Wetterdienst
inference / general synopsis	allgemeine Wetterlage
pressure	Luftdruck
outlook	Aussichten
gentle breeze	schwache Brise (Bft. 3)
moderate breeze	mäßige Brise (Bft. 4)
gale warning	Sturmwarnung
gale	stürmischer Wind (Bft. 8)
severe gale	Sturm (Bft. 9)
storm	schwerer Sturm (Bft. 10)
violent storm	orkanartiger Sturm (Bft. 11)
hurricane	Orkan (Bft. 12)
vortex / tropical storm	Wirbelsturm
wind direction and speed	Windrichtung und -stärke
westerly (wind)	Westwind
veering to	rechtdrehend auf
backing to	rückdrehend auf
shifting of the wind	Drehen des Windes
variable / cyclonic	umlaufend
gust	Bö
gusty	böig
the storm will decrease	der Sturm wird abnehmen
increasing wind	zunehmender Wind
moderating wind	abnehmender Wind
on-shore wind	Landwind
off-shore wind	Seewind
deterioration	Verschlechterung
cancellation (e. g. of a gale warning)	Aufheben (z. B. einer Sturmwarnung)
thunderstorm	Gewitter
thundery	gewittrig
fog / mist	Nebel
haze	Dunst
fog at dawn	Frühnebel
fog in patches	stellenweise Nebel
floe	Treibeis, Eisscholle
precipitation	Niederschlag
drizzle	Nieselregen, Sprühregen
rain / rainfall	Regen
sleet	Schneeregen
hail	Hagel
shower	Regenschauer
showery	Schauerwetter
low	Tief
cyclone	Sturmtief
depression	Tiefdruckgebiet
secondary depression	Teiltief
complex depression	Tiefdrucksystem
course line	Zugbahn
rear of depression	Rückseite des Tiefs
coldfront	Kaltfront
trough	Trog, Tiefausläufer
high	Hoch
anticyclone	Hochdruckgebiet
ridge / wedge of high pressure	Hochdruckkeil
disturbance	Störung
overcast	bedeckt
cloudy	bewölkt
visibility	Sicht
good	gute Sicht (> 5 sm)
moderate	mäßige Sicht (2 - 5 sm)
poor	schlechte Sicht (0,5 - 2 sm)
mainly fair	überwiegend heiter
heavy sea	schwere See
breaker	Brecher
breakers / surf	Brandung
swell	Dünung

geographic names	**geographische Namen**
Humber	Humber, südwestliche Nordsee (nördlicher Teil)
Thames	Themse, südwestliche Nordsee (südlicher Teil)
Dover Strait	Straße von Dover
Denmark Strait	Dänemarkstraße (zw. Island und Grönland)
Biscay	Biskaya
Gulf of Finland	Finnischer Meerbusen
German Bight	Deutsche Bucht
Baltic (Sea)	Ostsee
North Sea	Nordsee
Mediterranean (Sea)	Mittelmeer

7. Anhang

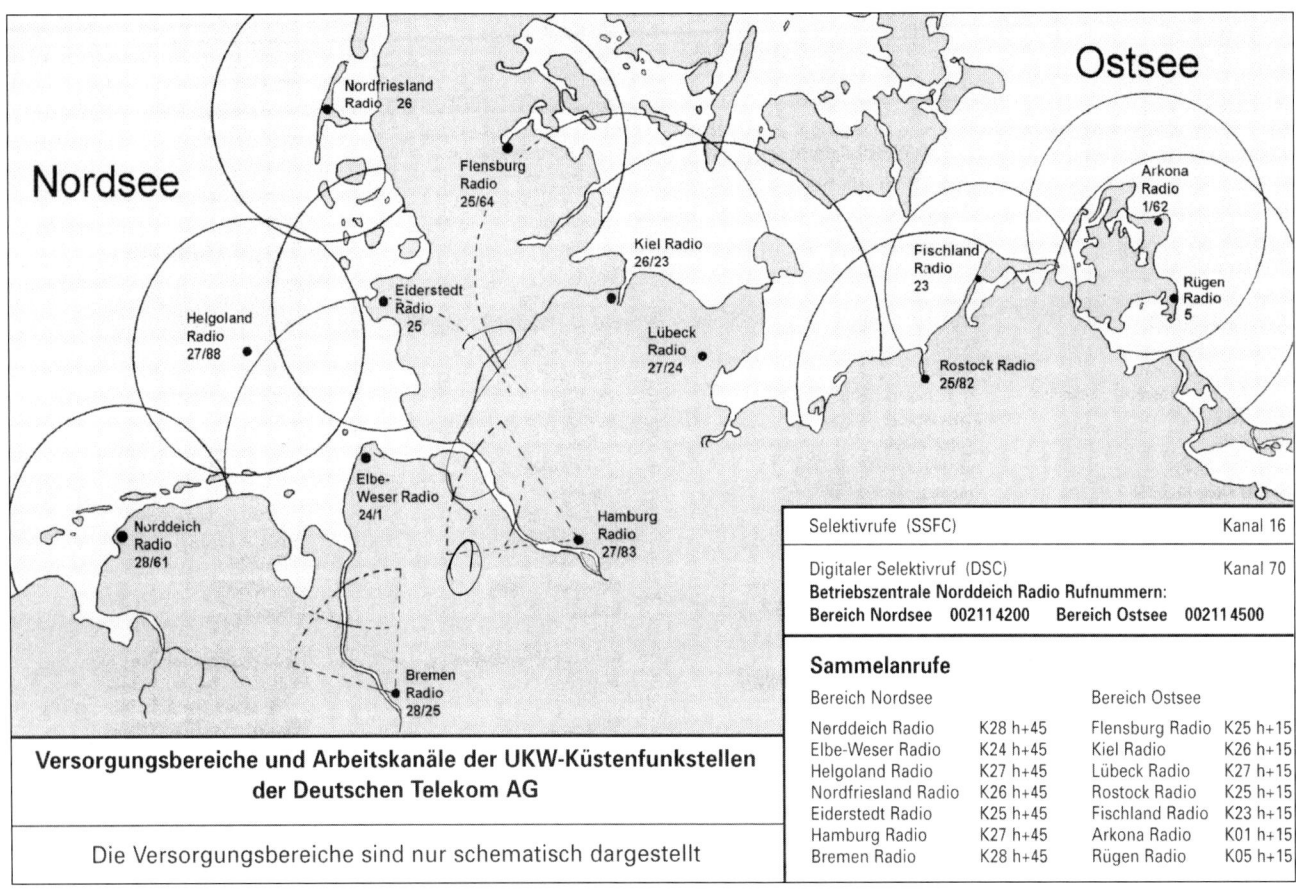

Deutsche Telekom
Niederlassung 3 Hamburg

Die UKW-Küstenfunkstellen der Deutschen Telekom AG

Zur Versorgung der Küstengewässer betreibt die Deutsche Telekom AG ein Netz von UKW-Küstenfunkstellen (siehe UKW-Karte). Die Küstenfunkstellen werden von der Betriebszentrale Norddeich Radio fernbedient.

Die UKW-Küstenfunkstellen der Deutschen Telekom sind auf Kanal 16, auf Kanal 70 (DSC) sowie auf den Arbeitskanälen ununterbrochen empfangsbereit. Bitte rufen Sie die Küstenfunkstellen zum Anmelden von Seefunkgesprächen auf den Arbeitskanälen.

Die Versorgungsbereiche und Arbeitskanäle enthält die nebenstehende Karte. Die UKW-Reichweite wird wesentlich mitbestimmt von den technischen Einrichtungen der betreffenden Funkstellen (z. B. Antennenhöhe) sowie von den geographischen Gegebenheiten.

Besondere Dienstleistungen für die Seeschiffahrt

1. Wetterberichte der UKW-Küstenfunkstellen

Bereich Nordsee	Kanal	um (Ortzeit)		Inhalt
Norddeich Radio	28	0800	1900	Wetterlage; Vorhersage
Elbe-Weser Radio	24	0800	1900	für 12 Sunden; Aussichten
Helgoland Radio	27	0800	1900	für weitere 12 Stunden
Eiderstedt Radio	25	0800	1900	
Nordfriesland Radio	26	0800	1900	
Bereich Ostsee	**Kanal**	**um (Ortzeit)**		**Inhalt**
Flensburg Radio	25	0730	1830	Wetterlage; Vorhersage
Kiel Radio	26	0730	1830	für 12 Sunden; Aussichten
Lübeck Radio	27	0730	1830	für weitere 12 Stunden
Rostock Radio	25	0730	1830	
Fischland Radio	23	0730	1830	
Arkona Radio	01	0730	1830	
Rügen Radio	05	0730	1830	

2. Warnachrichten

Vitale nautische Warnachrichten (Warnachrichten von überragender Bedeutung): Ankündigung auf Kanal 16 / Kanal 70 (DSC); Aussendung unter Vorweggabe des Sicherheitszeichens (Kanäle s. unter 1.).

3. Ärztliche Ratschläge

Die Küstenfunkstellen der Deutschen Telekom vermitteln auf Anfrage ärztliche Ratschläge als Seefunkgespräche (Funkarzt-Gespräche). Die Vermittlung dieser Gespräche ist unentgeltlich.

4. Aussendung von Seefunktelegrammen mit Sammelrufzeichen

Ankündigung in den Sammelanrufen im Anschluß an die Wetterberichte (s. unter 1.) sowie um 1200 Uhr Uhr Ortszeit.

Stand: 01/97

Internationale Buchstabiertafel

Aussprechen von Wörtern und Zahlen, Buchstabieren

Im Sprechfunkverkehr ist langsam, deutlich und in normaler Lautstärke zu sprechen. Bei der Übermittlung von Texten, die mitgeschrieben werden sollen, sind Pausen einzulegen, damit der Aufnehmende gut folgen kann. Endsilben der Wörter dürfen nicht unterdrückt (verschluckt) werden.

Wörter, über deren Schreibweise Zweifel bestehen, sind erst zusammenhängend zu sprechen und dann zu buchstabieren. Das Buchstabieren wird - ausgenommen bei Rufzeichen - mit "ich buchstabiere" angekündigt.
In Ziffern geschriebene Zahlen werden durch "in Ziffern" angekündigt. Anschließend werden die einzelnen Ziffern der Zahl wiederholt (Ankündigung durch "ich wiederhole").
Zahlen, die nicht in Ziffern, sondern in Buchstaben geschrieben sind, werden durch "in Buchstaben" angekündigt.

Ziffern werden in der Regel deutsch oder englisch gesprochen. Die Anwendung der Buchstabiertafel bei Ziffern ist nur üblich, wenn keine gemeinsame Umgangssprache möglich ist.

Internationale Buchstabiertafel

Buchstabe	Schlüsselwort	Aussprache
A	Alfa	**AL** FAH
B	Bravo	**BRA** WO
C	Charlie	**TSCHAH** LI
D	Delta	**DEL** TAH
E	Echo	**ECK** O
F	Foxtrot	**FOX** TROTT
G	Golf	**GOLF**
H	Hotel	HO **TELL**
I	India	**IN** DI AH
J	Juliett	**JUH** LI **ETT**
K	Kilo	**KI** LO
L	Lima	**LI** MA
M	Mike	**MEIK**
N	November	NO **WEMM** BER
O	Oscar	**OSS** KAR
P	Papa	PA **PAH**
Q	Quebec	**KI** BECK
R	Romeo	**RO** MIO
S	Sierra	SSI **ER** RAH
T	Tango	**TANG** GO
U	Uniform	**JU** NI FORM
V	Viktor	**WICK** TAR
W	Whiskey	**WISS** KI
X	X-ray	**EX** REH
Y	Yankee	**JENG** KI
Z	Zoulou	**SUH** LUH

Ziffer	Schlüsselwort	Aussprache*
0	Nadazero	NA-DAH-SEH-RO
1	Unaone	UH-NAH-WANN
2	Bissotwo	BIS-SO-TUH
3	Terrathree	TER-RA-TRIH
4	Kartefour	KAR-TE-FAUER
5	Pantafive	PANN-TA-FAIF
6	Soxisix	SSOCK-SSI-SSIX
7	Setteseven	SSET-TEH-SSÄWN
8	Oktoeight	OCK-TO-ÄIT
9	Novenine	NO-WEH-NAINER
Komma	Decimal	DEH-SSI-MAL
Punkt	Stop	SSTOPP

*) Alle Silben werden gleich stark betont.

Verzeichnis der Abkürzungen

AAIC	Accounting Authority Identification Code, Abrechnungskennung
ATIS	Automatisches Senderidentifizierungssystem im Binnenschiffahrtsfunk
COSPAS	**Ko**smisches **S**ystem zur **P**ositionsbestimmung h**a**varierter **S**chiffe und Flugzeuge (Rußland)
CQ	An alle Funkstellen
DE	Hier ist
DSC	Digital Selective Calling, digitaler Selektivruf
DW	Dual Watch, Zweikanalüberwachung
EGC	Enhanced Group Call, erweiterter Gruppenruf
EPIRB	Emergency Position Indicating Radio Beacon, Seenotfunkbake
ETA	Estimated Time of Arrival Voraussichtliche Ankunftszeit
ETD	Estimated Time of Departure Voraussichtliche Abfahrtzeit
FuSt	Funkstelle
GLONASS	Global Navigation Satellite System (Rußland)
GMDSS	Global Maritime Distress and Safety System, Weltweites Seenot- und Sicherheitsfunksystem für die Schiffahrt
GPS	Global Positioning System (USA)
GSM	Global System for Mobil Communications
INMARSAT	International Maritime Satellite Organization
IMO	International Maritime Organization, Internationale Seeschiffahrts-Organisation (UN-Unterorganisation)
KüFuSt	Küstenfunkstelle
LUT	Local User Terminal; feste Erdfunkstelle zur Aufnahme von Seenotmeldungen von COSPAS- oder SARSAT-Satelliten
MCC	Mission Control Centre, Zentrale Bodenstation (COSPAS / SARSAT)
MID	Maritime Identification Digits, Landeskenner
MMSI	Maritime Mobile Service Identity, neunstellige Seefunkstellen-Rufnummer im DSC
MRCC	Maritime Rescue Coordination Centre, Zentrale Leitstelle für Rettungseinsätze; in Deutschland: DGzRS, Bremen
MSI	Maritime Safety Information, Sicherheitsmeldung im NAVTEX- / EGC-System
NAVTEX	Navigational Warning by Telex, (Funkfernschreiber)
NIF	Nautischer Informationsfunk
OCC	Operation Control Centre, Inmarsat-Kontrollzentrum
OSC	On Scene Commander, Leitfunkstelle
RCC	Rescue Coordination Centre, Zentrale Rettungsleitstelle
RRR	Erhalten
SAR	Search and Rescue, Suche und Rettung
SARSAT	Search and Rescue Satellite Aided Tracking, Suche und Rettung durch Satelliteneinsatz (USA)
SART	Search and Rescue Radar Transponder, Radartransponder für Suche und Rettung
SeeFuSt	Seefunkstelle
SOLAS	International Convention for the Safety of Life at Sea, Internationales Übereinkommen zum Schutz des menschlichen Lebens auf See
SQL	Squelch, Rauschsperre
TR	Travel Report, Reisewegbeschreibung
UTC	Universal Time Coordinated, koordinierte Weltzeit

Register

AAIC 11
Abrechnungskennung 11, 37
Accounting Authority Identification Code 11
Anpreien 32
Anruf 7, 10, 14, 45
Antenne 40
Arbeitskanal 7, 10, 14, 22
ATIS 43
Ausleuchtbereich 91
Ausrüstungspflicht 43, 75, 77
Bedienung 41
Bestätigung 18, 85, 101, 105, 116
Betriebszeugnis 74, 78, 139
Binnenschiffahrtsfunk 42
Bridge Radio 28
Buchstabiertafel 48, 174
COSPAS-SARSAT 81, 82, 175
CQ 14, 175
D-Netz-Telefon 13
DE 175
DEBEG 96
DGzRS 17, 34, 28, 175
Direktwählverfahren 111
Dringlichkeitsverkehr 22 ff, 27, 44, 88, 127 ff
Dringlichkeitszeichen 22, 24
DSC-Controller 74, 79, 96, 145
Duplex-Verkehr 9
DW 41
EGC-Empfänger 77, 80, 93
Empfangsbestätigung 75, 85, 86, 90
EPIRB 81
Ersatzstromquelle 82
ETA 31, 33, 34
ETD 31, 33, 34
Fehlalarme 87
Fernmeldegeheimnis 37
Frequenzzuteilung 40
Funkarzt 24, 34
Funkbenutzungspflicht 29, 43
Funkerregeln 6
Funkstelle 6
Funkstille 37
Funktagebuch 12, 16, 21, 37
Funkverkehr an Bord 42

Gebietsanruf 76, 86, 138
Genehmigung 40
Gesprächsanmeldung 10 ff, 14, 15
Gesprächsentgelte 13
GMDSS 22, 73 ff
GMDSS-Ausrüstung 77, 79 ff
GMDSS-Frequenzen 83
Goldfranken 13
Grenzwelle 9, 73, 73, 77, 79
Grundeinstellung 97
Gruppen-MMSI 138
Hafen 28
Handbuch Seefunk 41
Handsprechfunkgerät 82
IJsselmeer 32, 43
IMO 75, 87, 175
INMARSAT 81, 91
Instandhaltung 78
Internationales Signalbuch 35
Jachtfunkdienst 28, 32, 41
Kanal-70-Empfänger 96
Kanal Radio 28
Kanal-16 7, 14
KüFuSt 6, 10 ff, 28
Kurzwelle 9, 73, 73, 77, 79
Küsten-Erdfunkstelle 92
Küstenfunkstelle 6, 10 ff, 28
Lagemeldungen 29, 45
Landeskenner 79, 175
Lautstärke 41
Leitfunkstelle 20, 86, 87
Literatur 28, 41, 45, 95
Lock Radio 28
Lotsendienst 28, 31
Mann über Bord 22, 24, 84
Mayday 16 ff., 84 ff.
Mayday Relay 19, 86, 119, 125
Meldepflicht 30
Merkblatt 173
MID 79, 175
MMSI 79, 175
Mobilfunktelefon 13, 95
MSI 80, 89
Nautischer Funkdienst 28, 41
Nautische Information 42, 45
NAVTEX 32, 73, 80, 89, 158 ff

Nebel 33, 82
Neutrales Fahrzeug 137
Nichtöffentlicher Funkverkehr 28, 90
NIF 42, 45
Notalarm 84 ff, 113 ff.
Notanruf 17
Notmeldung 17
Notverkehr 16 ff, 84 ff., 113 ff
Notzeichen 16
Öffentlicher Funkverkehr 6, 10 ff, 28, 90
On Scene Commander 20, 86, 87
Ortungszeichen 83
OSC 20, 86, 87, 175
Over 9, 10, 11
Pan Pan 22, 88
Pay-phone 138
Peilzeichen 17
Pilot Radio 28
Port Radio 28
Position 35, 84, 122, 124
Positionsabfrage 137
Prudence 21
Q-Gruppen 16, 34
Radar Radio 28, 29, 30
Radarberatung 30
Radarkette 31
Radartransponder 82
Rangfolge 36, 44, 84
Rauschsperre 8, 41
Reichweite 8, 9, 40, 79
Report Radio 28
Rettungsleitstelle 18, 20, 81, 87
Revierzentrale 42, 45
Rheinfunk 42
Routineverkehr 44, 45, 90, 98
RRR 18
Rufnummer 79
Rufzeichen 8, 36
Sammelanruf 12
Sammelrufzeichen 36
Sanitätstransport 137
SART 82
Satelliten-Seefunk 91
Satelliten-Seenotfunkbake 81
Satellitentelefon 95
Schiffs-Erdfunkstelle 92, 95
Schiffsfunkstelle 43
Schiffssicherheitsverordnung 75
Schleuse 28, 42
Sécurité 25, 89
Seefunkdienstbüro 40
Seefunkstelle 6
Seefunkzeugnis 40, 42, 74, 78, 95

SeeFuSt 6
Seegebiete 77
Seeschiffsregister 36
SeeSchStrO 28
Seewetterbericht 31, 32
Selektivruf 13, 79, 98, 110
Selektivrufdecoder 12
Selektivrufnummer 36, 79
Semi-Duplex-Verkehr 9
Sendeabruf 138
Sendeleistung 8, 41, 43
Shipmaster 138
Sicherheitsmeldung 25, 29, 31, 89
Sicherheitsverkehr 25, 89, 131
Sicherheitszeichen 25, 89
Silence Détresse 20
Silence fini 21, 87
Silence Mayday 20, 87
Simplex-Verkehr 9
SOLAS 75
Sonderziehungsrechte 13
Speicher 132
Spezialanrufe 137
Sprachanrufverfahren 7, 14
Sprechweg 42
SQL 8, 41
Squelch 8, 41
Suchnachricht 34
Telefonieren 10 ff, 13, 95
Telegramm 38 ff
TR-Angabe 31
Traffic Radio 28, 29
Träger 17
Transponder 82
Travel Report 33
UKW-Information Seefunk 41
UKW-Kanäle 7, 172, 173
UKW-Karte 172
UKW-Seenotfunkbaken 82
Ultrakurzwelle 6, 7, 9
Unterscheidungssignal 36
UTC 35
Verkehrsabwicklung 15, 44, 84
Verkehrskreis 42
Verkehrsschluß 12, 26
Verkehrszentrale 28, 29
Wachen 7, 73, 83
Warnung, nautische 31, 89
Weiterübermittlung einer Notmeldung 19, 86, 119, 125
Wetterbericht 31, 89
Z 35
Zeit, gesetzliche 35
Zielfahrtzeichen 83
Zweikanalüberwachung 41